国家级精品课程教材

普通高等教育"十一五"国家级规划教材

北京高等教育精品教材
BEIJING GAODENG JIAOYU JINGPIN JIAOCAI

Fundamentals of Analog Electronics
模拟电子技术基本教程

华成英 主编

清华大学出版社
北京

内容简介

本书是根据近年来电子技术的发展和丰富的教学实践,针对模拟电子技术课程教学基本要求和学习的特点,编写而成的。

主要内容包括:模拟电子系统简介、集成运算放大电路及其基本应用、半导体二极管及其基本应用电路、晶体三极管及其基本放大电路、场效应管及其基本放大电路、集成运算放大电路、放大电路中的反馈、模拟信号的运算和滤波、信号的产生和变换、直流电源。本书配有光盘,主要内容包括Multisim V7使用手册和本书大部分例题的仿真。

本书适用于作为高等院校电气信息类各个专业和部分非电类专业的教科书,而且特别适合于学时较少的情况,也可作为工程技术人员的参考书。

本书封面贴有清华大学出版社防伪标签,无标签者不得销售。
版权所有,侵权必究。举报:010-62782989,beiqinquan@tup.tsinghua.edu.cn。

图书在版编目(CIP)数据

模拟电子技术基本教程/华成英主编.—北京:清华大学出版社,2006(2024.7重印)
ISBN 978-7-302-12091-9

Ⅰ.模… Ⅱ.华… Ⅲ.模拟电路—电子技术—高等学校—教材 Ⅳ.TN710

中国版本图书馆CIP数据核字(2007)第015026号

责任编辑:王一玲
责任印制:杨 艳

出版发行:清华大学出版社
网　　址:https://www.tup.com.cn,https://www.wqxuetang.com
地　　址:北京清华大学学研大厦 A座　　　　邮　编:100084
社 总 机:010-83470000　　　　　　　　　　邮　购:010-62786544
投稿与读者服务:010-62776969,c-service@tup.tsinghua.edu.cn
质 量 反 馈:010-62772015,zhiliang@tup.tsinghua.edu.cn

印 装 者:三河市春园印刷有限公司
经　　销:全国新华书店
开　　本:185mm×230mm　　印　张:22.75　　字　数:481千字
　　　　　附光盘1张
版　　次:2006年2月第1版　　　　　　　　　印　次:2024年7月第37次印刷
定　　价:59.00元

产品编号:007428-05/TN

PREFACE

　　为了适应电子科学技术的发展和 21 世纪高等教育人才的培养,我们根据教学基本要求,总结了多年的教学实践,针对模拟电子技术课程学习的特点,为满足学时较少情况下的需求,编写了这本教材。力图在内容体系、编写体例、叙述风格等方面有别于其它教材,做到语言简练,容易自学,具有系统性、科学性、启发性、先进性和适用性。

　　为达到上述目的,具体做法是:

　　一、第 1 章阐明模拟信号的特点、模拟电子系统的组成及各种模拟电路在系统中的作用。力图使读者从电子系统的角度了解全书所讲述的模拟电路的功能,从而在面对实际应用时能够正确选择合适的电路。

　　二、针对模拟电子技术课程入门较难的特点,在第 2 章中,将集成运放作为基本电子器件,简述其外特性,并在讲述其基本应用的同时阐明对模拟信号的放大、运算、比较等基本处理电路,使读者较快深入到实质性问题中去。

　　三、分散难点,循序渐进。在第 3～5 章中,均各以一类半导体器件及其基本应用电路划分为一章,便于学习和掌握。在有足够的基本知识的铺垫下,第 6、7 章分别讲述集成运算放大电路和放大电路中的反馈。遵循"先基础、后应用"的原则,第 8、9 两章讲述模拟信号的处理、转换和产生等电路,第 10 章讲述直流电源。

　　四、为了突出教学基本要求,各章的开头均给出了本章的基本概念、基本电路与基本方法,使读者学习目的明确,有利于自我检查。

　　五、本书配备了足够数量的例题和习题,力图使其在难度上有层次,在题型上多样化,在提问题的角度上具有启发性,有利于读者自学并提高分析问题和解决问题的能力。

　　六、本书配有光盘,内容为 Multisim V7 的使用说明和本书大多数例题的仿真,以利于读者更深入地理解电子电路的基本原理，并学习和掌握电子电路先进的分析和设计方法。

本书由华成英主编。全书正文由华成英编写，习题由叶朝辉编写；叶朝辉还完成了光盘的制作。

由于我们的能力和水平所限，书中定有疏漏、欠妥和错误之处。恳请各届读者多加指正。

编　者

2005 年 9 月于清华园

作者电子信箱：

华成英：hchya@tsinghua.edu.cn

叶朝辉：yezhaohui@tsinghua.edu.cn

符号说明

模拟电子技术基本教程

一、几点原则

1. 电流和电压（以基极电流为例）

   $I_{B(AV)}$　　　　　表示平均值

   $I_B(I_{BQ})$　　　　大写字母、大写下标，表示直流量（或静态电流）

   i_B　　　　　　　小写字母、大写下标，表示包含直流量的瞬时总量

   I_b　　　　　　　大写字母、小写下标，表示交流有效值

   i_b　　　　　　　小写字母、小写下标，表示交流瞬时值

   $\dot{A}_{up}$　　　　　表示交流复数值

   Δi_B　　　　　表示瞬时值的变化量

2. 电阻

   R　　　　　　　电路中的电阻或等效电阻

   r　　　　　　　器件内部的等效电阻

二、基本符号

1. 电流和电压

   I, i　　　　　　电流的通用符号

   U, u　　　　　电压的通用符号

   I_f, U_f　　　　反馈电流、电压

   $\dot{I}_i, \dot{U}_i$　　　　正弦交流输入电流、电压

   $\dot{I}_o, \dot{U}_o$　　　正弦交流输出电流、电压

   I_Q, U_Q　　　电流、电压静态值

i_P, u_P	集成运放同相输入电流、电压
i_N, u_N	集成运放反相输入电流、电压
u_{Ic}	共模输入电压
u_{Id}	差模输入电压
$\dot{U}_s$	交流信号源电压
U_T	电压比较器的阈值电压、PN 结电流方程中温度的电压当量
U_{OH}, U_{OL}	电压比较器的输出高电平和输出低电平
V_{BB}, V_{CC}, V_{EE}	晶体管基极回路电源、集电极回路电源和发射极回路电源
V_{GG}, V_{DD}	场效应管栅极回路电源和漏极回路电源

2. 电阻、电导、电容、电感

R	电阻通用符号
G	电导通用符号
C	电容通用符号
L	电感通用符号
R_b, R_c, R_e	晶体管基极、集电极、发射极外接电阻
R_g, R_d, R_s	场效应管栅极、漏极、源极外接电阻
R_i	放大电路的输入电阻
R_o	放大电路的输出电阻
R_{if}, R_{of}	负反馈放大电路的输入电阻和输出电阻
R_L	负载电阻
R_N	集成运放反相输入端外接的等效电阻
R_P	集成运放同相输入端外接的等效电阻
R_s	信号源内阻

3. 放大倍数、增益

A	放大倍数或增益的通用符号
A_c	共模电压放大倍数
A_d	差模电压放大倍数
$\dot{A}_u$	电压放大倍数的通用符号,$\dot{A}_u = \dot{U}_o / \dot{U}_i$
$\dot{A}_{ul}, \dot{A}_{um}, \dot{A}_{uh}$	低频、中频、高频电压放大倍数

$\dot{A}_{up}$	有源滤波电路的通带放大倍数
$\dot{A}_{us}$	考虑信号源内阻时的电压放大倍数的通用符号，$\dot{A}_{us}=\dot{U}_o/\dot{U}_s$
$\dot{A}_{uu}$	第一个下标为输出量，第二个下标为输入量，电压放大倍数符号，A_{ui}、A_{ii}、A_{iu} 依此类推
$\dot{F}$	反馈系数通用符号
$\dot{F}_{uu}$	第一个下标为反馈量，第二个下标为输出量，电压串联负反馈放大电路反馈系数符号，$\dot{F}_{uu}=\dot{U}_f/\dot{U}_o$；$\dot{F}_{ui}$、$\dot{F}_{ii}$、$\dot{F}_{iu}$ 依此类推

4. 功率和效率

P	功率通用符号
p	瞬时功率
P_o	输出交流功率
P_{om}	最大输出交流功率
P_T	晶体管耗散功率
P_V	电源消耗的功率

5. 频率

f	频率通用符号
f_{BW}	通频带
f_c	使放大电路增益为 0dB 时的信号频率
f_H	放大电路的上限截止频率
f_L	放大电路的下限截止频率
f_p	滤波电路的通带截止频率
f_0	电路的振荡频率、中心频率
ω	角频率通用符号

三、器件参数符号

1. 二极管

| D | 二极管 |

I_F	二极管的最大整流平均电流
I_R	二极管的反向电流
I_S	二极管的反向饱和电流
r_d	二极管导通时的动态电阻
U_{on}	二极管的开启电压
$U_{(BR)}$	二极管的击穿电压

2. 稳压二极管

D_Z	稳压二极管
I_Z, I_{ZM}	稳定电流、最大稳定电流
r_z	稳压管工作在稳压状态下的动态电阻
U_Z	稳定电压

3. 双极型管

T	晶体管
b, c, e	基极、集电极、发射极
$\bar{\beta}, \beta$	晶体管共射直流电流放大系数和共射交流电流放大系数
C_μ	混合 π 等效电路中集电结的等效电容
C_π	混合 π 等效电路中发射结的等效电容
f_β	晶体管共射接法电流放大系数的上限截止频率
f_T	晶体管的特征频率,即共射接法下使电流放大系数为 1 的频率
g_m	跨导
$h_{11e}, h_{12e}, h_{21e}, h_{22e}$	晶体管 h 参数等效电路的四个参数
I_{CBO}, I_{CEO}	发射极开路时 b-c 间的反向电流、基极开路时 c-e 间的穿透电流
I_{CM}	集电极最大允许电流
P_{CM}	集电极最大允许耗散功率
$r_{bb'}, r_{b'e}, r_{be}$	基区体电阻、发射结动态等效电阻、b-e 间动态电阻
$U_{(BR)CEO}$	基极开路时 c-e 间的击穿电压
U_{CES}	晶体管饱和管压降
U_{on}	晶体管 b-e 间的开启电压

4. 单极型管

T	场效应管
d, g, s	漏极、栅极、源极
C_{ds}, C_{gs}, C_{gd}	d-s 间等效电容、g-s 间等效电容、g-d 间等效电容
g_m	跨导
I_{DO}	增强型 MOS 管 $U_{GS}=2U_{GS(th)}$ 时的漏极电流
I_{DSS}	耗尽型场效应管 $U_{GS}=0$ 时的漏极电流
P_{DM}	漏极最大允许耗散功率
r_{ds}	d-s 间的微变等效电阻,近似计算时可认为其无穷大
$U_{GS(off)}$ 或 U_P	耗尽型场效应管的夹断电压
$U_{GS(th)}$ 或 U_T	增强型场效应管的开启电压

5. 集成运放

A_{od}	开环差模增益
r_{id}	差模输入电阻
f_H	-3dB 带宽
I_{IB}	输入级偏置电流
$I_{IO}, dI_{IO}/dT$	输入失调电流及其温漂
$U_{IO}, dU_{IO}/dT$	输入失调电压及其温漂
K_{CMR}	共模抑制比
SR	转换速率

四、其它符号

K	热力学温度
Q	静态工作点
T	周期、温度
η	效率,等于输出功率与电源提供的功率之比
τ	时间常数
θ	二极管导通角
ϕ, φ	相位角

CONTENTS

第1章 导言 …………………………………………………………… 1

  1.1 电信号 …………………………………………………………… 1
      1.1.1 什么是电信号 ……………………………………………… 1
      1.1.2 模拟信号和数字信号 ……………………………………… 2
  1.2 电子信息系统 …………………………………………………… 2
      1.2.1 模拟电子系统的组成 ……………………………………… 2
      1.2.2 电子信息系统的组成原则 ………………………………… 3
      1.2.3 电子信息系统中的模拟电路 ……………………………… 4
  1.3 电子电路的计算机辅助分析和设计软件介绍 ………………… 4
      1.3.1 概述 ………………………………………………………… 4
      1.3.2 Pspice ……………………………………………………… 5
      1.3.3 Multisim V7 ……………………………………………… 5
  习题 …………………………………………………………………… 6

第2章 集成运放及其基本应用 ………………………………………… 7

  2.1 放大的概念和放大电路的性能指标 …………………………… 7
      2.1.1 放大的概念 ………………………………………………… 7
      2.1.2 放大电路的方框图及其性能指标 ………………………… 8
  2.2 集成运算放大电路 ……………………………………………… 12
      2.2.1 差分放大电路的概念 ……………………………………… 12
      2.2.2 集成运放的符号及其电压传输特性 ……………………… 13
      2.2.3 理想集成运放 ……………………………………………… 14
      2.2.4 理想运放两个工作区域的特点 …………………………… 15
  2.3 理想运放组成的基本运算电路 ………………………………… 17

   2.3.1 比例运算电路 …………………………………………… 17
   2.3.2 加减运算电路 …………………………………………… 19
   2.3.3 积分运算电路和微分运算电路 ………………………… 24
  2.4 理想运放组成的电压比较器 ………………………………… 27
   2.4.1 电压比较器概述 ………………………………………… 27
   2.4.2 单限比较器 ……………………………………………… 29
   2.4.3 滞回比较器 ……………………………………………… 32
  习题 …………………………………………………………………… 37

第3章 半导体二极管及其基本应用电路 …………………………… 42

  3.1 半导体基础知识 ……………………………………………… 42
   3.1.1 本征半导体 ……………………………………………… 42
   3.1.2 杂质半导体 ……………………………………………… 44
   3.1.3 PN 结 …………………………………………………… 45
  3.2 半导体二极管及其基本应用电路 …………………………… 48
   3.2.1 半导体二极管的几种常见结构 ………………………… 48
   3.2.2 二极管的伏安特性 ……………………………………… 49
   3.2.3 二极管的主要参数 ……………………………………… 50
   3.2.4 二极管的等效电路 ……………………………………… 51
   3.2.5 基本应用电路 …………………………………………… 53
  3.3 稳压二极管及其基本应用电路 ……………………………… 55
   3.3.1 稳压二极管 ……………………………………………… 55
   3.3.2 稳压管的基本应用电路 ………………………………… 57
  3.4 发光二极管及其基本应用举例 ……………………………… 59
  习题 …………………………………………………………………… 60

第4章 晶体三极管及其基本放大电路 …………………………………… 64

  4.1 晶体三极管 …………………………………………………… 64
   4.1.1 晶体管的结构及类型 …………………………………… 65
   4.1.2 晶体管的电流放大作用 ………………………………… 65
   4.1.3 晶体管的共射特性曲线 ………………………………… 67
   4.1.4 晶体管的主要参数 ……………………………………… 69

        4.1.5 温度对晶体管特性及参数的影响 ·············· 71
　4.2 放大电路的组成原则 ·············· 73
        4.2.1 基本共射放大电路的工作原理 ·············· 73
        4.2.2 如何组成放大电路 ·············· 75
　4.3 放大电路的基本分析方法 ·············· 77
        4.3.1 放大电路的直流通路和交流通路 ·············· 77
        4.3.2 图解法 ·············· 80
        4.3.3 等效电路法 ·············· 87
　4.4 晶体管放大电路的三种接法 ·············· 95
        4.4.1 静态工作点稳定的共射放大电路 ·············· 96
        4.4.2 基本共集放大电路 ·············· 99
        4.4.3 基本共基放大电路 ·············· 102
        4.4.4 基本放大电路三种接法的性能比较 ·············· 105
　4.5 放大电路的频率响应 ·············· 106
        4.5.1 频率响应概述 ·············· 106
        4.5.2 晶体管的高频等效模型 ·············· 108
        4.5.3 单管共射放大电路的频率响应 ·············· 112
　习题 ·············· 120

第 5 章　场效应管及其基本放大电路 ·············· 127

　5.1 场效应管 ·············· 127
        5.1.1 结型场效应管 ·············· 127
        5.1.2 绝缘栅型场效应管 ·············· 131
        5.1.3 场效应管的主要参数 ·············· 137
        5.1.4 场效应管与晶体管的比较 ·············· 139
　5.2 场效应管基本放大电路 ·············· 140
        5.2.1 场效应管放大电路静态工作点的设置 ·············· 140
        5.2.2 场效应管的交流等效模型 ·············· 144
        5.2.3 共源放大电路的动态分析 ·············· 145
        5.2.4 共漏放大电路的动态分析 ·············· 147
        5.2.5 单极型晶体管基本放大电路的频率响应 ·············· 148
　习题 ·············· 150

第6章 集成运算放大电路 154

6.1 多级放大电路 154
- 6.1.1 多级放大电路的耦合方式 154
- 6.1.2 多级放大电路的动态分析 158
- 6.1.3 多级放大电路的构成 160
- 6.1.4 多级放大电路的频率响应 160

6.2 集成运算放大电路简介 164
- 6.2.1 集成运放的电路特点 164
- 6.2.2 集成运放的方框图 165

6.3 差分放大电路 166
- 6.3.1 直接耦合放大电路的零点漂移现象 166
- 6.3.2 基本差分放大电路 167
- 6.3.3 具有恒流源的差分放大电路 170
- 6.3.4 差分放大电路的四种接法 172

6.4 功率放大电路 176
- 6.4.1 功率放大电路概述 176
- 6.4.2 OCL 电路 178
- 6.4.3 其它类型的功率放大电路 184

6.5 集成运放中的电流源 186
- 6.5.1 基本电流源电路 187
- 6.5.2 多路电流源 189
- 6.5.3 改进型电流源 190
- 6.5.4 以电流源作为有源负载的放大电路 190

6.6 集成运放原理电路 192
- 6.6.1 分析方法 192
- 6.6.2 原理电路分析 192

6.7 集成运放的主要技术指标和集成运放的种类 195
- 6.7.1 集成运放的主要技术指标 195
- 6.7.2 集成运放的种类 197

6.8 集成运放的使用注意事项 199
- 6.8.1 集成运放的选用 199
- 6.8.2 集成运放的静态调试 199

  6.8.3 集成运放的保护电路 ………………………………………… 199
习题 …………………………………………………………………………… 201

第7章 放大电路中的反馈 …………………………………………… 208

 7.1 反馈的基本概念及判断方法 ……………………………………… 208
  7.1.1 反馈的基本概念 ………………………………………… 208
  7.1.2 反馈的判断方法 ………………………………………… 210
  7.1.3 交流负反馈的四种组态 ………………………………… 213
 7.2 负反馈放大电路的方框图及一般表达式 ………………………… 216
  7.2.1 负反馈放大电路的方框图 ……………………………… 216
  7.2.2 负反馈放大电路的一般表达式 ………………………… 217
  7.2.3 四种组态负反馈放大电路放大倍数和反馈系数的量纲 … 218
 7.3 深度负反馈放大电路放大倍数的分析 …………………………… 219
  7.3.1 深度负反馈的实质 ……………………………………… 219
  7.3.2 深度负反馈条件下电压放大倍数的分析 ……………… 220
  7.3.3 理想运放组成的负反馈放大电路的分析 ……………… 225
 7.4 负反馈对放大电路性能的影响 …………………………………… 226
  7.4.1 提高放大倍数的稳定性 ………………………………… 227
  7.4.2 改变输入电阻和输出电阻 ……………………………… 227
  7.4.3 展宽频带 ………………………………………………… 229
  7.4.4 减小非线性失真 ………………………………………… 230
  7.4.5 引入负反馈的一般原则 ………………………………… 231
 7.5 负反馈放大电路的自激振荡及消除方法 ………………………… 232
  7.5.1 产生自激振荡的原因及条件 …………………………… 232
  7.5.2 负反馈放大电路稳定性的判定 ………………………… 234
  7.5.3 消除自激振荡的方法 …………………………………… 235
 7.6 放大电路中的正反馈 ……………………………………………… 238
  7.6.1 自举电路 ………………………………………………… 238
  7.6.2 在电压-电流转换电路中的应用 ……………………… 240
 习题 ………………………………………………………………………… 241

第 8 章 信号的运算和滤波 …… 247

8.1 运算电路 …… 247
8.1.1 对数运算和指数运算电路 …… 247
8.1.2 实现逆运算的方法 …… 250

8.2 模拟乘法器及其在运算电路中的应用 …… 251
8.2.1 模拟乘法器简介 …… 251
8.2.2 变跨导型模拟乘法器的工作原理 …… 252
8.2.3 模拟乘法器在运算电路中的应用 …… 253

8.3 有源滤波器 …… 257
8.3.1 滤波电路基础知识 …… 257
8.3.2 低通滤波器(LPF) …… 260
8.3.3 高通滤波器(HPF) …… 263
8.3.4 带通滤波器(BPF) …… 264
8.3.5 带阻滤波器(BEF) …… 266
8.3.6 状态变量有源滤波器 …… 268

习题 …… 271

第 9 章 波形的发生与变换电路 …… 275

9.1 正弦波振荡电路 …… 275
9.1.1 概述 …… 275
9.1.2 RC 正弦波振荡电路 …… 278
9.1.3 LC 正弦波振荡电路 …… 282
9.1.4 石英晶体正弦波振荡电路 …… 290

9.2 非正弦波发生电路 …… 293
9.2.1 矩形波发生电路 …… 293
9.2.2 三角波发生电路 …… 296
9.2.3 锯齿波发生电路 …… 298
9.2.4 压控振荡器 …… 300

9.3 波形变换电路 …… 302
9.3.1 三角波-锯齿波变换电路 …… 302
9.3.2 三角波-正弦波变换电路 …… 303

  9.3.3 精密整流电路 …………………………………………………… 304

 习题 ……………………………………………………………………………… 308

第 10 章　直流电源 …………………………………………………………… 315

 10.1 直流稳压电源的组成及各部分的作用 ……………………………… 315

 10.2 单相整流电路 ……………………………………………………… 316

  10.2.1 半波整流电路 ……………………………………………… 316

  10.2.2 桥式整流电路 ……………………………………………… 318

 10.3 滤波电路 …………………………………………………………… 320

  10.3.1 电容滤波电路 ……………………………………………… 321

  10.3.2 其它滤波电路 ……………………………………………… 322

 10.4 稳压管稳压电路 …………………………………………………… 324

  10.4.1 稳压原理 …………………………………………………… 325

  10.4.2 主要性能指标 ……………………………………………… 326

  10.4.3 限流电阻的选择 …………………………………………… 327

 10.5 线性稳压电路 ……………………………………………………… 329

  10.5.1 串联型稳压电路的工作原理 ……………………………… 329

  10.5.2 集成线性稳压电路 ………………………………………… 333

 10.6 开关型稳压电路 …………………………………………………… 339

  10.6.1 串联开关型稳压电路 ……………………………………… 339

  10.6.2 并联开关型稳压电路 ……………………………………… 341

 习题 ……………………………………………………………………………… 343

第 1 章 导　言

> **本章基本内容**
> - 什么是信号？
> - 什么是模拟信号？
> - 电子系统由哪些部分组成？各部分的作用是什么？
> - 设计电子系统时应遵循哪些原则？
> - 电子信息系统中有哪些常见的模拟电路？它们各具有什么功能？
> - 什么是 EDA？为什么说它使电子电路的设计和实现产生革命性变化？

1.1 电信号

1.1.1 什么是电信号

信号是反映消息的物理量，例如工业控制中的温度、压力、流量，自然界的声音信号等，因而信号是消息的表现形式。人们所说的信息，是指存在于消息之中的新内容，例如人们从各种媒体上获得原来未知的消息，就是获得了信息。可见，信息需要借助于某些物理量(如声、光、电)的变化来表示和传递，广播和电视利用电磁波来传送声音和图像就是最好的例证。

由于非电的物理量很容易转换成电信号，例如通过热电偶可将温度信号转换为电信号，可用话筒将声音信号转换为电信号，等等；而且电信号又容易传送和控制，因而电信号成为应用最为广泛的信号，信息通过电信号进行传送、交换、存储、提取等。

电信号是指随时间而变化的电压 u 或电流 i，因此在数学描述上可将它表示为时间 t 的函数，即 $u=f(t)$ 或 $i=f(t)$，并可画出其波形。

电子电路中的信号均为电信号，以下简称为信号。

1.1.2 模拟信号和数字信号

信号的形式是多种多样的,可以从不同角度进行分类。例如,根据信号是否具有随机性分为确定信号和随机信号,根据信号是否具有周期性分为周期信号和非周期信号,根据信号对时间的取值分为连续时间信号和离散时间信号,等等。而在电子电路中则将信号分为模拟信号和数字信号。

模拟信号在时间和数值上均具有连续性,即对应于任意时间值 t 均有确定的函数值 u 或 i,并且 u 或 i 的幅值是连续取值的。例如正弦波信号就是典型的模拟信号。

与模拟信号不同,数字信号在时间和数值上均具有离散性,u 或 i 的变化在时间上不连续,总是发生在离散的瞬间,且它们的数值是一个最小量值的整倍数,并以此倍数作为数字信号的数值。

应当指出,大多数物理量所转换成的信号均为模拟信号。在信号处理时,模拟信号和数字信号可以相互转化。例如,用计算机处理信号时,由于计算机只能识别数字信号,故需将模拟信号转换为数字信号,称为模数转换[①];由于负载常需模拟信号驱动,故需将计算机输出的数字信号转换为模拟信号,称为数模转换。

本书所涉及的信号均为模拟信号。

1.2 电子信息系统

电子信息系统可简称为电子系统。本节简要介绍模拟电子系统所包含的主要组成部分和各部分的作用,以及电子系统的设计原则、组成系统时所要考虑的问题和系统中常用的模拟电子电路。

1.2.1 模拟电子系统的组成

图 1.2.1 所示为模拟电子系统的示意图。系统首先采集信号,即进行信号的提取。通常,这些信号来源于测试各种物理量的传感器、接收器,或者来源于用于测试的信号发生器。对于实际系统,传感器或接收器所提供的信号的幅值往往很小,噪声很大,且易受干扰,有时甚至分不清什么是有用信号,什么是干扰或噪声;因此,在加工信号之前需将其进行预处理。进行预处理时,要根据实际情况利用隔离、滤波、阻抗变换等各种手段将

---

① 模数转换,简称 A/D(analog to digital)转换;数模转换,简称 D/A(digital to analog)转换。

信号分离出来并进行放大。当信号足够大时,再进行信号的运算、转换、比较、采样保持等不同的加工。最后,一般还要经过功率放大以驱动执行机构(负载),或者经过模拟信号到数字信号的转换变为计算机可以接收的信号。

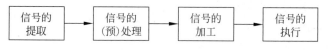

图 1.2.1　电子信息系统的示意图

图 1.2.1 中的信号的(预)处理和信号的加工可合而为一,统称为信号的处理。

对模拟信号处理的电路称为模拟电路,对模拟信号最基本的处理是放大。放大电路是构成各种功能模拟电路的基本电路。

1.2.2　电子信息系统的组成原则

在设计电子信息系统时,不但要考虑如何实现预期的功能和性能指标,而且还要考虑系统的可测性和可靠性。所谓可测性,包含两个含义,其一是为了调试方便引出合适的测试点,其二是为系统设计有一定故障覆盖率的自检电路和测试激励信号。所谓可靠性是指系统在工作环境下能够稳定运行,具有一定的抗干扰能力。

在系统设计时,应尽可能做到以下几点:

(1) 必须满足功能和性能指标的要求。

(2) 在满足功能和性能指标要求的前提下,电路要尽量简单。因为同样功能的电路,电路越简单,元器件数目越少,连线和焊点越少,出现故障的概率越小,系统的可靠性也就越强。因此,对于电子系统,通常,集成电路能实现的就不选用分立元件电路,大规模集成电路能实现的就不选用小规模集成电路。

(3) 电磁兼容性。电子系统常常不可避免地工作在复杂的电磁环境之中。其中既有来自大自然的各种放电现象、宇宙的各种电磁变化,又有人类自己利用电和电磁场从事的各种活动。空间电磁场的变化对于电子系统均会造成不同程度的干扰;与此同时,电子系统本身也在不同程度上成为其它电子设备的干扰源。所谓电磁兼容性,是指电子系统在预定的环境下,既能够抵御周围电磁场的干扰,又能够较少地影响周围环境。在设计电子系统时,电磁兼容性设计的重点是要研究周围环境电磁干扰的物理特性,以及如何采取必要措施抑制干扰源或阻断干扰源的传播途径,使干扰信号不损害有用信号,保证系统正常工作。

在电子系统中,多采用隔离、屏蔽、接地、滤波、去耦等技术来获得较强的抗干扰能力;此外,必要时还应选用抗干扰能力强的元器件,并对元器件进行精密的调整。

(4) 系统的调试应简单方便,而且生产工艺应简单。

1.2.3 电子信息系统中的模拟电路

在电子系统中,常用的模拟电路及其功能如下:
(1) 放大电路:用于信号的电压、电流或功率放大。
(2) 滤波电路:用于信号的提取、变换或抗干扰。
(3) 运算电路:完成一个信号或多个信号的加、减、乘、除、积分、微分、对数、指数等运算。
(4) 信号转换电路:用于将电流信号转换成电压信号或将电压信号转换成电流信号、将直流信号转换为交流信号或将交流信号转换为直流信号、将直流电压转换成与之成正比的频率,等等。
(5) 信号发生电路:用于产生正弦波、矩形波、三角波、锯齿波等。
(6) 直流电源:将 220V、50Hz 交流电转换成不同输出电压和电流的直流电,作为各种电子电路的供电电源。

在上述电路中均含有放大电路,因此放大电路是模拟电子电路的基础。

1.3 电子电路的计算机辅助分析和设计软件介绍

1.3.1 概述

随着计算机的飞速发展,以计算机辅助设计(computer aided design,简称 CAD)为基础的电子设计自动化(electronic design automation,简称 EDA)技术已成为电子学领域的重要学科。EDA 工具使电子电路和电子系统的设计产生了革命性的变化,实现了硬件设计软件化。它摒弃了靠硬件调试来达到设计目标的繁琐过程,而通过在 EDA 软件环境下输入设计电路(电路图或语言描述)、仿真、修正电路、再仿真……直至满意为止,再搭建实际电路,稍作调试即可实现设计目标。因而,EDA 技术的发展促进了集成电路和电子系统的发展,适应了电子产品生命周期短、更新快的特点,同时也有利于非微电子专家进入专用芯片设计的领域。

EDA 自 20 世纪 70 年代开始发展时,仅是一些软件程序,只能处理规模不大的电路,且程序间的数据传输和交换很不方便。但由于取代了设计人员繁琐的手工计算、绘图等,已显示出其无比的优越性和可观的发展前景。到 90 年代,随着集成电路的高速发展,EDA 跨入了一个崭新的阶段,实现了真正意义上的设计自动化。它不但能够实现电路高层次的综合和优化,如可在用户提出性能指标的基础上对电路结构和参数进行自动的综合,对版图的面积等作优化等;而且具有开放式的设计环境,可将各公司的软件工具集成到统一的计算机平台上,形成系统,使设计者更有效地利用各种工具;同时,还具有非常丰富的元器件模型库,模型库的规模和功能是衡量 EDA 工具优劣的重要标志之一。

美国加利福尼亚大学伯克利(Berkeley)分校开发的 SPICE(Simulation Program with Integrated Circuit Emphasis)于 1972 年研制成功,1975 年推出实用化版本,此时仅适用于模拟电路的分析,而且只能用程序的方式输入。之后,版本不断更新。在扩充电路分析功能、改进和完善算法、增加元器件模型库、改进用户界面等方面做了很多实用化的工作,使之成为享有盛誉的电子电路计算机辅助设计工具,1988 年被定为美国国家工业标准。同时,各种以 SPICE 为核心的商用仿真软件应运而生,目前应用较为广泛的是 Micro Sim 公司的 Pspice 和加拿大 Interactive Image Technologies Ltd. 公司的 Electronics Workbench EDA(简称 EWB)。

本节将对 Pspice 和 EWB 的最新产品 Multisim V7 加以简单介绍。

1.3.2 Pspice

Pspice 是出色的 EDA 软件,它的 5.00 以上版本是在 Windows 下的模拟电路和数字电路的混合仿真软件,因而得到非常广泛的应用。

Pspice 由电路原理图输入程序(Schematic)、激励源编辑程序(Stimulus Editor)、电路仿真程序(Pspice A/D)、输出结果绘图程序(Probe)、模型参数提取程序(Parts)和元器件模型参数库(LIB)六部分组成。

Pspice 可以以电路原理图和网单文件两种方式输入,电路元器件符号库提供绘制电路原理图的所有元器件符号;信号源有正弦波、脉冲源、指数源、分段线性源、单频调频源等,种类繁多;作为 Pspice 的核心部分仿真功能包括直流工作点分析、直流转移特性分析、直流小信号传递函数分析、交流小信号分析、交流小信号噪声分析、瞬态分析、傅里叶分析、直流灵敏度分析、温度分析、最坏情况分析和蒙特卡罗统计分析等;仿真结果可在屏幕绘出曲线、波形,并可打印输出;Pspice 提供一个从元器件特性提取模型参数的软件包,它利用优化算法以用户给出的特性或初值为基础求得参数的最优解;Pspice 具有二极管库、双极型晶体管库、通用集成运放库、晶体振荡器库、Analog Device 公司、Harris 公司等专用 IC 库以及 74 系列、PAL、GAL 等几十个元器件模型参数库,而且在不断扩展。

1.3.3 Multisim V7

EWB 是基于 PC 平台的电子设计软件,它提供了一个功能全面的 SPICE A/D 系统,支持模拟和数字混合电路的设计,创造了集成的一体化的设计环境,把电路原理图的输入、仿真和分析紧密地结合起来。系统将 SPICE 仿真器完全集成在原理图输入和测试仪器等工具之中。因此，在输入原理图时，自动地将其编辑成网络表送到仿真器，加快建立和管理的时间；而在仿真过程中，若改变设计，则立刻获得该变化所带来的影响，实现了交互式的设计和仿真。EWB 以其界面友好、具有多种虚拟仪器而广泛应用于教学，目前为国内外知名的百余所高等院校所用。

Multisim V7 是 EWB 的最新产品，具有更为庞大的元器件模型参数库和更为齐全的仪器仪表库；除了具有 SPICE A/D 全部分析功能外，还包含万用表、信号发生器、示波器、频谱分析仪、网络分析仪、失真分析仪、频率计、逻辑分析仪、逻辑转换仪、波特图仪、瓦特表等 18 种虚拟仪器仪表，可模拟实验室内的操作进行各种实验。因而，学习 Multisim V7，除了可以提高学生综合能力和设计能力外，还可进一步提高实践能力，从这一点上看，它更适用于教学。

Multisim V7 的使用方法和应用举例，见本书所附光盘。

习　题

1.1 填空

（1）信号是反映_____的物理量，电信号是指随_____而变化的电压或电流。

（2）模拟信号在时间和数值上均具有_____性，数字信号在时间和数值上均具有_____性。

（3）模拟电路是处理_____信号的电路。

（4）构成具有各种功能模拟电路的基本电路是_____。

1.2 回答下列各题

（1）在设计电子系统时，应尽可能做到哪几点？

（2）在电子系统中，常用的模拟电路有哪些？它们各有何功能？

1.3 你用过 EDA 软件分析电路吗？它有什么特点？

第 2 章 集成运放及其基本应用

> **本章基本内容**
>
> 【基本概念】放大,放大倍数,输入电阻和输出电阻,下限频率、上限频率和通频带,差模信号和共模信号,差模放大倍数和共模放大倍数,共模抑制比,电压传输特性,理想运放,反馈,负反馈和正反馈,虚短和虚断。
>
> 【基本电路】反相、同相、差分比例运算电路,反相、同相求和运算电路,加减运算电路,积分运算电路和微分运算电路,单限比较器和滞回比较器。
>
> 【基本方法】运算电路和电压比较器的识别方法,运算电路运算关系的分析方法,电压比较器电压传输特性的求解方法。

本章主要讲述放大电路的基本概念和性能指标、集成运算放大电路的外特性和理想运放的工作特点、由理想运放组成的基本运算电路和电压比较器及其分析方法等。

2.1 放大的概念和放大电路的性能指标

2.1.1 放大的概念

图 2.1.1 所示为扩音机示意图,直流电源是电路的供电电源。声音通过话筒(传感器)转换为电信号,经扩音机(放大电路)放大到足够大,再驱动执行机构(扬声器),扬声器所发出的声音较之人所发出的声音信号要大得多。任何放大电路都需要直流电源供电,在扩音机中,放大电路控制直流电源将声音转换成的 20Hz～20kHz(音频)的电信号按一定的倍数放大后作用于扬声器,或者说直流电源通过放大电路将直流能量转换为交流能量输出到扬声器。

由此可见,电子电路中**放大的本质是能量的控制和转换**,信号源提供的能量小,而负载获得的能量大,因而电子电路**放大的基本特征是功率放大**。能够控制能量的元件称为**有源元件**,如晶体三极管、场效应管,它们是放大电路中的核心元件。放大电路中放大的

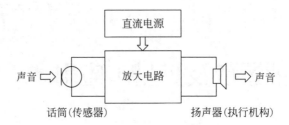

图 2.1.1 扩音机示意图

对象为变化量,对放大电路最基本的要求是不失真。

由于任何模拟信号均可分解成若干频率的正弦信号之和,所以常以正弦波作为放大电路的测试信号。

2.1.2 放大电路的方框图及其性能指标

1. 放大电路的方框图

若仅研究信号的作用,则可将放大电路看成为一个黑匣子,其输入端和输出端各为一个端口,也就是说,可把放大电路看成为一个两端口有源网络,如图 2.1.2 所示,从输入端看进去可等效为一个电阻;从输出端看进去可等效为一个有内阻的电压源。图中 $\dot{U}_s$ 为正弦波信号源,R_s 为信号源内阻;$\dot{U}_i$ 是在 $\dot{U}_s$ 作用下,放大电路输入端获得的电压,称为输入电压;$\dot{I}_i$ 为信号源流进放大电路的电流,称为输入电流;R_L 为放大电路的负载电阻,是放大电路的驱动对象;$\dot{U}_o$ 是负载上的电压,称为输出电压;$\dot{I}_o$ 是从输出端流出的电流,称为输出电流。

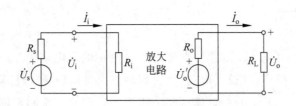

图 2.1.2 放大电路方框图

为了使负载电阻 R_L 从直流电源中获得比信号源提供的大得多的功率,必须使负载上获得比 U_i 大的电压($U_o > U_i$)[①],或比 I_i 大的电流($I_o > I_i$),或二者兼而有之。

---

① U_i、U_o、I_i、I_o 均为有效值。

2. 放大电路的性能指标

（1）放大倍数

放大倍数是直接衡量放大电路放大能力的重要指标，其值为输出量 $\dot{X}_\mathrm{o}(\dot{U}_\mathrm{o}$ 或 $\dot{I}_\mathrm{o})$ 与输入量 $\dot{X}_\mathrm{i}(\dot{U}_\mathrm{i}$ 或 $\dot{I}_\mathrm{i})$ 之比。

电压放大倍数[①] 是输出电压 $\dot{U}_\mathrm{o}$ 与输入电压 $\dot{U}_\mathrm{i}$ 之比，即

$$\dot{A}_{uu} = \dot{A}_u = \frac{\dot{U}_\mathrm{o}}{\dot{U}_\mathrm{i}} \tag{2.1.1}$$

电流放大倍数是输出电流 $\dot{I}_\mathrm{o}$ 与输入电流 $\dot{I}_\mathrm{i}$ 之比，即

$$\dot{A}_{ii} = \dot{A}_i = \frac{\dot{I}_\mathrm{o}}{\dot{I}_\mathrm{i}} \tag{2.1.2}$$

电压对电流的放大倍数是输出电压 $\dot{U}_\mathrm{o}$ 与输入电流 $\dot{I}_\mathrm{i}$ 之比，即

$$\dot{A}_{ui} = \frac{\dot{U}_\mathrm{o}}{\dot{I}_\mathrm{i}} \tag{2.1.3}$$

因其量纲为电阻，有些文献称其为互阻放大倍数。

电流对电压的放大倍数是输出电流 $\dot{I}_\mathrm{o}$ 与输入电压 $\dot{U}_\mathrm{i}$ 之比，即

$$\dot{A}_{iu} = \frac{\dot{I}_\mathrm{o}}{\dot{U}_\mathrm{i}} \tag{2.1.4}$$

因其量纲为电导，有些文献称其为互导放大倍数。

本章重点研究电压放大倍数 $\dot{A}_u$。应当指出，在实测放大倍数时，应用示波器观察输出端的波形，只有在不失真的情况下，测试数据才有意义。

当输入信号为缓慢变化量或直流变化量时，输入电压用 Δu_I 表示，输入电流用 Δi_I 表示，输出电压用 Δu_O 表示，输出电流用 Δi_O 表示。因此，$A_u = \Delta u_\mathrm{O}/\Delta u_\mathrm{I}$，$A_i = \Delta i_\mathrm{O}/\Delta i_\mathrm{I}$，$A_{ui} = \Delta u_\mathrm{O}/\Delta i_\mathrm{I}$，$A_{iu} = \Delta i_\mathrm{O}/\Delta u_\mathrm{I}$。

（2）输入电阻和输出电阻

放大电路与信号源相连接就成为信号源的负载，**输入电阻 R_i** 是从放大电路输入端看进去的等效电阻，定义为输入电压有效值 U_i 和输入电流有效值 I_i 之比，即

$$R_\mathrm{i} = \frac{U_\mathrm{i}}{I_\mathrm{i}} \tag{2.1.5}$$

[①] 放大倍数 A 下标的第一个字母表示输出量，第二个字母表示输入量，为电压时标 u，为电流时标 i。

在信号源确定的情况下，R_i 愈大，从信号源索取的电流愈小，信号源内阻的压降愈小，放大电路的输入电压将愈大。因此，若要从信号源获得更大的输入电压，则放大电路的 R_i 应增大；若要从信号源获得更大的输入电流，则放大电路的 R_i 应减小。

任何放大电路的输出都可以等效成一个有内阻的电压源，从放大电路输出端看进去的等效内阻称为**输出电阻**(R_o)。设 U'_o 为空载时的输出电压有效值，U_o 为带负载后的输出电压有效值，则

$$U_o = \frac{R_L}{R_o + R_L} \cdot U'_o$$

输出电阻

$$R_o = \left(\frac{U'_o}{U_o} - 1\right) R_L \tag{2.1.6}$$

R_o 愈小，负载电阻 R_L 变化时，U_o 的变化愈小，称为放大电路的带负载能力愈强。若放大电路的输出电阻趋于 0，则其输出近似为恒压源；若放大电路的输出电阻趋于无穷大，则其输出近似为恒流源。在设计电路时，输出电阻的大小应视负载的需求而定。

当两个放大电路相互连接时，如图 2.1.3 所示，放大电路 Ⅱ 的输入电阻 R_{i2} 是放大电路 Ⅰ 的负载电阻；而放大电路 Ⅰ 是放大电路 Ⅱ 的信号源，信号源的内阻是放大电路 Ⅰ 的输出电阻 R_{o1}；输入电阻与输出电阻正是描述了电子电路相互连接时所产生的影响。

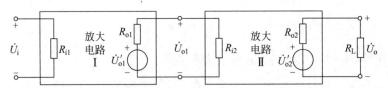

图 2.1.3　两个放大电路相连接的示意图

(3) 通频带

通频带用于衡量放大电路对不同频率信号的放大能力。由于放大电路中电容、电感及半导体器件结电容等电抗元件的存在，在输入信号频率较低或较高时，放大倍数的数值会下降并产生相移。通常，作为放大电路性能指标的放大倍数是指**中频放大倍数**，为了区别于高频和低频时的放大倍数，记作 $\dot{A}_m$。

图 2.1.4 所示为某放大电路放大倍数的数值与信号频率的关系曲线，称为幅频特性曲线。信号频率降低，使放大倍数的数值约等于 0.707 倍 $|\dot{A}_m|$ 的频率称为**下限截止频率**(f_L)；信号频率升高，使放大倍数的数值约等于 0.707 倍 $|\dot{A}_m|$ 的频率称为**上限截止**

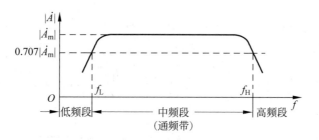

图 2.1.4　放大电路的频率指标

频率(f_H)。f 小于 f_L 的部分称为放大电路的低频段，f 大于 f_H 的部分称为高频段，而 f_L 与 f_H 之间的部分称为中频段，也称为放大电路的**通频带**(f_{BW})

$$f_{BW} = f_H - f_L \tag{2.1.7}$$

一般情况，放大电路只适用于放大某一个特定频率范围内的信号。扩音机的通频带只需涵盖音频(20Hz～20kHz)范围，才能完全不失真地放大声音信号。在实用电路中有时也希望通频带尽可能窄，比如调幅收音机中的选频放大电路，应只对单一频率的信号放大，以避免干扰和噪声的影响。

(4) 最大不失真输出电压

最大不失真输出电压是在不失真的前提下能够输出的最大电压，即当输入电压再增大就会使输出波形产生非线性失真时的输出电压。一般以有效值 U_{om} 表示，也可以用峰-峰值 U_{opp} 表示，$U_{opp} = 2\sqrt{2} U_{om}$。

(5) 最大输出功率与效率

在输出信号不失真的情况下，负载上能够获得的最大功率称为**最大输出功率**(P_{om})。此时，输出电压达到最大不失真输出电压。

放大电路中供电的直流电源能量的利用率称为**效率**(η)，设电源消耗的功率为 P_V，则效率 η 等于最大输出功率 P_{om} 与 P_V 之比，即

$$\eta = \frac{P_{om}}{P_V} \tag{2.1.8}$$

在测试上述指标参数时，对于 $\dot{A}$、R_i、R_o，应给放大电路输入中频段小幅值信号；对于 f_L、f_H、f_{BW}，应给放大电路输入幅值小频率范围宽的信号；对于 U_{om}、P_{om} 和 η，应给放大电路输入中频段大幅值信号。

很多放大电路均对"地①"输入和输出信号，因此它们的方框图如图 2.1.5(a)所示，可简化成图(b)所示。

---

① "地"是电子电路中的公共端和电位的参考点。当直流电源或信号源只标注一端时，表明另一端接地。

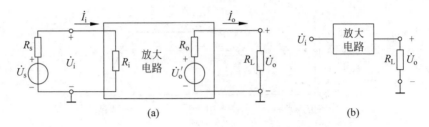

图 2.1.5 对"地"输入、输出放大电路的方框图

2.2 集成运算放大电路

电子技术的发展可谓日新月异。从 1947 年科学家们首先在贝尔实验室制造出第一只晶体管,到 1997 年一片集成电路上达到 40 亿个晶体管,仅仅用了 50 年时间。目前不但有各种功能和性能的数字集成电路和模拟集成电路,而且有数字和模拟混合的集成电路,甚至一个芯片就是一个电子系统,即所谓"片上系统"。

在模拟集成电路中,应用最为广泛的是品种繁多、性能各异的放大电路,它们不断更新换代,参数越来越趋于理想,成为组成其它模拟电路的基本元件。因为它们最初用在信号的运算上,故称之为集成运算放大电路,简称集成运放。

2.2.1 差分放大电路的概念

集成运放的输入级是差分放大电路,而且若只看外特性,则可将集成运放等效成为高性能的差分放大电路。

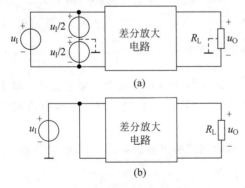

图 2.2.1 差分放大电路方框图
(a) 双端输入双端输出接法 (b) 电路加共模信号

1. 差分放大电路的方框图

差分放大电路具有两个输入端和两个输出端,如图 2.2.1(a)所示;图中它们均不接地,称为双端输入、双端输出接法。因为从差分放大电路的两个输入端看进去是对称式结构,故加输入信号 Δu_{Id} 时,两个输入端对地的信号分别为 $\pm u_{Id}/2$;称这种**大小相等、极性相反的信号为差模输入信号**。在差模信号作用下所得到的输出信号为 Δu_{Od},差分放大电路的差模放大倍数 A_d 定义为

$$A_\mathrm{d} = \frac{\Delta u_\mathrm{Od}}{\Delta u_\mathrm{Id}} \tag{2.2.1}$$

若在两个输入端输入如图 2.2.1(b)所示的**大小相等、极性相同的信号 Δu_Ic**,则称之为共模信号。差分放大电路的共模放大倍数 A_c 定义为

$$A_\mathrm{c} = \frac{\Delta u_\mathrm{Oc}}{\Delta u_\mathrm{Ic}} \tag{2.2.2}$$

差分放大电路放大差模信号,抑制共模信号,A_d 的数值愈大,A_c 的数值愈小,说明电路的性能愈好。为了综合评价电路的质量,常引入参数——共模抑制比 K_CMR,并将其定义为

$$K_\mathrm{CMR} = \left| \frac{A_\mathrm{d}}{A_\mathrm{c}} \right| \tag{2.2.3}$$

理想情况下,$|A_\mathrm{c}|$ 应趋于 0,K_CMR 应趋于无穷大。差分放大电路也称为差动放大电路,意为两个输入端信号有"差",输出电压才有变化(即"动")。

2. 差分放大电路的四种接法

在实际应用中,为了信号源接地和负载接地的需要,差分放大电路除双端输入、双端输出接法外,还有如图 2.2.2(a)、(b)、(c)所示的双端输入单端输出、单端输入双端输出、单端输入单端输出等三种接法。当两个输入端分别对地输入信号时,如图(d)所示,电路放大的对象为($u_\mathrm{I1} - u_\mathrm{I2}$),若共模放大倍数为 0,则输出电压 $u_\mathrm{O} = A_\mathrm{d}(u_\mathrm{I1} - u_\mathrm{I2})$。

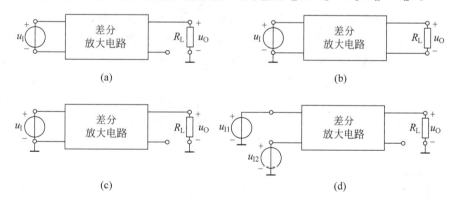

图 2.2.2 差分放大电路的接法
(a) 双端输入单端输出 (b) 单端输入双端输出 (c) 单端输入单端输出 (d) 双端输入信号

2.2.2 集成运放的符号及其电压传输特性

集成运放的两个输入端分别为同相输入端和反相输入端,这里的"同相"和"反相"是指运放的输出电压与输入电压之间的相位关系,其符号如图 2.2.3(a)所示,通用型集成

运放多用双电源±V_{CC}供电,如图(b)所示。从外部看,可以认为集成运放是一个双端输入单端输出,具有高差模放大倍数、高共模抑制比、高输入电阻、低输出电阻的差分放大电路。

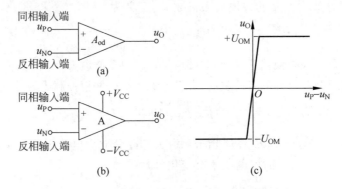

图 2.2.3 集成运放的符号和电压传输特性
(a)符号　(b)双电源±V_{CC}供电的符号　(c)电压传输特性

集成运放的输出电压 u_O 与输入电压(即同相输入端与反相输入端之间的差值电压)之间的关系曲线称为**电压传输特性**,即

$$u_O = f(u_P - u_N) \tag{2.2.4}$$

对于正、负两路电源±V_{CC}供电的集成运放,电压传输特性如图 2.2.3(c)所示。从图示曲线可以看出,集成运放有线性放大区域(称为线性区)和饱和区域(称为非线性区)两部分。在线性区,曲线的斜率为电压放大倍数;在非线性区,输出电压只有两种可能的情况,+U_{OM} 或 −U_{OM},其数值接近±V_{CC}。

由于集成运放放大的是差模信号,而且没有通过外电路引入反馈,故称其电压放大倍数为**差模开环放大倍数**,记作 A_{od},当集成运放工作在线性区时

$$u_O = A_{od}(u_P - u_N) \tag{2.2.5}$$

通常 A_{od} 非常高,可达几十万倍,因此集成运放电压传输特性中的线性区非常之窄。如果输出电压的最大值±U_{OM} = ±14V,A_{od} = 5×10^5,那么只有当 $|u_P - u_N| < 28\mu V$ 时,电路才工作在线性区。换言之,若 $|u_P - u_N| > 28\mu V$,则集成运放进入非线性区,因而输出电压 u_O 不是 +14V,就是 −14V。

2.2.3　理想集成运放

通用型集成运放的开环差模放大倍数可达几十万倍,差模输入电阻 r_{id} 为几兆欧,差模输出电阻 r_o 为几百欧;如型号为 F007 的通用性运放,其开环差模放大倍数大于

5×10^5,输入电阻大于 $2M\Omega$,输出电阻小于 200Ω。

图 2.2.4 所示为集成运放对动态信号的等效电路。理想情况下其开环差模放大倍数 A_{od} 为无穷大,共模放大倍数 A_c 为 0,差模输入电阻 r_{id} 为无穷大,输出电阻 r_o 为 0;即输入电流为 0,输出可等效为恒压源。在实际应用中,在其外部所接电阻阻值相当大的范围内,按理想情况分析计算的结果和考虑运放实际参数时分析计算的结果相差很小。

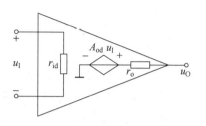

图 2.2.4 理想运放对动态信号的等效电路

2.2.4 理想运放两个工作区域的特点

1. 工作在线性区的特点

若直接将输入信号作用于理想运放的两个输入端,则由于 A_{od} 为无穷大,必然使之工作在非线性区。因此,为使理想运放工作在线性区,则必须加外部电路,引入负反馈,使两个输入端的电压趋于零,如图 2.2.5 所示。

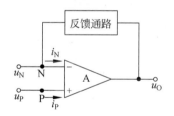

图 2.2.5 集成运放引入负反馈

将放大电路的输出量通过一定的方式引回到输入端来影响输入量,称为反馈;若反馈的结果使输出量的变化减小,则称为负反馈,否则称为正反馈。在图 2.2.5 所示电路中,无论由于什么原因引起输出电压 u_O 升高,u_O 都将通过反馈网络使集成运放反相输入端 u_N 的电位随之升高,而 u_N 的升高将使 u_O 降低(集成运放的输出电压与反相输入端电位相位相反),输出电压的变化减小,因此电路引入了负反馈,输出电压得到稳定。用无源网络连接集成运放的输出端和反相输入端是集成运放引入负反馈的电路特征。

理想运放引入负反馈后具有如下特点:

(1) 由于输出电压为有限值,差模开环放大倍数为无穷大,根据 $u_O=A_{od}(u_P-u_N)$ 可知,$u_P-u_N=0$,即集成运放的净输入电压为 0,$u_P=u_N$,称为"虚短路"。

(2) 由于净输入电压为 0,且集成运放的输入电阻为无穷大,所以两个输入端的输入电流为 0,$i_P=i_N=0$;即集成运放的净输入电流为 0,称为"虚断路"。

"虚短"和"虚断"是分析工作在线性区的理想运放应用电路输出与输入函数关系的基本出发点。

2. 工作在非线性区的特点

如前所述,若理想运放工作在开环状态,则势必工作在非线性区;若仅引入正反馈,则因其使输出量的变化增大,则也势必工作在非线性区。因而判断理想运放工作在非线性区的电路特征是开环或用无源网络连接集成运放的输出端和同相输入端(即引入正反馈),如图 2.2.6(a)、(b)所示。

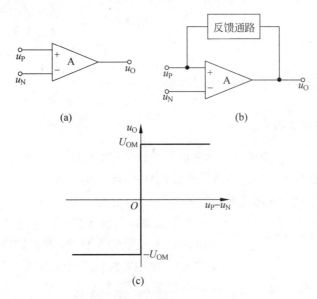

图 2.2.6 集成运放工作在非线性区
(a) 开环 (b) 引入正反馈 (c) 理想运放工作在非线性区时的电压传输特性

对于理想运放,由于 $u_O = A_{od}(u_P - u_N)$,而 $A_{od} = \infty$,故同相输入端和反相输入端之间加的电压 $(u_P - u_N)$ 为无穷小量时,就能使输出电压达到正向饱和电压 $+U_{OM}$ 或负向饱和电压 $-U_{OM}$。因此,电压传输特性如图(c)所示,输出电压和净输入电压不成线性关系。理想运放工作在非线性区时,也有两个重要特点:

(1) 当 $u_P > u_N$ 时,$u_O = +U_{OM}$;当 $u_P < u_N$ 时,$u_O = -U_{OM}$。即输出电压只有两种可能的值,不是 $+U_{OM}$,就是 $-U_{OM}$,$\pm U_{OM}$ 接近其供电电源 $\pm V_{CC}$。

(2) 因为 $(u_P - u_N)$ 总是有限值,而 $r_{id} = \infty$,故净输入电流为 0,即 $i_P = i_N = 0$。

分析集成运放应用电路,首先应根据有无反馈及反馈的极性(即是负反馈还是正反馈)来判断集成运放是工作在线性区还是非线性区,然后再根据不同工作区域的各自特点来求解电路。在无特殊要求时,均可将集成运放当作理想运放。

2.3 理想运放组成的基本运算电路

理想运放引入负反馈后,以输入电压作为自变量、以输出电压作为函数,利用反馈网络,能够实现模拟信号之间的各种运算。在运算电路中,集成运放工作在线性区,以"虚短"和"虚断"为基本出发点,即可求出输出电压和输入电压的运算关系式。通常,运算电路的输入电压和输出电压均对"地"而言。

2.3.1 比例运算电路

比例运算电路是运算电路中最简单的电路,其输出电压与输入电压成比例关系。

1. 反相比例运算电路

图 2.3.1 所示为反相比例运算电路,由于输出电压 u_O 与输入电压 u_I 反相,故此得名。u_I 通过电阻 R 作用于集成运放的反相输入端,同相输入端通过补偿电阻 R' 接地。R' 的作用是保持运放输入级差分放大电路具有良好的对称性,从而提高运算精度。其阻值等于反相输入端所接的等效电阻,即 $R' = R /\!/ R_f$。

由于理想运放工作在线性区,净输入电压和净输入电流均为零,R' 上电压为 0,因而反相输入端和同相输入端电位均为"地"电位,即

$$u_P = u_N = 0 \quad (2.3.1)$$

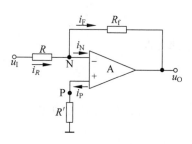

图 2.3.1 反相比例运算电路

称为"虚地",这是"虚短"的特例。输入电流 i_R 等于电阻 R_f 上的电流,即

$$i_R = i_F \quad (2.3.2)$$

$$\frac{u_I - u_N}{R} = \frac{u_N - u_O}{R_f}$$

将 $u_N = 0$ 代入,整理得出

$$\boxed{u_O = -\frac{R_f}{R} \cdot u_I} \quad (2.3.3)$$

上式表明,输出电压和输入电压是反相比例运算关系,比例系数为 $-R_f/R$,负号表示 u_O 与 u_I 反相,比例系数的数值可以是大于、等于或小于 1 的任意数。

该电路输出电阻 $R_o = 0$,因而具有很强的带负载能力。由于 $u_N = 0$,故输入电阻

$$\boxed{R_i = R} \quad (2.3.4)$$

由于 $u_P = u_N = 0$,说明集成运放的共模输入电压为 0。

例 2.3.1 在图 2.3.1 所示电路中,若要求输入电阻 $R_i = 50\text{k}\Omega$,比例系数为 -10,则 $R = ?$ $R_f = ?$

解 根据式(2.3.4)可得
$$R = R_i = 50\text{k}\Omega$$
根据式(2.3.3)可知,$-R_f/R = -10$,解得
$$R_f = 500\text{k}\Omega$$

2. 同相比例运算电路

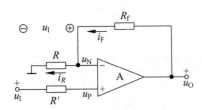

图 2.3.2 同相比例运算电路

若将反相比例运算电路的输入端和"地"互换,则可得同相比例运算电路,如图 2.3.2 所示。集成运放的反相输入端通过电阻 R 接"地",同相输入端则通过补偿电阻 R' 接输入信号,$R' = R /\!/ R_f$。由于集成运放的净输入电压和净输入电流均为 0,电阻 R 上的电压为 0,所以

$$u_N = u_P = u_I \tag{2.3.5}$$
$$i_R = i_F$$

即
$$\frac{u_N - 0}{R} = \frac{u_O - u_N}{R_f}$$

整理可得
$$\boxed{u_O = \left(1 + \frac{R_f}{R}\right) u_N} \tag{2.3.6}$$

将式(2.3.5)代入上式,可得
$$\boxed{u_O = \left(1 + \frac{R_f}{R}\right) u_I} \tag{2.3.7}$$

式(2.3.7)表明,比例系数 $(1 + R_f/R)$ 大于 1,输出电压和输入电压同相。由于同相比例运算电路的输入电流为零,故输入电阻为无穷大;由于 $u_N = u_P = u_I$,故运放的共模输入电压等于输入电压。

例 2.3.2 在图 2.3.2 所示电路中,已知集成运放最大输出电压幅值为 $\pm 14\text{V}$,$R = 10\text{k}\Omega$,在 $u_I = 1\text{V}$ 时 $u_O = 11\text{V}$。

(1) 电路的比例系数为多少?

(2) R_f 的取值为多少?

(3) 若 $u_I = -2\text{V}$,则 $u_O = ?$

解 (1) 比例系数

$$k = \frac{u_O}{u_I} = \frac{11}{1} = 11$$

(2) 根据式(2.3.7),$1+\frac{R_f}{R}=11$,将 $R=10\text{k}\Omega$ 代入,可得 $R_f=100\text{k}\Omega$。

(3) 当 $u_I=-2\text{V}$ 时,假设集成运放工作在线性区,则 $u_O=11u_I=-22\text{V}$,超出其能够输出的最大幅值(-14V),假设不成立,说明集成运放工作在非线性区,因而 $u_O=-14\text{V}$。

图 2.3.3 所示电路为电压跟随器,它是同相比例运算电路的一个特例。电路将输出电压全部引回到集成运放的反相输入端,使比例系数等于 1。由于集成运放的净输入电压和净输入电流均为 0,$u_O=u_N$,$u_N=u_P=u_I$,所以

$$\boxed{u_O = u_I} \tag{2.3.8}$$

说明输出电压跟随输入电压变化,故此得名。

对于比例运算电路,当输入电压产生变化时,其输出电压按比例变化,故可将其作为放大电路,它们的电压放大倍数就是各自的比例系数。

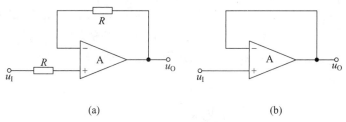

(a)   (b)

图 2.3.3 电压跟随器

2.3.2 加减运算电路

若多个输入电压同时作用于集成运放的反相输入端或同相输入端,则实现求和运算;若多个输入电压有的作用于反相输入端,而有的作用于同相输入端,则实现加减运算。

1. 求和运算电路

(1) 反相求和运算电路

图 2.3.4 所示电路为反相求和运算电路。在求解输出电压 u_O 和输入电压 u_{I1}、u_{I2}、u_{I3} 的函数关系时,可以采用两种不同的方法,方法一是利用节点电流法,方法二是利用叠加原理,下面一一加以介绍。

方法一:列出 N 点的电流方程为 $i_1+i_2+i_3=i_F$,即

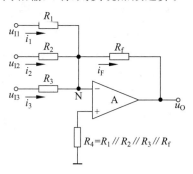

图 2.3.4 反相求和运算电路

$$\frac{u_{I1}-u_N}{R_1}+\frac{u_{I2}-u_N}{R_2}+\frac{u_{I3}-u_N}{R_3}=\frac{u_N-u_O}{R_f}$$

因为 $u_N=u_P=0$,为虚地,所以

$$\frac{u_{I1}}{R_1}+\frac{u_{I2}}{R_2}+\frac{u_{I3}}{R_3}=\frac{-u_O}{R_f}$$

整理可得

$$u_O=-\left(\frac{R_f}{R_1}u_{I1}+\frac{R_f}{R_2}u_{I2}+\frac{R_f}{R_3}u_{I3}\right) \quad (2.3.9)$$

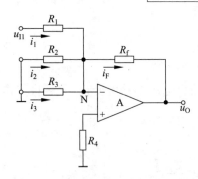

图 2.3.5 利用叠加原理分析反相求和运算电路

u_O 中含有不同比例的各输入信号,因此本电路可称为反相比例求和电路。若式中 $R_1=R_2=R_3=R_f$,则 $u_O=-(u_{I1}+u_{I2}+u_{I3})$,实现真正的反相求和电路。

方法二:设 u_{I1} 单独作用,输出电压为 u_{O1}。令 $u_{I2}=u_{I3}=0$,即接"地",如图 2.3.5 所示。由于 R_2、R_3 一端接"地",另一端是"虚地",故 i_2、i_3 均为 0,因而电路变成为以 u_{I1} 为输入信号的反相比例运算电路。根据式(2.3.3)得出

$$u_{O1}=-\frac{R_f}{R_1}\cdot u_{I1}$$

同理可得 u_{I2}、u_{I3} 单独作用时的输出分别为

$$u_{O2}=-\frac{R_f}{R_2}\cdot u_{I2}, \quad u_{O3}=-\frac{R_f}{R_3}\cdot u_{I3}$$

根据叠加原理,三个输入电压同时作用时,输出电压

$$u_O=u_{O1}+u_{O2}+u_{O3}=-\left(\frac{R_f}{R_1}u_{I1}+\frac{R_f}{R_2}u_{I2}+\frac{R_f}{R_3}u_{I3}\right)$$

与式(2.3.9)相同。

例 2.3.3 在图 2.3.4 所示电路中,已知 $R_1=10\text{k}\Omega$,$R_2=10\text{k}\Omega$,$R_3=5\text{k}\Omega$,$R_f=100\text{k}\Omega$。试求解:

(1) u_O 与 u_{I1}、u_{I2}、u_{I3} 的运算关系式;

(2) $R_4\approx?$

解 (1) 根据式(2.3.9)可得

$$u_O=-\left(\frac{R_f}{R_1}u_{I1}+\frac{R_f}{R_2}u_{I2}+\frac{R_f}{R_3}u_{I3}\right)$$
$$=-\left(\frac{100}{10}u_{I1}+\frac{100}{10}u_{I2}+\frac{100}{5}u_{I3}\right)$$
$$=-(10u_{I1}+10u_{I2}+20u_{I3})$$

(2) 为了使集成运放的两个输入端外接总电阻数值相等

$$R_4 = R_1 \mathbin{/\mkern-6mu/} R_2 \mathbin{/\mkern-6mu/} R_3 \mathbin{/\mkern-6mu/} R_f = \left(\frac{1}{\frac{1}{10}+\frac{1}{10}+\frac{1}{5}+\frac{1}{100}}\right)\text{k}\Omega \approx 2.44\text{k}\Omega$$

在实际电路中,可取 2.4kΩ 或 2.5kΩ 的电阻。

(2) 同相求和运算电路

图 2.3.6 所示电路为同相求和运算电路。其反相输入端总电阻 $R_N = R \mathbin{/\mkern-6mu/} R_f$,同相输入端总电阻 $R_P = R_1 \mathbin{/\mkern-6mu/} R_2 \mathbin{/\mkern-6mu/} R_3 \mathbin{/\mkern-6mu/} R_4$;通常,$R_N = R_P$。由式(2.3.6)可知,若能求出 u_N(或 u_P),则可得图示电路的运算关系。

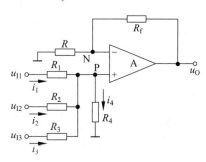

图 2.3.6 同相求和运算电路

列 P 点电流方程

$$\frac{u_{I1}-u_P}{R_1}+\frac{u_{I2}-u_P}{R_2}+\frac{u_{I3}-u_P}{R_3}=\frac{u_P}{R_4}$$

整理可得

$$\frac{u_{I1}}{R_1}+\frac{u_{I2}}{R_2}+\frac{u_{I3}}{R_3}=u_P\left(\frac{1}{R_1}+\frac{1}{R_2}+\frac{1}{R_3}+\frac{1}{R_4}\right)=\frac{u_P}{R_P}$$

因此

$$u_P = R_P\left(\frac{u_{I1}}{R_1}+\frac{u_{I2}}{R_2}+\frac{u_{I3}}{R_3}\right)$$

将上式代入式(2.3.6),可得

$$u_O = \left(1+\frac{R_f}{R}\right)R_P\left(\frac{u_{I1}}{R_1}+\frac{u_{I2}}{R_2}+\frac{u_{I3}}{R_3}\right) \tag{2.3.10}$$

将上式变换

$$u_O = \frac{R+R_f}{R\cdot R_f}\cdot R_f \cdot R_P\left(\frac{u_{I1}}{R_1}+\frac{u_{I2}}{R_2}+\frac{u_{I3}}{R_3}\right)=\frac{R_f\cdot R_P}{R_N}\left(\frac{u_{I1}}{R_1}+\frac{u_{I2}}{R_2}+\frac{u_{I3}}{R_3}\right)$$

因为 $R_P = R_N$,所以

$$\boxed{u_O = R_f\left(\frac{u_{I1}}{R_1}+\frac{u_{I2}}{R_2}+\frac{u_{I3}}{R_3}\right)} \tag{2.3.11}$$

与式(2.3.9)只差一个负号。

式(2.3.11)表明,各输入电压以不同的比例求和,因此图 2.3.6 所示电路也称为同相比例求和运算电路。若在该电路中 $R_N \neq R_P$,则应利用式(2.3.10)求解电路的函数关系。

例 2.3.4 求解图 2.3.7 所示电路的运算关系。

解 在多个运算电路相连接时,由于前级电路的输出电阻均为零,其输出电压仅受控于它自己的输入电压,因而后级电路并不影响前级电路的运算关系。所以,分析整个电路的运算关系时,每一级电路的分析方法与未级联时相同,而逐级将前级电路的输出电压作

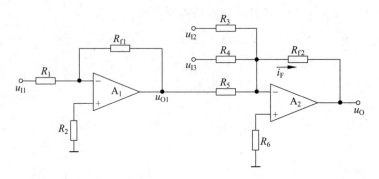

图 2.3.7 例 2.3.4 电路图

为后级电路的输入电压代入后级电路的运算关系式,就可得出整个电路的输出电压与输入电压的运算关系式。

在图 2.3.7 所示电路中,以 A_1 为核心元件组成了反相比例运算电路,以 A_2 为核心元件组成了反相求和运算电路。因此

$$u_{O1} = -\frac{R_{f1}}{R_1} \cdot u_{I1}$$

$$u_{O2} = -\left(\frac{R_{f2}}{R_3} \cdot u_{I2} + \frac{R_{f2}}{R_4} \cdot u_{I3} + \frac{R_{f2}}{R_5} \cdot u_{O1}\right)$$

将 u_{O1} 代入 u_{O2} 的表达式,得出图示电路的运算关系式

$$u_{O2} = \frac{R_{f1}}{R_1} \cdot \frac{R_{f2}}{R_5} \cdot u_{I1} - \frac{R_{f2}}{R_3} \cdot u_{I2} - \frac{R_{f2}}{R_4} \cdot u_{I3}$$

可见,利用两级电路实现了 u_{I1}、u_{I2}、u_{I3} 的加减运算。实际上,用一个集成运放也可实现加减运算电路。

2. 加减运算电路

(1) 差分比例运算电路

图 2.3.8 所示为差分比例运算电路,外接电路参数具有对称性,$R_N = R_P = R /\!/ R_f$。利用叠加原理可以求出该电路的运算关系。

令 $u_{I2} = 0$,u_{I1} 单独作用,成为反相比例运算电路,输出电压

$$u_{O1} = -\frac{R_f}{R} \cdot u_{I1}$$

令 $u_{I1} = 0$,u_{I2} 单独作用,成为同相比例运算电

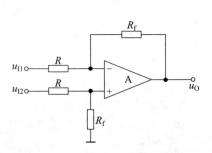

图 2.3.8 差分比例运算电路

路,输出电压

$$u_{O2} = \left(1 + \frac{R_f}{R}\right) \cdot \frac{R_f}{R + R_f} \cdot u_{I2} = \frac{R_f}{R} \cdot u_{I2}$$

所以,电路的运算关系为

$$\boxed{u_O = u_{O1} + u_{O2} = \frac{R_f}{R} \cdot (u_{I2} - u_{I1})} \tag{2.3.12}$$

可见,电路对 u_{I2} 和 u_{I1} 的差值实现比例运算,比例系数为 R_f/R。

(2) 加减运算电路

若在集成运放的同相输入端和反相输入端各加多个信号,则得到加减运算电路,如图 2.3.9 所示,也可称为双端输入求和运算电路。通常,集成运放两个输入端外接的电阻应对称,即 $R_N = R_P$,其中 $R_N = R_1 /\!/ R_2 /\!/ R_f$,$R_P = R_3 /\!/ R_4 /\!/ R_5$。

令 $u_{I3} = u_{I4} = 0$,输出电压为 u_{O1},如图 2.3.10(a) 所示,为反相求和运算电路,根据式(2.3.9)可得

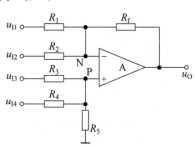

图 2.3.9 加减运算电路

$$u_{O1} = -\left(\frac{R_f}{R_1} u_{I1} + \frac{R_f}{R_2} u_{I2}\right)$$

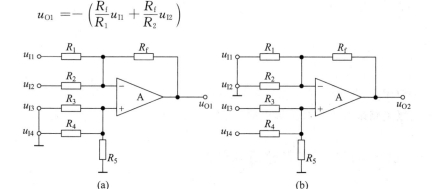

图 2.3.10 加减运算电路的分析

(a) u_{I1} 和 u_{I2} 作用时的等效电路　(b) u_{I3} 和 u_{I4} 作用时的等效电路

令 $u_{I1} = u_{I2} = 0$,输出电压为 u_{O2},如图 2.3.10(b) 所示,为同相求和运算电路。因为 $R_N = R_P$,所以可根据式(2.3.11)求得

$$u_{O2} = \frac{R_f}{R_3} u_{I3} + \frac{R_f}{R_4} u_{I4}$$

根据叠加原理,输出电压 u_O 为 u_{O1} 与 u_{O2} 之和,即

$$\boxed{u_O = \frac{R_f}{R_3} u_{I3} + \frac{R_f}{R_4} u_{I4} - \frac{R_f}{R_1} u_{I1} - \frac{R_f}{R_2} u_{I2}} \tag{2.3.13}$$

若图 2.3.9 所示电路中 $R_N \neq R_P$,则根据式(2.3.10),图 2.3.10(b) 所示电路的运算

关系为

$$u_{O2} = \left(1 + \frac{R_f}{R_1 /\!/ R_2}\right) R_P \left(\frac{u_{I3}}{R_3} + \frac{u_{I4}}{R_4}\right)$$

图 2.3.9 所示电路的运算关系为

$$u_O = -\left(\frac{R_f}{R_1}u_{I1} + \frac{R_f}{R_2}u_{I2}\right) + \left(1 + \frac{R_f}{R_1 /\!/ R_2}\right) R_P \left(\frac{u_{I3}}{R_3} + \frac{u_{I4}}{R_4}\right) \quad (2.3.14)$$

式中 $R_P = R_3 /\!/ R_4 /\!/ R_5$。

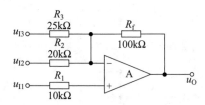

图 2.3.11 例 2.3.5 电路图

例 2.3.5 试求解图 2.3.11 所示电路 u_O 和 u_{I1}、u_{I2}、u_{I3} 的运算关系。

解 从电路图可求出 R_N 和 R_P，分别为

$$R_N = R_2 /\!/ R_3 /\!/ R_f = \frac{1}{\frac{1}{25} + \frac{1}{20} + \frac{1}{100}} k\Omega = 10 k\Omega$$

$$R_P = 10 k\Omega$$

说明 $R_N = R_P$，可根据式(2.3.13)求解图示电路的运算关系，即

$$u_O = \frac{R_f}{R_1}u_{I1} - \frac{R_f}{R_2}u_{I2} - \frac{R_f}{R_3}u_{I3}$$

$$= \frac{100}{10}u_{I1} - \frac{100}{20}u_{I2} - \frac{100}{25}u_{I3}$$

$$= 10u_{I1} - 5u_{I2} - 4u_{I3}$$

在实际应用中，若集成运放两个输入端所接电阻难于匹配，而又要求运算精度高，则可考虑用两级电路来实现加减运算电路，如例 2.3.7 所示。

2.3.3 积分运算电路和微分运算电路

在自动控制系统中，常用积分运算电路和微分运算电路作为调节环节。此外，积分运算还用于延时、定时和非正弦波发生电路之中。

1. 积分运算电路

图 2.3.12 所示为积分运算电路，根据"虚短"和"虚断"的概念可知，$u_N = u_P = 0$，为虚地。流过电容 C 的电流 i_C 等于流过电阻 R 的电流 i_R，即

$$i_C = i_R = \frac{u_I}{R}$$

输出电压与电容两端电压的关系为

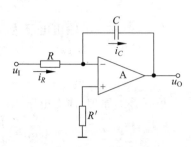

图 2.3.12 积分运算电路

$$u_O = -u_C$$

而电容电压 u_C 等于电容上电流 i_C 的积分,因此

$$\boxed{u_O = -u_C = -\frac{1}{C}\int \frac{u_I}{R}dt = -\frac{1}{RC}\int u_I dt} \quad (2.3.15)$$

若求解某一段时间($t_1 \sim t_2$)内的积分值,则应考虑到 u_O 的初始值 $u_O(t_1)$,所以输出电压为

$$u_O = -\frac{1}{RC}\int_{t_1}^{t_2} u_I dt + u_O(t_1) \quad (2.3.16)$$

若 u_I 为一常量 U_I,则

$$u_O = -\frac{1}{RC}U_I(t_2 - t_1) + u_O(t_1) \quad (2.3.17)$$

表明输出电压是输入电压的线性积分。

利用积分运算电路能够将输入的正弦电压,变换为输出的余弦电压,实现了波形的移相,也可以说实现了函数的变换;将输入的方波电压变换为输出的三角波电压,实现了波形的变换;对低频信号增益大,对高频信号增益小,当信号频率趋于无穷大时增益为零,实现了滤波功能。可见,利用积分运算电路的运算关系可以实现多方面的功能。

例 2.3.6 在图 2.3.12 所示积分电路中,$R=100\text{k}\Omega,C=0.01\mu\text{F}$。试求解输出电压与输入电压的运算关系式。

解 根据式(2.3.15),输出电压为

$$u_O = -\frac{1}{RC}\int u_I dt = -\frac{1}{100\times 10^3 \times 0.01 \times 10^{-6}}\int u_I dt = -10^3 \int u_I dt$$

例 2.3.7 电路如图 2.3.12 所示。已知 $R=100\text{k}\Omega,C=0.01\mu\text{F}$;$t=0$ 时,电容两端电压为 0;输入电压 u_I 为方波,幅值为 $\pm 2\text{V}$,频率 500Hz,如图 2.3.13(a)所示。试画出输出电压 u_O 的波形。

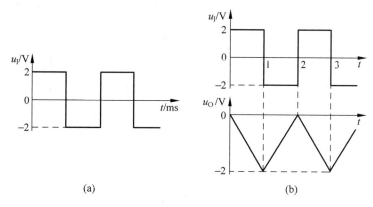

图 2.3.13 例 2.3.7 波形图
(a)输入电压波形图 (b)答案波形图

解 从已知条件可知，u_I 的占空比为 50%，即在一个周期内 $u_I=2V$ 和 $u_I=-2V$ 的时间相等，均为 1ms，因而 u_O 为三角波。从 $t_0=0$ 到 $t_1=1$ms，由于 $u_I=2V$，u_O 线性下降，其终值为

$$u_O = -\frac{1}{RC}U_I(t_1-t_0)+u_O(t_0)$$

$$= \left[-\frac{1}{100\times10^3\times0.01\times10^{-6}}\times2\times(1-0)\times10^{-3}+0\right]V$$

$$=-2V$$

从 $t_1=1$ms 到 $t_2=2$ms，由于 $u_I=-2V$，u_O 线性上升；因为 $t_2-t_1=t_1-t_0$，所以当 $t=t_2$ 时 $u_O=0$。因此，u_O 的波形如图(b)所示。画 u_O 的波形时应注意它与 u_I 在时间上的对应关系。

2. 微分运算电路

微分是积分的逆运算，将积分运算电路中 R 和 C 的位置互换，就得到微分运算电路，如图 2.3.14 所示。根据"虚短"和"虚断"的原则，$u_N=u_P=0$，为虚地。电容两端电压 $u_C=u_I$，其电流是端电压的微分。电阻 R 的电流 i_R 等于电容 C 中的电流 i_C，所以

$$i_R = i_C = C\frac{du_I}{dt}$$

输出电压

$$\boxed{u_O = -i_R R = -RC\frac{du_I}{dt}} \tag{2.3.18}$$

输出电压是输入电压对时间的微分。

在微分运算电路输入端，若加正弦电压 $u_I=U_m\sin\omega t$，则输出端为负的余弦波，实现了函数的变换，或者说实现了对输入电压的移相；若加矩形波，则输出为尖脉冲，如图 2.3.15 所示。从理论上分析，若输入矩形波的上升沿和下降沿所用时间为零，则尖顶波的幅值会趋于无穷大，但实际上由于集成运放工作到非线性区，因而限制了输出电压的幅值。

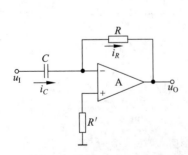

图 2.3.14 微分运算电路

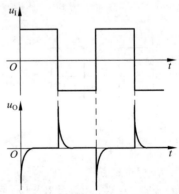

图 2.3.15 微分运算电路输入为矩形波时的波形图

例 2.3.8 在图 2.3.14 所示电路中,已知 $R=100\mathrm{k}\Omega$,$C=1\mu\mathrm{F}$,$u_\mathrm{I}=5\sin\omega t(\mathrm{V})$。试画出 u_I 和 u_O 的波形图。

解 将 $u_\mathrm{I}=5\sin\omega t$(V)代入式(2.3.18),得出输出电压

$$u_\mathrm{O}=-RC\frac{\mathrm{d}u_\mathrm{I}}{\mathrm{d}t}$$

$$=-(100\times 10^3\times 1\times 10^{-6})\frac{5\sin\omega t}{\mathrm{d}\omega t}$$

$$=-0.5\cos\omega t$$

输出电压的幅值是输入电压的 1/10,频率相同,波形图如图 2.3.16 所示。

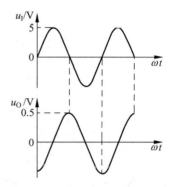

图 2.3.16 例 2.3.8 波形图

2.4 理想运放组成的电压比较器

电压比较器是集成运放基本应用电路之一,其输入为模拟信号,输出只有两种可能的状态,不是高电平就是低电平。因此,在这类电路中集成运放工作在非线性区。本节将讲述典型电压比较器电路的组成、工作原理和电压传输特性等。

2.4.1 电压比较器概述

1. 电压比较器的用途

电压比较器是将输入的模拟电压信号和基准电压(称为阈值电压)相比较,输出的高电平和低电平表明比较结果的电路。因而它首先广泛用于各种报警电路,输入的模拟电压可能是温度、压力、流量、液面等通过传感器采集的信号。其次,在自动控制、电子测量、鉴幅、模数转换、各种非正弦波形的产生和变换电路中也得到广泛的应用。

2. 电压比较器电路的特点

通常,在电压比较器电路中,集成运放不引入反馈(即开环状态)或仅引入正反馈,因而工作在非线性区,如图 2.2.3(a)、(b)所示。

理想运放工作在非线性区时具有"虚断"的特点,净输入电流为零,即 $i_\mathrm{P}=i_\mathrm{N}=0$;但不具有"虚短"的特点,净输入电压 $(u_\mathrm{P}-u_\mathrm{N})$ 的大小决定于整个电路的输入电压。而且,输出电压与输入电压不成线性关系,输出电压只有两种可能性:若 $u_\mathrm{P}>u_\mathrm{N}$,则 $u_\mathrm{O}=+U_\mathrm{OM}$;若 $u_\mathrm{P}<u_\mathrm{N}$,则 $u_\mathrm{O}=-U_\mathrm{OM}$。当 u_I 经过某一设定值时,输出将从一个电平跃变到另一个电平。由于其输入为模拟量,输出只有高、低电平两种情况,可看作数字量,所以又

可以将电压比较器视为模拟电路与数字电路的一种最简单的"接口"电路。

3. 电压比较器的电压传输特性

通常,利用输出电压 u_O 与输入电压 u_I 之间的函数关系曲线来描述电压比较器,称为电压传输特性。电压传输特性有三个要素:

(1) 输出电压高电平 U_{OH} 和低电平 U_{OL} 的数值。其值大小取决于集成运放的最大输出幅值,或集成运放输出端所接的限幅电路。

(2) 阈值电压 U_T(或称转折电压、门槛电平、门限电平等)的大小。U_T 是使输出电压从 U_{OL} 跃变为 U_{OH} 和从 U_{OH} 跃变为 U_{OL} 的输入电压,也就是使集成运放两个输入端电位相等(即 $u_P = u_N$)时的输入电压值。

(3) 输入电压 u_I 过 U_T 时输出电压 u_O 的跃变方向,即 u_I 过 U_T 时,输出电压 u_O 是从 U_{OL} 跃变为 U_{OH},还是从 U_{OH} 跃变为 U_{OL}。

只要正确地求解出上述三个要素,就能画出电压比较器的电压传输特性,从而得到其功能及特点。

4. 电压比较器的种类

(1) 单限比较器。电路只有一个阈值电压 U_T,在输入电压增大或减小的过程中只要经过 U_T,输出电压就产生跃变。

(2) 滞回比较器。电路有两个阈值电压 U_{T1} 和 U_{T2}。若 $U_{T1} < U_{T2}$,则输入电压 u_I 在增加过程中,只有经过 U_{T2} 时,输出电压 u_O 才产生跃变;而 u_I 减小过程中,只有经过 U_{T1} 时,u_O 才产生跃变。换言之,u_O 从 U_{OL} 跃变为 U_{OH} 和从 U_{OH} 跃变为 U_{OL} 时的阈值电压不同。

滞回比较器与单限比较器的相同之处在于,输入电压向单一方向的变化过程中,输出电压只跃变一次,根据这一特点可以将滞回比较器视为两个不同的单限比较器的组合。

(3) 窗口比较器[①]。电路有两个阈值电压 U_{T1} 和 U_{T2}。若 $U_{T1} < U_{T2}$,则输入电压 u_I 从小变大的过程中,经过 U_{T1} 时输出电压 u_O 产生一次跃变,继续增大经过 U_{T2} 时,u_O 发生相反方向的跃变;同样,在 u_I 从大变小的过程中,经过 U_{T2} 时 u_O 产生一次跃变,继续减小经过 U_{T1} 时,u_O 产生相反方向的跃变。即输入电压向单一方向的变化过程中,输出电压将发生两次跃变,故也称之为双限比较器。

图 2.4.1 所示为三种电压比较器电压传输特性举例。图(b)中的箭头表示信号的变化方向。

---

① 参阅第 3 章稳压二极管的应用。

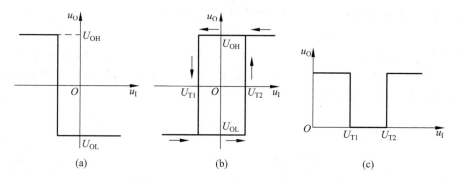

图 2.4.1 电压比较器的电压传输特性
(a) 单限比较器 (b) 滞回比较器 (c) 窗口比较器

2.4.2 单限比较器

1. 过零比较器

将集成运放的一个输入端接"地",另一个输入端接输入信号,就构成过零比较器,其电路和电压传输特性如图 2.4.2 所示。它们的阈值电压均为零,因为输入信号分别作用于反相输入端和同相输入端,所以在输入电压过零时输出电压跃变的方向不同。电路的输出高电平和输出低电平决定于集成运放输出电压的幅值 $\pm U_{OM}$。在图(a)所示电路中,当 $u_I<0$ 时,$u_O=+U_{OM}$;当 $u_I>0$ 时,$u_O=-U_{OM}$。而在图(b)所示电路中,当 $u_I<0$ 时,$u_O=-U_{OM}$;当 $u_I>0$ 时,$u_O=+U_{OM}$。

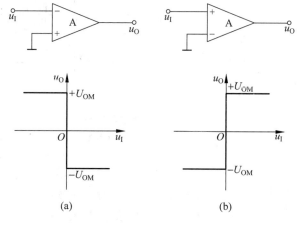

图 2.4.2 过零比较器及其电压传输特性
(a) 反相输入电路 (b) 同相输入电路

由图 2.4.2 所示电路可知,集成运放净输入电压的数值为

$$|u_P - u_N| = |u_I|$$

因而有可能很大,以至于使集成运放输入级的晶体管击穿,造成永久性的损坏,所以在实用电路中常利用二极管限幅以保护集成运放输入端;为使输出高、低电平适应负载的需求,所以常在输出端加稳压管限幅电路,这两部分见第 3 章。

2. 一般单限比较器

图 2.4.3(a)所示为一般单限比较器电路,其中增加了参考电压 U_{REF},便于阈值电压的调整。根据叠加原理,可以求得集成运放反相输入端电位为

$$u_N = \frac{R_1}{R_1 + R_2} \cdot u_I + \frac{R_2}{R_1 + R_2} \cdot U_{REF}$$

当 $u_N = u_P = 0$ 时,输出电压发生跃变,这时所对应的输入电压即为阈值电压 U_T,所以

$$\boxed{U_T = u_I \big|_{u_N = 0} = -\frac{R_2}{R_1} U_{REF}} \qquad (2.4.1)$$

当 $u_I > U_T$ 时,$u_O = -U_{OM}$;当 $u_I < U_T$ 时,$u_O = +U_{OM}$;若 $U_{REF} < 0$,则据此可得到图 2.4.3(b)所示电压传输特性。只要改变参考电压 U_{REF} 的极性和电阻 R_1、R_2 的大小,就能改变阈值电压的大小和极性。若要改变 u_I 过 U_T 时 u_O 的跃变方向,则应将反相输入端接地,同相输入端接电阻 R_1、R_2。这样,当 $u_I > U_T$ 时,$u_O = +U_{OM}$;当 $u_I < U_T$ 时,$u_O = -U_{OM}$。

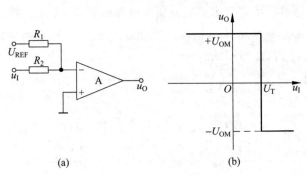

图 2.4.3 一般单限比较器
(a) 电路 (b) 电压传输特性

综上所述,电压比较器电压传输特性三要素的求解方法如下:
(1) 由集成运放最大输出电压决定输出高、低电平 U_{OH} 和 U_{OL}。
(2) 写出集成运放两输入端电位 u_P 和 u_N 的表达式,令 $u_P = u_N$,求出输入电压 u_I,即为阈值电压 U_T。
(3) 若输入电压 u_I 从反相输入端(或通过电阻)输入,则当 $u_I > U_T$ 时,$u_O = U_{OL}$,当

$u_I<U_T$ 时,$u_O=U_{OH}$;若输入电压 u_I 从同相输入端(或通过电阻)输入,则当 $u_I>U_T$ 时,$u_O=U_{OH}$,当 $u_I<U_T$ 时,$u_O=U_{OL}$。

过零比较器是一般单限比较器的一个特例。

例 2.4.1 电路如图 2.4.4(a)所示,集成运放的最大输出电压 $\pm U_{OM}=\pm12V$,$R_1=R_2$。试求解:

(1)电位器调到最大值时电路的电压传输特性;

(2)电位器调到最小值时的阈值电压。

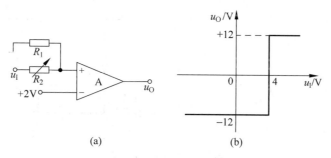

图 2.4.4 例 2.4.1 图
(a) 电路 (b) 电压传输特性

解 (1)由图可知,基准电压 $U_{REF}=2V$,写出 u_P 的表达式,令 $u_P=u_N=U_{REF}=2V$,求出 u_I,就是 U_T。

$$u_P=\frac{R_1}{R_1+R_2}\cdot u_I=0.5u_I=2V$$

$U_T=4V$。从集成运放的输出电压可知,$U_{OL}=-12V$,$U_{OH}=+12V$。由于输入信号作用于集成运放的同相输入端,因而 $u_I<4V$ 时,$u_O=U_{OL}=-12V$;$u_I>4V$ 时,$u_O=U_{OH}=+12V$。所以电压传输特性如图 2.4.4(b)所示。

(2)当电位器调到最小值时,u_I 直接作用于集成运放的同相输入端,故阈值电压 $U_T=2V$。

例 2.4.2 已知两个电压比较器的电压传输特性分别如图 2.4.2(a)和 2.4.4(b)所示,它们的输出电压分别为 u_{O1} 和 u_{O2};图 2.4.2(a)中集成运放的最大输出电压 $\pm U_{OM}=\pm12V$;输入信号为正弦波,如图 2.4.5(a)所示。试画出 u_{O1} 和 u_{O2} 的波形图。

解 根据图 2.4.2(a)所示电压传输特性可知,$u_I>0$ 时,$u_O=-12V$;当 $u_I<0$ 时,$u_O=+12V$。根据图 2.4.4(b)所示电压传输特性可知,$u_I>4V$ 时,$u_O=+12V$;当 $u_I<4V$ 时,$u_O=-12V$。所以 u_{O1} 和 u_{O2} 的波形如图 2.4.5(b)所示。

从以上分析可知,利用电压比较器可以实现波形变换,这里将正弦波变换成方波和矩形波。

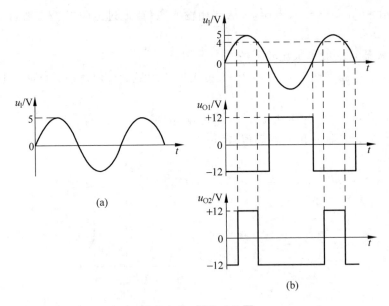

图 2.4.5 例 2.4.2 图
(a) 输入电压波形 (b) 输出电压波形

2.4.3 滞回比较器

当单限比较器的输入电压在阈值电压附近上下波动时,不管这种变化是干扰或噪声作用的结果,还是输入信号自身的变化,都将使输出电压在高、低电平之间反复跃变。这一方面表明电路的灵敏度高,另一方面也表明电路抗干扰能力差。在实际应用中,有时电路过分灵敏会对执行机构产生不利的影响,甚至使之不能正常工作。因而,需要电路有一定的惯性,即在输入电压一定的变化范围内输出电压保持原状态不变,滞回比较器具有这一特点。

1. 滞回比较器的工作原理

反相输入滞回比较器电路如图 2.4.6(a)所示,电路引入了正反馈,$u_O = \pm U_{OM}$。反相输入端电位 $u_N = u_I$,同相输入端电位

$$u_P = \frac{R_1}{R_1 + R_2} \cdot u_O = \pm \frac{R_1}{R_1 + R_2} \cdot U_{OM}$$

令 $u_N = u_P$,求得阈值电压为

$$\boxed{\pm U_T = \pm \frac{R_1}{R_1 + R_2} \cdot U_{OM}} \tag{2.4.2}$$

设输入电压 $u_I < -U_T$,则 $u_N < u_P$,因而 $u_O = +U_{OM}$,$u_P = +U_T$。此时增大 u_I,则只有

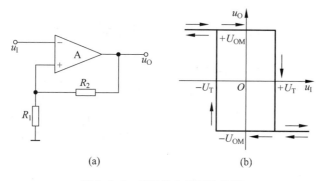

图 2.4.6　反相输入滞回比较器
(a) 电路　(b) 电压传输特性

u_I 增大至略大于 $+U_T$ 时，u_O 才从高电平 $+U_{OM}$ 跃变为低电平 $-U_{OM}$。设输入电压 $u_I>+U_T$，则 $u_N>u_P$，因而 $u_O=-U_{OM}$，$u_P=-U_T$。此时减小 u_I，则只有 u_I 减小至略小于 $-U_T$ 时，u_O 才从低电平 $-U_{OM}$ 跃变为高电平 $+U_{OM}$。因此，图(a)所示电路的电压传输特性如图(b)所示。从曲线上看，当 $-U_T<u_I<+U_T$ 时 u_O 可能为高电平，也可能为低电平，这取决于 u_I 是从小于 $-U_T$ 变化而来的，还是从大于 $+U_T$ 变化而来的，即曲线具有方向性，图中箭头表明了变化的方向。这种 u_I 变化方向不同阈值电压不同的特性称为滞回特性，两个阈值电压之差 $\Delta U(=|U_{T1}-U_{T2}|=2U_T)$ 称为回差电压（或称为门限宽度、滞迟宽度），其值大小可视干扰电压波动范围而定。

2. 滞回比较器中的正反馈

由图 2.4.6(a)可知，电路引入正反馈是滞回比较器的电路特征。实际上，由于集成运放的电压放大倍数不是无穷大，只有在集成运放净输入电压足够大时，输出电压才能从高电平跃变为低电平，或从低电平跃变为高电平。正反馈的引入加快了输出电压的转换速度。例如，当 $u_O=+U_{OM}$，$u_P=+U_T$ 时，只要 u_I 增大至略大于 $+U_T$，且足以使 u_O 下降，就会产生如下正反馈过程：

$$u_O \downarrow \rightarrow u_P \downarrow \rightarrow u_O \downarrow\downarrow$$

即 u_O 下降使 u_P 下降，而 u_P 的下降使 u_O 进一步下降，直至 $u_O=-U_{OM}$。正反馈的结果使 u_O 迅速从 $+U_{OM}$ 变为 $-U_{OM}$，从而获得较为理想的电压传输特性。

应当指出，在近似分析中，均将集成运放看成为理想运放。

3. 滞回比较器设计中的问题

图 2.4.6(a)所示滞回比较器的电压传输特性是轴对称的，为使电压传输特性曲线横向平移，可在 R_1 的接地端改接外加基准电压 U_{REF}，如图 2.4.7(a)所示。

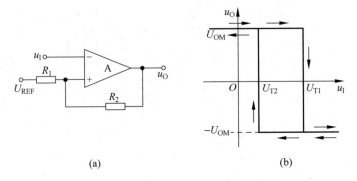

图 2.4.7 横向平移电压传输特性的方法
(a) 电路 (b) 电压传输特性

此时电位

$$U_P = \frac{R_1}{R_1 + R_2} \cdot (\pm U_{OM}) + \frac{R_2}{R_1 + R_2} \cdot U_{REF}$$

令 $u_N = u_P$,求得阈值电压为

$$\begin{cases} U_{T1} = +\dfrac{R_1}{R_1 + R_2} \cdot U_{OM} + \dfrac{R_2}{R_1 + R_2} \cdot U_{REF} \\ U_{T2} = -\dfrac{R_1}{R_1 + R_2} \cdot U_{OM} + \dfrac{R_2}{R_1 + R_2} \cdot U_{REF} \end{cases} \tag{2.4.3}$$

若 U_{REF} 为正且足够大,可使两个阈值电压均大于零,则电压传输特性如图(b)所示。

为使电压传输特性曲线纵向平移,可用稳压二极管限幅电路[①]。为了改变电压传输特性曲线的跃变方向,可将图 2.4.6(a)所示电路的输入端和 R_1 的接地端互换,构成同相输入滞回比较器,如图 2.4.8(a)所示,其电压传输特性如图(b)所示。

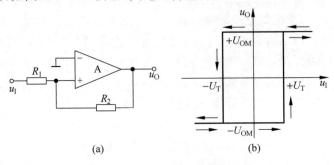

图 2.4.8 同相输入滞回比较器
(a) 电路 (b) 电压传输特性

---

① 参阅第 3 章稳压二极管的应用。

例 2.4.3 电路如图 2.4.6(a)所示,已知 $R_1=10\text{k}\Omega, R_2=50\text{k}\Omega, \pm U_{\text{OM}}=\pm 12\text{V}$。

(1) 画出其电压传输特性;

(2) 若将 R_1 的接地端接 U_{REF},如图 2.4.7(a)所示,且 $U_{\text{REF}}=6\text{V}$,试画出其电压传输特性。

解 (1) 根据求解电压传输特性的一般方法,输出的高、低电平 $U_{\text{OH}}=+U_{\text{OM}}=+12\text{V}, U_{\text{OL}}=-U_{\text{OM}}=-12\text{V}$。根据式(2.4.2),得出阈值电压

$$\pm U_\text{T} = \pm \frac{R_1}{R_1+R_2} \cdot U_{\text{OM}} = \pm \left(\frac{10}{10+50} \times 12\right)\text{V} = \pm 2\text{V}$$

由于 u_1 从反相输入端输入,所以画出电压传输特性如图 2.4.9(a)所示。

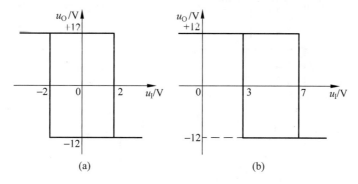

图 2.4.9 例 2.4.3 答案图

(2) $U_{\text{OH}}=U_{\text{OM}}=+12\text{V}, U_{\text{OL}}=-U_{\text{OM}}=-12\text{V}$,而

$$u_\text{P} = \pm \frac{R_1}{R_1+R_2} \cdot u_{\text{OM}} + \frac{R_2}{R_1+R_2} \cdot U_{\text{REF}}$$

令 $u_\text{N}=u_\text{P}$,并将 $u_\text{N}=u_1, u_\text{O}=\pm U_\text{Z}=\pm 12\text{V}, U_{\text{REF}}=6\text{V}$ 代入上式,得出阈值电压

$$U_{\text{T1}} = \left(\frac{10}{10+50} \times 12 + \frac{50}{10+50} \times 6\right)\text{V} = 7\text{V}$$

$$U_{\text{T2}} = \left[\frac{10}{10+50} \times (-12) + \frac{50}{10+50} \times 6\right]\text{V} = 3\text{V}$$

电压传输特性如图 2.4.9(b)所示。

比较两电路电压传输特性可知,外加基准电压虽然改变了阈值电压,但并没有改变回差电压,ΔU 均为 4V。

例 2.4.4 已知两个电压比较器的电压传输特性分别如图 2.4.10(a)、(b)所示,输入电压波形均如图 2.4.10(c)所示。

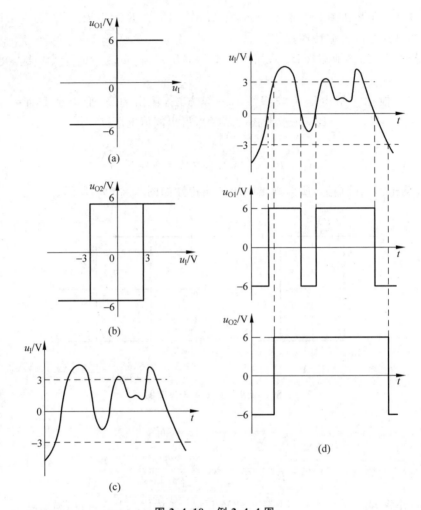

图 2.4.10 例 2.4.4 图
(a)、(b) 已知的电压传输特性 (c) 输入电压波形 (d) 输出电压波形

(1) 它们分别为哪种类型的电压比较器？
(2) 画出输出电压 u_{O1} 和 u_{O2} 的波形。

解 (1) 从图 2.4.10(a) 所示电压传输特性可知，阈值电压为 0，且 $u_I>0$ 时 $u_{O1}=6V$，$u_I<0$ 时 $u_{O1}=-6V$，故电路为同相输入的过零比较器。

从图 2.4.10(b) 所示电压传输特性可知，阈值电压为 ±3V，具有滞回特性，且 $u_I>3V$ 时 $u_{O1}=6V$，$u_I<-3V$ 时 $u_{O1}=-6V$，故电路为同相输入的滞回比较器。

(2) 根据电压传输特性画出 u_{O1} 和 u_{O2} 的波形，如图 2.4.10(d) 所示。

习 题

2.1 判断下列说法的正、误,在括号内画"√"表示正确,画"×"表示错误。

(1) 运算电路中集成运放一般工作在线性区。( )

(2) 反相比例运算电路输入电阻很大( ),输出电阻很小( )。

(3) 虚短是指集成运放两个输入端短路( ),虚断是指集成运放两个输入端开路( )。

(4) 同相比例运算电路中集成运放的共模输入电压为零。( )

(5) 在滞回比较器中,当输入信号变化方向不同时其阈值将不同。( )

(6) 单限比较器的抗干扰能力比滞回比较器强。( )

2.2 现有六种运算电路如下,请选择正确的答案,用 A、B、C 等填空。

A. 反相比例运算电路   B. 同相比例运算电路   C. 求和运算电路
D. 加减运算电路   E. 积分运算电路   F. 微分运算电路

(1) 欲实现电压放大倍数 $A_u = -100$ 的放大电路,应选用_____。

(2) 欲实现电压放大倍数 $A_u = +100$ 的放大电路,应选用_____。

(3) 欲将正弦波电压转换成余弦波电压,应选用_____。

(4) 欲将正弦波电压叠加上一个直流电压,应选用_____。

(5) 欲将三角波电压转换成方波电压,应选用_____。

(6) 欲将方波电压转换成三角波电压,应选用_____。

(7) 欲实现两个信号之差,应选用_____。

2.3 填空

(1) 理想集成运放的 $A_{od}=$ _____,$r_{id}=$ _____,$r_{od}=$ _____,$K_{CMR}=$ _____。

(2) 运算电路均应引入____反馈,而电压比较器中应____。

(3) _____比例运算电路中集成运放反相输入端为虚地。

(4) _____运算电路可实现函数 $Y = aX_1 + bX_2 + cX_3$(a, b, c 均大于零),而_____运算电路可实现函数 $Y = aX_1 + bX_2 + cX_3$(a, b, c 均小于零)。

2.4 电路如图 P2.4 所示,已知:当输入电压 $u_1 = 100\text{mV}$ 时要求输出电压 $u_O = -5\text{V}$。试求解 R_f 和 R_2 的阻值。

2.5 电路如图 P2.5 所示,集成运放输出电压的最大幅值为 ±14V。求输入电压 u_1 分别为 100mV 和 2V 时输出电压 u_O 的值。

2.6 已知集成运放为理想运放,试分别求出图 P2.4 和图 P2.5 所示电路的输入电阻、输出电阻和集成运放的共模输入电压,并分析哪个电路对集成运放的共模抑制比要求较高。

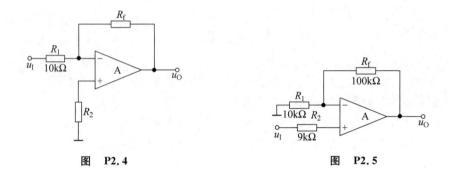

图 P2.4　　　　　　　　图 P2.5

2.7　试用两个理想集成运放实现一个电压放大倍数为 100、输入电阻为 100kΩ 的运算电路。要求所采用电阻的最大阻值为 500kΩ。

2.8　试用理想集成运放实现一个电压放大倍数为 100、输入电阻趋于无穷大的运算电路。要求所采用电阻的最大阻值为 200kΩ。

2.9　求解图 P2.9 所示各电路输出电压与输入电压的运算关系式。

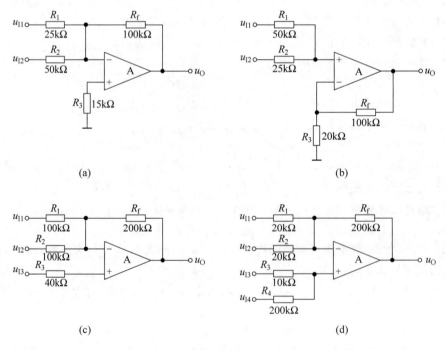

图 P2.9

2.10　测量电阻的电桥电路如图 P2.10 所示。已知集成运放 A 具有理想特性。
（1）写出输出电压 u_O 与被测电阻 R_2 及参考电阻 R 的关系式。

（2）若被测电阻 R_2 相对于参考电阻 R 的变化量为 2%（即 $R_2 = 1.02R$）时 $U_O = 24\text{mV}$，则 R 的阻值为多少？

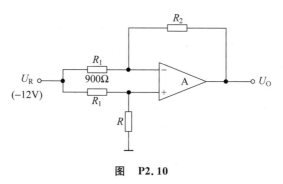

图 P2.10

2.11 分别求解图 P2.11 所示两电路输出电压与输入电压的运算关系。

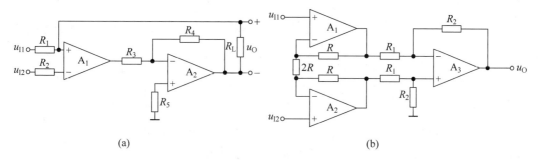

图 P2.11

2.12 电路如图 P2.12(a)所示，已知输入电压 u_I 波形如图(b)所示，当 $t=0$ 时 $u_O = 5\text{V}$。对应 u_I 画出输出电压 u_O 的波形。

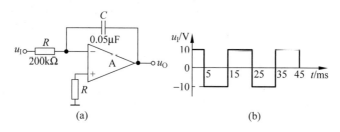

图 P2.12

2.13 分别求解图 P2.13 所示各电路的运算关系。

2.14 电路如图 P2.14 所示。设电容两端电压的初始值为零。

（1）求解 u_O 与 u_I 的运算关系；

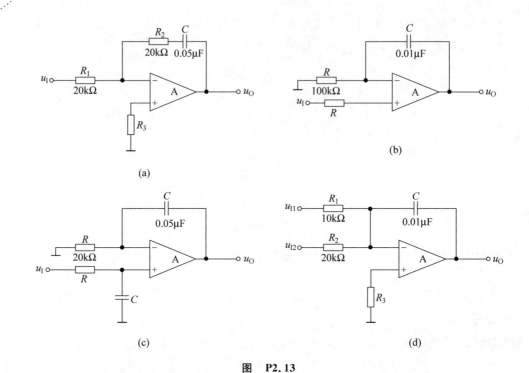

图 P2.13

(2) 设 $t=0$ 时刻开关 S 处于位置 1,当 $t=0.2s$ 时突然转接到位置 2,$t=0.4s$ 时又突然回到位置 1,试画出 u_O 的波形,并求出 $u_O=0V$ 的时间。

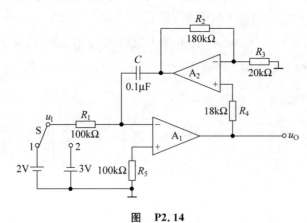

图 P2.14

2.15 请用两种方法实现一个三输入的运算电路,该电路输出电压与输入电压的运算关系为 $u_O=5\int(4u_{I1}-2u_{I2}-2u_{I3})dt$。要求对应于每个输入信号,电路的输入电阻不小于100kΩ。

2.16 在图P2.16所示各电路中,集成运放输出电压的最大值为±12V。试画出各电路的电压传输特性。

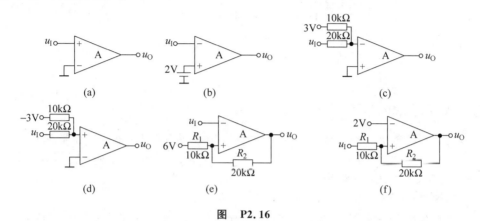

图 P2.16

2.17 图P2.17(a)所示电路中,集成运放输出电压的最大值为±12V,输入电压波形如图P2.17(b)所示。当$t=0$时$u_{O1}=0$V。分别画出输出电压u_{O1}和u_{O2}的波形。

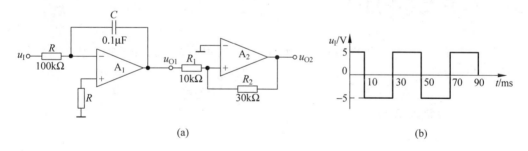

图 P2.17

第 3 章 半导体二极管及其基本应用电路

本章基本内容

【基本概念】本征半导体,空穴和自由电子,载流子,N 型半导体和 P 型半导体,PN 结,扩散运动、漂移运动和复合,结电容,伏安特性,导通、截止和击穿,等效电路,二极管、稳压管和发光二极管的主要参数。

【基本电路】整流电路,与门,稳压管稳压电路,限幅电路。

【基本方法】二极管和稳压管工作状态的分析方法,二极管电路波形分析方法,二极管动态电阻的求解方法。

3.1 半导体基础知识

半导体器件是构成电子电路的基本元件,它们所用的材料是经过特殊加工且性能可控的半导体材料。

3.1.1 本征半导体

导电性能介于导体和绝缘体之间的物质称为半导体,纯净的具有晶体结构的半导体称为**本征半导体**。

1. 半导体

物质的导电性能决定于原子结构。导体一般为低价元素,它们的最外层电子极易挣脱原子核的束缚成为自由电子,在外电场的作用下产生定向移动,形成电流。高价元素(如惰性气体)或高分子物质(如橡胶),它们的最外层电子受原子核束缚力很强,很难成为自由电子,所以导电性极差,成为绝缘体。常用的半导体材料硅(Si)和锗(Ge)均为四价元素,它们的最外层电子既不像导体那么容易挣脱原子核的束缚,也不像绝缘体那样被原子核束缚得那么紧,因而其导电性介于二者之间。

2. 本征半导体的晶体结构

将纯净的半导体经过一定的工艺过程制成单晶体,即为本征半导体。晶体中的原子在空间形成排列整齐的点阵,称为**晶格**。由于相邻原子间的距离很小,因此,相邻的两个原子的一对最外层电子(即价电子)不但各自围绕自身所属的原子核运动,而且出现在相邻原子所属的轨道上,成为共用电子,这样的组合称为**共价键**结构,如图 3.1.1 所示。图中标有"+4"的圆圈表示除价电子外的正离子。

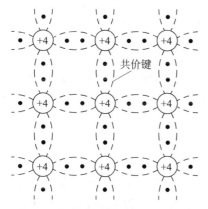

图 3.1.1 本征半导体结构示意图

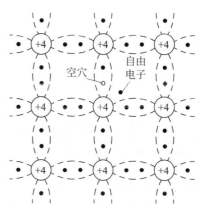

图 3.1.2 本征半导体中的自由电子和空穴

3. 本征半导体中的两种载流子

晶体中的共价键具有很强的结合力,因此,在常温下,仅有极少数的价电子由于热运动(热激发)获得足够的能量,从而挣脱共价键的束缚变成为**自由电子**。与此同时,在共价键中留下一个空位置,称为**空穴**。原子因失掉一个价电子而带正电,或者说空穴带正电。在本征半导体中,自由电子与空穴是成对出现的,即自由电子与空穴数目相等,如图 3.1.2 所示。这样,若在本征半导体两端外加一电场,则一方面自由电子将产生定向移动,形成电子电流;另一方面由于空穴的存在,价电子将按一定的方向依次填补空穴,也就是说空穴也产生定向移动,形成空穴电流。由于自由电子和空穴所带电荷极性不同,所以它们的运动方向相反,本征半导体中的电流是两个电流之和。

运载电荷的粒子称为**载流子**。导体导电只有一种载流子,即自由电子导电;而**本征半导体有两种载流子,即自由电子和空穴均参与导电**,这是半导体导电的特殊性质。

4. 本征半导体中载流子的浓度

在本征半导体中,自由电子如果与空穴相遇就会填补空穴,使两者同时消失,这种现象称为**复合**。在一定的温度下,本征激发所产生的自由电子与空穴对,与复合的自由电子与空穴对数目相等,故达到**动态平衡**。换言之,在一定温度下,本征半导体中**载流子的浓度**是一定的,并且自由电子与空穴的浓度相等。当环境温度升高时,热运动加剧,挣脱共价键束缚的自由电子增多,空穴也随之增多,即载流子的浓度升高,因而必然使得导电性能增强。反之,则导电性能变差。

综上所述,一方面本征半导体中载流子的浓度很低,故导电性能很差;另一方面载流子的浓度与环境温度有关,即其导电性能与环境温度有关。半导体材料性能对温度的这种敏感性,既可以用来制作热敏和光敏器件,又是造成半导体器件温度稳定性差的原因。

3.1.2 杂质半导体

通过扩散工艺,在本征半导体中掺入少量合适的杂质元素,便可得到**杂质半导体**。按掺入的杂质元素不同,可形成 N 型半导体和 P 型半导体;控制掺入杂质元素的浓度,就可控制杂质半导体的导电性能。

1. N 型半导体

在纯净的硅晶体中掺入五价元素(如磷),使之取代晶格中硅原子的位置,就形成了 **N 型半导体**①。由于杂质原子的最外层有五个价电子,所以除了与周围硅原子形成共价键外,还多出一个电子,如图 3.1.3 所示。在常温下,多出的电子由于热激发所获得的能量就可以使之成为自由电子。而杂质原子因在晶格上,且又缺少电子,故变为不能移动的正离子。N 型半导体中,自由电子的浓度大于空穴的浓度,故称自由电子为**多数载流子**,空穴为**少数载流子**;简称前者为**多子**,后者为**少子**。因杂质原子提供自由电子,故称之为施主原子。N 型半导体主要靠自由电子导电,掺入的杂质越多,多子的浓度就越高,从而导电性能越强。

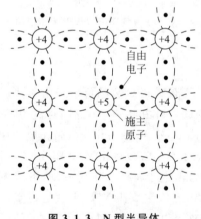

图 3.1.3 N 型半导体

2. P 型半导体

在纯净的硅晶体中掺入三价元素(如硼),使之取代晶格中硅原子的位置,就形成 **P 型半导体**②,如图 3.1.4 所示。由于杂质原子的最外层有三个价电子,所以当它们与周围

---

① N 为 Negative(负)的字头,由于电子带负电,故得此名。

② P 为 Positive(正)的字头,由于空穴带正电,故得此名。

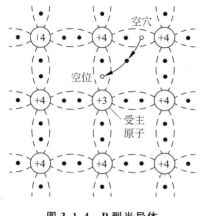

图 3.1.4 P 型半导体

的硅原子形成共价键时,就产生了一个空位,而杂质原子成为不可移动的负离子。硅原子的价电子填补空位,便产生空穴。因而 P 型半导体中,空穴为多子,自由电子为少子,主要靠空穴导电。并且掺入的杂质越多,空穴的浓度就越高,导电性能也就越强。因杂质原子中的空位吸收电子,故称之为**受主原子**。

可以认为,杂质半导体中多子的浓度约等于所掺杂质原子的浓度,因而受温度的影响很小。然而,少子是由于热运动而产生的,所以尽管浓度很低,却对温度非常敏感,这是半导体器件温度稳定性差的主要原因。

3.1.3 PN 结

若将 P 型半导体与 N 型半导体制作在同一块硅片上,则在它们的交界面就形成 **PN 结**。**PN 结具有单向导电性**。

1. PN 结的形成

物质总是从浓度高的地方向浓度低的地方运动,这种由于浓度差而产生的运动称为**扩散运动**。当把 P 型半导体和 N 型半导体制作在一起时,在它们的交界面,两种载流子的浓度差很大,因而 P 区的空穴必然向 N 区扩散,与此同时,N 区的自由电子也必然向 P 区扩散,如图 3.1.5(a)所示。图中 P 区标有负号的小圆圈表示除空穴外的负离子(即受主原子),N 区标有正号的小圆圈表示除自由电子外的正离子(即施主原子)。由于扩散到 P 区的自由电子与空穴复合,而扩散到 N 区的空穴与自由电子复合,所以在交界面附近多子的浓度下降,P 区出现负离子区,N 区出现正离子区,它们是不能移动的,称为**空间电荷区**,从而形成内电场。随着扩散运动的进行,空间电荷区加宽,内电场增强,其方向由 N 区指向 P 区,正好阻止扩散运

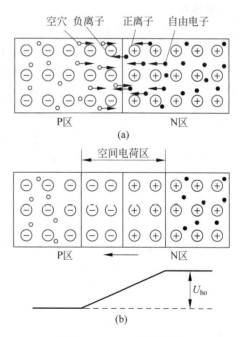

图 3.1.5 PN 结的形成
(a) 扩散运动 (b) 空间电荷区形成

动的进行。

在电场力作用下,载流子的运动称为**漂移运动**。当空间电荷区形成后,在内电场作用下,少子产生漂移运动,空穴从 N 区向 P 区运动,而自由电子从 P 区向 N 区运动。在无外电场和其它激发作用下,掺与扩散运动的多子数目等于参与漂移运动的少子数目,从而达到动态平衡,形成 PN 结,如图 3.1.5(b)所示。此时,空间电荷区具有一定的宽度,正、负电荷的电量相等,电流为零。空间电荷区也称为**耗尽层**。

2. PN 结的单向导电性

如果在 PN 结的两端外加电压,就将破坏原来的平衡状态,PN 结将有电流流过。而且当外加电压极性不同时,PN 结表现出截然不同的导电性能,即呈现出单向导电性。

(1) PN 结外加正向电压时处于导通状态

当电源的正极(或正极串联电阻后)接到 PN 结的 P 端,且电源的负极(或负极串联电阻后)接到 PN 结的 N 端时,称 PN 结外加**正向电压**,也称**正向接法**或**正向偏置**。此时外电场将多数载流子推向空间电荷区,使其变窄,削弱了内电场,使扩散运动加剧,而漂移运动减弱。由于电源的作用,扩散运动将源源不断地进行,从而形成正向电流,PN 结**导通**,如图 3.1.6 所示。图中电阻 R 是必不可少的,用以限制回路电流,防止 PN 结因正向电流过大而损坏。

(2) PN 结外加反向电压时处于截止状态

当电源的正极(或正极串联电阻后)接到 PN 结的 N 端,且电源的负极(或负极串联电阻后)接到 PN 结的 P 端时,称 PN 结外加**反向电压**,也称**反向接法**或**反向偏置**,如图 3.1.7 所示。此时外电场使空间电荷区变宽,加强了内电场,阻止扩散运动的进行,而加剧漂移运动的进行,形成反向电流,也称为**漂移电流**。因为少子的数目极少,即使所有的少子都参与漂移运动,反向电流也非常小,所以在近似分析中常将它忽略不计,认为 PN 结外加反向电压时处于**截止状态**。

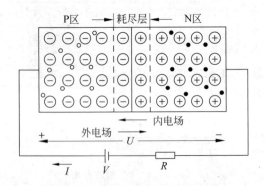

图 3.1.6 PN 结加正向电压时导通

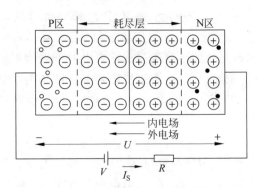

图 3.1.7 PN 结加反向电压时截止

3. PN结的电流方程

由半导体物理的理论分析可知,PN结所加端电压 u 与流过它的电流 i 的关系为

$$i = I_S(e^{\frac{qu}{kT}} - 1) \tag{3.1.1}$$

式中 I_S 为**反向饱和电流**,q 为电子的电量,k 为玻耳兹曼常数,T 为热力学温度。将式(3.1.1)中的 kT/q 用 U_T 取代,则得

$$\boxed{i = I_S(e^{\frac{u}{U_T}} - 1)} \tag{3.1.2}$$

U_T 是 T 的电压当量,常温下,即 $T = 300\text{ K}$ 时,$U_T \approx 26\text{mV}$。

4. PN结的伏安特性

由式(3.1.2)可知,当 PN 结外加正向电压,且 $u \gg U_T$[①] 时,$i \approx I_S e^{\frac{u}{U_T}}$,即 i 随 u 按指数规律变化;当 PN 结外加反向电压,且 $|u| \gg U_T$ 时,$i \approx -I_S$。画出 i 与 u 的关系曲线如图 3.1.8 所示,称为 PN 结的**伏安特性**。其中 $u > 0$ 的部分称为**正向特性**,$u < 0$ 的部分称为**反向特性**。

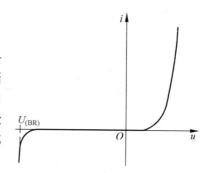

图 3.1.8 PN结的伏安特性

当反向电压超过一定数值 $U_{(BR)}$ 后,共价键遭到破坏,使价电子脱离共价键束缚,产生电子空穴对,反向电流急剧增加,称之为**反向击穿**。若对电流不加限制,就会造成 PN 结永久性损坏。

5. PN结的电容效应

PN 结具有电容效应,根据产生原因不同分为势垒电容和扩散电容。

(1) 势垒电容

当 PN 结外加电压变化时,空间电荷区的宽度将随之变化,即耗尽层的电荷量随外加电压而增大或减少,这种现象与电容器的充放电过程相同。耗尽层宽窄变化所等效的电容称为**势垒电容**(C_b)。C_b 具有非线性,它与结面积、耗尽层宽度、半导体的介电常数及外加电压有关。当 PN 结加反向电压时,C_b 明显随 u 的变化而变化,因此可以利用这一特性制成变容二极管。

(2) 扩散电容

PN 结的正向电流为扩散电流,因而在扩散路程中,载流子不但有一定的浓度,而且

---

① 在电子电路中,若同一量纲的两个物理量 A_1 和 A_2 的关系为 $A_1 > (5 \sim 10) A_2$,则可认为 A_1 远远大于 A_2,记作 $A_1 \gg A_2$。

必然有一定的浓度梯度,即浓度差。当 PN 结的正向电压增大时,载流子的浓度增大且浓度梯度也增大,从外部看正向电流(即扩散电流)增大。当外加正向电压减小时,与上述变化相反。扩散路程中载流子的这种变化是电荷的积累和释放过程,与电容器的充放电过程相同,这种电容效应称为**扩散电容**(C_d)。

(3) 结电容

PN 结的结电容 C_j 是 C_b 与 C_d 之和,即

$$C_j = C_b + C_d \tag{3.1.3}$$

由于 C_b 与 C_d 一般都很小(结面积小的为 1pF 左右,结面积大的为几十至几百皮法),对于低频信号呈现出很大的容抗,其作用可忽略不计,因而只有在信号频率较高时才考虑结电容的作用。

3.2 半导体二极管及其基本应用电路

本节就二极管的结构、特性、主要参数及基本应用电路等分别加以介绍。

3.2.1 半导体二极管的几种常见结构

将 PN 结用外壳封装起来,并加上电极引线就构成了半导体二极管,简称二极管。由 P 区引出的电极为阳极,由 N 区引出的电极为阴极,常见的外形如图 3.2.1 所示。

图 3.2.1 二极管的几种外形

二极管的几种常见结构如图 3.2.2(a)~(c)所示,符号如图(d)所示。

图(a)所示的点接触型二极管,由一根金属经过特殊工艺与半导体表面相接,形成 PN 结。因而结面积小,不能通过较大的电流。但其结电容较小,一般在 1pF 以下,工作频率可达 100MHz 以上。因此适用于高频电路和小功率整流。

图(b)所示的面接触型二极管是采用合金法工艺制成的。结面积大,能够流过较大的电流,但其结电容大,因而只能在较低频率下工作,一般仅作为整流管。

图(c)所示的平面型二极管是采用扩散法制成的。结面积较大的可用于大功率整流,结面积小的可作为脉冲数字电路中的开关管。

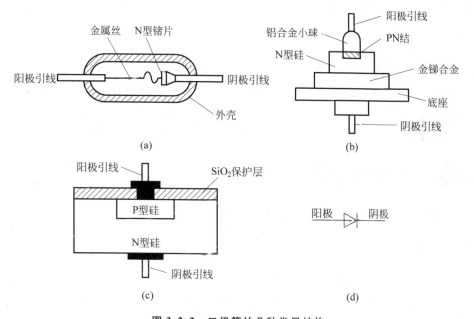

图 3.2.2 二极管的几种常见结构
(a) 点接触型　(b) 面接触型　(c) 平面型　(d) 二极管符号

3.2.2 二极管的伏安特性

与 PN 结一样,二极管具有单向导电性。实测二极管的伏安特性时发现,只有在正向电压足够大时,正向电流才从零随端电压按指数规律增大。使二极管开始导通的临界电压称为**开启电压**(U_{on}),如图 3.2.3 所示。当二极管所加反向电压的数值足够大时,反向电流为 I_S。反向电压太大将使二极管击穿,不同型号二极管的击穿电压差别很大,从几十伏到几千伏。在近似分析时,可用 PN 结的电流方程式(3.1.2)来描述二极管的伏安特性。

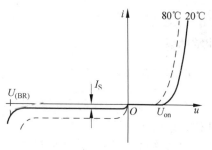

图 3.2.3 二极管的伏安特性

表 3.2.1 列出两种材料小功率二极管开启电压、正向导通电压范围、反向饱和电流的数量级。由于硅材料 PN 结平衡时耗尽层电势 U_{ho} 比锗材料的大,使得硅材料的 U_{on} 比锗材料的大。

表 3.2.1 两种材料二极管比较

材料	开启电压 U_{on}/V	导通电压 U/V	反向饱和电流 I_S/μA
硅(Si)	≈0.5	0.6~0.8	<0.1
锗(Ge)	≈0.1	0.1~0.3	几十

在环境温度升高时,二极管的正向特性曲线将左移,反向特性曲线下移(如图 3.2.3 虚线所示)。在室温附近,温度每升高 1℃,正向压降减小 2~2.5mV;温度每升高 10℃,反向电流约增大一倍。可见,二极管的特性对温度很敏感。

3.2.3 二极管的主要参数

为描述二极管的性能,常引用以下几个主要参数。

1. 最大整流电流 I_F

I_F 是二极管长期运行时允许通过的最大正向平均电流,其值与 PN 结面积及外部散热条件等有关。在规定散热条件下,二极管正向平均电流若超过此值,则将因结温升过高而烧坏。

2. 最高反向工作电压 U_R

U_R 是二极管工作时允许外加的最大反向电压,超过此值时,二极管有可能因反向击穿而损坏。

3. 反向电流 I_R

I_R 是二极管未击穿时的反向电流。I_R 愈小,二极管的单向导电性愈好。I_R 对温度非常敏感。

4. 最高工作频率 f_M

f_M 是二极管工作的上限频率。超过此值时,由于结电容的作用,二极管将不能很好地体现单向导电性。

应当指出,由于制造工艺所限,半导体器件参数具有分散性,同一型号管子的参数值会有相当大的差距,因而手册上往往给出的是参数的上限值、下限值或范围。此外,使用时应特别注意手册上每个参数的测试条件。当使用条件与测试条件不同时,参数会发生变化。

3.2.4 二极管的等效电路

1. 伏安特性的折线化及等效电路

二极管的伏安特性具有非线性,这给二极管应用电路的分析带来一定的困难。在近似分析时,可将二极管的伏安特性折线化,如图 3.2.4 所示。图中粗实线为折线化的伏安特性,虚线表示实际伏安特性;下边为等效电路,即等效模型。

图(a)所示的折线化伏安特性表明二极管导通时正向压降为零,截止时电流为零,称为**理想二极管**,用空芯的二极管的符号表示。

图(b)所示的折线化伏安特性表明二极管导通时正向压降为一个常量 U_{on},截止时电流为零。因而等效电路是理想二极管串联电压源 U_{on}。

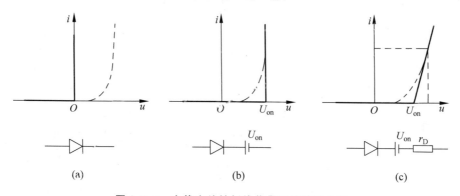

图 3.2.4 由伏安特性折线化得到的等效电路

图(c)所示的折线化伏安特性表明当二极管正向电压 u 大于 U_{on} 后其电流 i 与 u 成线性关系,直线斜率为 $1/r_D$。二极管截止时电流为零。因此等效电路是理想二极管串联电压源 U_{on} 和电阻 r_D,且 $r_D = \Delta U / \Delta I$。

在近似分析中,三个等效电路中以图(a)误差最大,图(c)误差最小,一般情况下多采用图(b)所示电路。

例 3.2.1 电路如图 3.2.5 所示,二极管导通电压 U_D 约为 0.7V。试分别估算开关断开和闭合时输出电压的数值。

解 当开关断开时,二极管因加正向电压而处于导通状态,故输出电压

$$U_O = V_1 - U_D \approx (6 - 0.7)\text{V} = 5.3\text{V}$$

当开关闭合时,二极管外加反向电压,因而截止,故

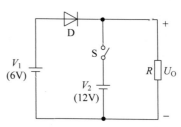

图 3.2.5 例 3.2.1 电路图

输出电压
$$U_O = V_2 = 12\text{V}$$

2. 低频交流小信号作用下的等效电路

二极管在一定的直流电压和电流下(即静态工作点 Q 下)、在低频小信号作用时的等效电路是一个动态电阻。在图 3.2.6(a)所示电路中,若在 Q 点的基础上外加微小的低频信号,二极管产生的电压变化量和电流变化量如图(b)中所标注,则二极管可等效成一个动态电阻 r_d,其表达式为

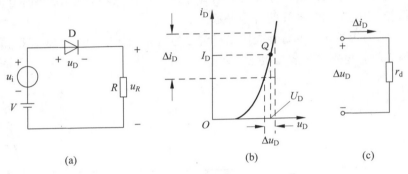

图 3.2.6 二极管在低频小信号作用下的等效电阻
(a) 电路 (b) 二极管伏安特性 (c) 二极管的动态电阻

$$r_d = \left.\frac{\Delta u_D}{\Delta i_D}\right|_Q \tag{3.2.1}$$

r_d 是以 Q 点为切点的切线的斜率,利用 r_d 分析动态信号的作用实质上是以 Q 点的切线(即直线)来近似其附近的曲线,因而 Q 点在伏安特性上的位置不同,r_d 的数值将不同。根据二极管的电流方程可得

$$\frac{1}{r_d} = \frac{\Delta i_D}{\Delta u_D} \approx \frac{di_D}{du_D} = \frac{d[I_S(e^{\frac{u_D}{U_T}}-1)]}{du_D} \approx \frac{I_S}{U_T} \cdot e^{\frac{u_D}{U_T}} \approx \frac{I_D}{U_T}$$

因此

$$r_d \approx \frac{U_T}{I_D} \tag{3.2.2}$$

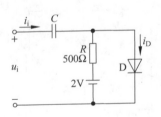

图 3.2.7 例 3.2.2 电路图

从式(3.2.2)可知,静态电流 I_D 越大,r_d 将越小。设 $I_D = 2\text{mA}, U_T = 26\text{mV}$,则 $r_d = 13\Omega$;设 $I_D = 10\text{mA}, U_T = 26\text{mV}$,则 $r_d = 2.6\Omega$。二者相差甚远。

例 3.2.2 在图 3.2.7 所示电路中,已知二极管导通电压 $U_D = 0.6\text{V}, U_T = 26\text{mV}$;若 u_i 是有效值为 20mV、频率为

1kHz 的正弦波信号,则输入的交流电流有效值约为多少?

解 (1) 首先求出二极管的动态电阻。在交流信号为零时,二极管的直流电流为

$$I_\mathrm{D} = \frac{V - U_\mathrm{D}}{R} = \left(\frac{2-0.6}{500}\right)\mathrm{A} = 0.0028\mathrm{A} = 2.8\mathrm{mA}$$

根据式(3.2.2)可得

$$r_\mathrm{d} \approx \frac{U_\mathrm{T}}{I_\mathrm{D}} = \left(\frac{26}{2.8}\right)\Omega \approx 9.3\Omega$$

(2) 输入的交流电流等于电阻和二极管电流之和,计算时应将 2V 电源短路,即

$$I_\mathrm{i} = \frac{U_\mathrm{i}}{R} + \frac{U_\mathrm{i}}{r_\mathrm{d}} \approx \left(\frac{0.02}{500} + \frac{0.02}{9.3}\right)\mathrm{A} \approx \left(\frac{0.02}{9.3}\right)\mathrm{A} \approx 2.2\mathrm{mA}$$

3.2.5 基本应用电路

1. 整流电路

将交流电压转换成直流电压,称为整流;利用二极管的单向导电性实现上述目的的电路称为整流电路。通常,在分析整流电路时将二极管近似为理想二极管。

图 3.2.8(a)所示为半波整流电路,设输入电压 $u_\mathrm{i} = \sqrt{2}U_\mathrm{i}\sin\omega t$。当 $u_\mathrm{i} > 0$ 时,$u_\mathrm{O} = \sqrt{2}U_\mathrm{i}\sin\omega t$;当 $u_\mathrm{i} < 0$ 时,$u_\mathrm{O} = 0$。因此输入、输出电压波形如图(b)所示,输出为脉动的直流电压。

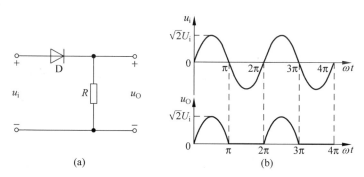

图 3.2.8 半波整流电路
(a) 电路 (b) 输入、输出电压波形

图 3.2.9(a)所示为全波整流电路,50Hz、220V 交流电经变压器变换成合适的副边电压,设 $u_2 = \sqrt{2}U_2\sin\omega t$。当 $u_2 > 0$ 时,即 A 为"+"、C 为"-"时,D_1 导通,D_2 截止,电流从 A 点经 D_1、R_L 至 B 点,$u_\mathrm{O} = \sqrt{2}U_2\sin\omega t$;当 $u_2 < 0$ 时,即 A 为"-"、C 为"+"时,D_2 导通,D_1 截止,电流从 C 点经 D_2、R_L 至 B 点,R_L 中电流方向不变,$u_\mathrm{O} = -\sqrt{2}U_2\sin\omega t$;即 $u_\mathrm{O} =$

$|u_2|$。因此,输入、输出电压波形如图(b)所示。

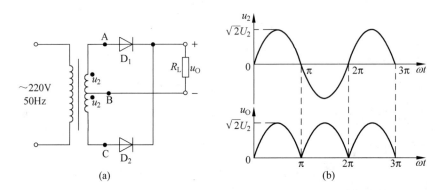

图 3.2.9 全波整流电路
(a) 电路 (b) 输入、输出电压波形

2. 开关电路

图 3.2.10(a)所示为开关电路中的与门,其输出与输入的逻辑关系是只有输入均为高电平时输出才为高电平,其余情况输出均为低电平。分析这类电路时,可认为二极管一旦导通,端电压为一个常量,如 0.7V。

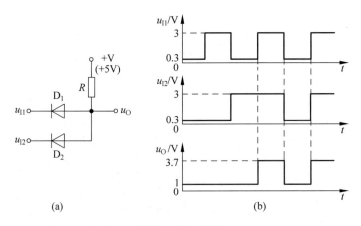

图 3.2.10 与门
(a) 电路 (b) 输入、输出电压波形

设图 3.2.10 所示电路中的输入高电平 $U_{IH}=3$V、输入低电平 $U_{IL}=0.3$V,两个输入有 $u_{I1}=u_{I2}=0.3$V、$u_{I1}=3$V 且 $u_{I2}=0.3$V、$u_{I1}=0.3$V 且 $u_{I2}=3$V、$u_{I1}=u_{I2}=3$V 等四种可能的情况,输出与它们的对应关系、二极管的工作状态如表 3.2.2 所示。

表 3.2.2　与门输入电压与输出电压的关系

u_{I2}/V	u_{I1}/V	u_O/V	D_2 状态	D_1 状态
$0.3(U_{\text{IL}})$	$0.3(U_{\text{IL}})$	$1(U_{\text{OL}})$	导通	导通
$0.3(U_{\text{IL}})$	$3(U_{\text{IH}})$	$1(U_{\text{OL}})$	导通	截止
$3(U_{\text{IH}})$	$0.3(U_{\text{IL}})$	$1(U_{\text{OL}})$	截止	导通
$3(U_{\text{IH}})$	$3(U_{\text{IH}})$	$3.7(U_{\text{OH}})$	导通	导通

当输入电压波形如图 3.2.10(b)中 u_{I1} 和 u_{I2} 所示时,输出电压波形也如图(b)中 u_O 所示。在二极管应用电路中,当二极管一端的电位确定时,另一端的电位也基本确定,称二极管有箝位作用。

3. 集成运放输入端保护电路

图 3.2.11(a)所示过零比较器中,集成运放的净输入电压等于整个电路的输入电压,即

$$u_\text{N} - u_\text{P} = u_\text{I}$$

因而当 u_I 大到超过集成运放输入端的耐压值时,将造成集成运放的损坏。利用二极管可以实现输入端的过电压保护,如图(b)所示。当 u_I 大到一定程度时二极管导通,使集成运放的净输入电压限定在二极管的导通电压,即 $\pm U_\text{D}$。图(b)中 R 为二极管的限流电阻,确保二极管不会因正向电流过大而损坏。

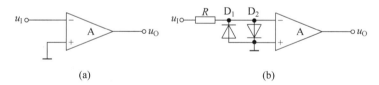

图 3.2.11　集成运放输入端过压保护电路

3.3　稳压二极管及其基本应用电路

3.3.1　稳压二极管

稳压二极管是一种硅材料制成的面接触型晶体二极管,简称稳压管。稳压管在反向击穿时,在一定的功率损耗范围内端电压几乎不变,表现出稳压特性。它广泛用于稳压电源与限幅电路之中。

1. 稳压管的伏安特性

稳压管有着与普通二极管相类似的伏安特性,如图 3.3.1(a)所示。正向特性为指数曲线,当其外加反向电压的数值大到一定程度时则击穿,击穿区的曲线很陡,几乎平行于纵轴,具有稳压特性。只要控制反向电流不超过一定值,即功耗不超过额定值,管子就不会因过热而损坏。其符号如图 3.3.1(b)所示。

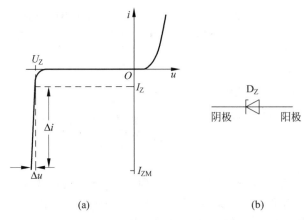

图 3.3.1　稳压管的伏安特性及其符号
(a) 伏安特性　(b) 符号

2. 稳压管的主要参数

(1) 稳定电压 U_Z:U_Z 是在规定电流下稳压管的反向击穿电压。由于半导体器件参数的分散性,同一型号的稳压管的 U_Z 存在一定差别。例如,型号为 2CW11 的稳压管的稳定电压为 3.2~4.5V。但就某一只管子而言,U_Z 应为确定值。

(2) 稳定电流 I_Z:I_Z 是稳压管工作在稳压状态时的参考电流,电流低于此值时稳压效果变坏,甚至根本不稳压,故也常将 I_Z 记作 I_{Zmin}。只要不超过稳压管的额定功率,电流愈大,稳压效果愈好。

(3) 额定功耗 P_{ZM}:P_{ZM} 等于稳压管的稳定电压 U_Z 与**最大稳定电流**(I_{ZM},或记作 I_{Zmax})的乘积。稳压管的功耗超过此值时,会因结温升过高而损坏。对于一只具体的稳压管,可以通过其 P_{ZM} 的值,求出 I_{ZM} 的值。

(4) 动态电阻 r_z:r_z 是稳压管工作在稳压区时,端电压变化量与其电流变化量之比,即 $r_z=\Delta U_Z/\Delta I$。r_z 愈小,电流变化时 U_Z 的变化愈小,即稳压管的稳压特性愈好。对于不同型号的管子,r_z 将不同,从几欧到几十欧;对于同一只管子,工作电流愈大,r_z 愈小。

(5) 温度系数 α:α 表示温度每变化 1℃稳压值的变化量,即 $\alpha=\Delta U_Z/\Delta T$。稳定电压

小于 4V 的管子具有负温度系数,即温度升高时稳定电压值下降;稳定电压大于 7V 的管子具有正温度系数,即温度升高时稳定电压值上升;而稳定电压在 4~7V 之间的管子,温度系数非常小,近似为零。

由于稳压管的反向电流小于 I_{Zmin} 时不稳压,大于 I_{Zmax} 时会因超过额定功耗而损坏,所以在稳压管电路中必须串联一个电阻来限制电流,从而保证稳压管正常工作,故称这个电阻为**限流电阻**。只有在限流电阻取值合适时,稳压管才能安全地工作在稳压状态。

3.3.2 稳压管的基本应用电路

1. 稳压管稳压电路

图 3.3.2 所示为稳压管稳压电路,由限流电阻 R 和稳压管 D_Z 组成,其输入为变化的直流电压 U_I,输出为稳压管的稳定电压 U_Z,因在输入电压和负载电阻一定的变化范围内输出电压(即负载电阻上的电压)基本不变,故称为稳压电路。

例 3.3.1 在图 3.3.2 所示稳压管稳压电路中,已知输入电压 $U_I=10$~12V,稳压管的稳定电压 $U_Z=6$V,最小稳定电流 $I_{Zmin}=5$mA,最大稳定电流 $I_{Zmax}=25$mA;负载电阻 $R_L=600\Omega$ 电阻。求解限流电阻 R 的取值范围。

解 从图 3.3.2 所示电路可知,稳压管中电流 I_{D_Z} 等于 R 中电流 I_R 和负载电流 I_L 之差,即 $I_{D_Z}=I_R-I_L$。其中 $I_L=U_Z/R_L=(6/600)$A$=0.01$A$=10$mA。由于 $U_I=10$~12V,$U_Z=6$V,$U_R=4$~6V,其电流将随 U_I 的变化而变。当 $U_I=U_{Imin}=10$V 时,I_R 最小,I_{D_Z} 也最小,R 的取值应保证 $I_{D_Z}>I_{Zmin}$,即 $I_{D_Z min}=I_{Rmin}-I_L>I_{Zmin}$,代入数据

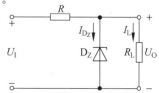

图 3.3.2 稳压管稳压电路

$$\frac{U_{Imin}-U_Z}{R}-I_L = \left(\frac{10-6}{R}-10\right)\text{mA} > 5\text{mA}$$

得到 R 的上限值 $R_{max} \approx 267\Omega$。

当 $U_I=U_{Imax}=12$V 时,I_R 最大,I_{D_Z} 也最大,R 的取值应保证 $I_{D_Z}<I_{Zmax}$,即 $I_{D_Z max}=I_{Rmax}-I_L<I_{Zmax}$,代入数据

$$\frac{U_{Imax}-U_Z}{R}-I_L = \left(\frac{12-6}{R}-10\right)\text{mA} < 25\text{mA}$$

得到 R 的上限值 $R_{max} \approx 171\Omega$。

限流电阻 R 的取值范围为 171Ω~267Ω。

2. 限幅电路

在电压比较器中,为了满足不同负载对电压幅值的要求,常利用稳压管组成限幅电

路。图 3.3.3 所示为各种不同限幅电路的过零比较器及其电压传输特性。图中各稳压管的稳定电压均小于集成运放输出电压的最大幅值 U_{OM}，R 为稳压管的限流电阻。

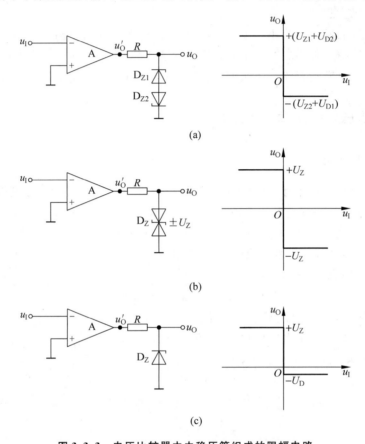

图 3.3.3 电压比较器中由稳压管组成的限幅电路
(a) $U_{Z1} \neq U_{Z2}$ 的情况 (b) $U_{Z1} = U_{Z2}$ 的情况 (c) 只用一只稳压管的情况

在图 3.3.3(a)左边所示电路中，稳压管 D_{Z1} 的稳定电压为 U_{Z1}，正向导通电压为 U_{D1}；D_{Z2} 的稳定电压为 U_{Z2}，正向导通电压为 U_{D2}。若 $u_I<0$，则 $u'_O = +U_{OM}$，使 D_{Z1} 工作在稳压状态，且 D_{Z2} 正向导通，因而输出电压 $u_O = +(U_{Z1}+U_{D2})$；若 $u_I>0$，则 $u'_O = -U_{OM}$，使 D_{Z2} 工作在稳压状态，且 D_{Z1} 正向导通，因而输出电压 $u_O = -(U_{Z2}+U_{D1})$。故电路具有右边所示电压传输特性。

当两只稳压管的稳定电压相等时，可选用制作在一起的对管，它们导通时的端电压标为 $\pm U_Z$，如图 3.3.3(b)所示。

在图 3.3.3(c)左边所示电路中，稳压管 D_Z 的稳定电压为 U_Z，正向导通电压为 U_D。若 $u_I<0$，则 $u'_O = +U_{OM}$，使 D_Z 工作在稳压状态，因而输出电压 $u_O = U_Z$；若 $u_I>0$，则

$u'_O = -U_{OM}$,使 D_Z 正向导通,因而输出电压 $u_O = -U_D$。故电路具有右边所示电压传输特性。

图 3.3.4(a)所示为窗口比较器电路。它由两个集成运放 A_1 和 A_2 组成。输入电压分别接到 A_1 的同相输入端和 A_2 的反相输入端,两个参考电压 U_{RH} 和 U_{RL} 分别接到 A_1 的反相输入端和 A_2 的同相输入端,其中 $U_{RH} > U_{RL}$。这两个参考电压就是比较器的两个阈值电压 U_{TH} 和 U_{TL},即 $U_{TH} = U_{RH}$,$U_{TL} = U_{RL}$。

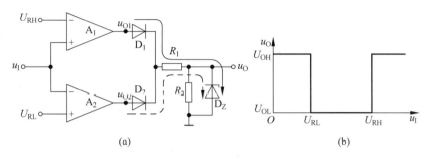

图 3.3.4 窗口比较器
(a)电路 (b)电压传输特性

当 u_I 低于 U_{RL} 时,必然更低于 U_{RH},因而 A_1 输出低电平,D_1 截止;A_2 输出高电平,D_2 导通,电流如图中虚线所示,$u_O = +U_Z$。

当 u_I 高于 U_{RH} 时,必然更高于 U_{RL},因而 A_2 输出低电平,D_2 截止;A_1 输出高电平,D_1 导通,电流如图中实线所示,$u_O = +U_Z$。

当 u_I 高于 U_{RL} 且低于 U_{RH} 时,A_1、A_2 均输出低电平,D_1、D_2 均截止,因而 $u_O = 0$。

由此可得到电压传输特性如图 3.3.4(b)所示,其形状如窗口。

3.4 发光二极管及其基本应用举例

发光二极管包括可见光、不可见光、激光等不同类型,这里只对可见光发光二极管做一简单介绍。发光二极管的发光颜色决定于所用材料,目前有红、绿、黄、橙等色,可以制成各种形状,如长方形、圆形(见图 3.4.1(a)所示)等,图 3.4.1(b)所示为发光二极管的符号。

发光二极管也具有单向导电性。只有当外加的正向电压使得正向电流足够大时才发光,它的开启电压比普通二极管的大,红色的在 1.6~1.8V 之间,绿色的约为 2V。正向电流愈大,发光愈强。使用时,应特别注意不要超过最大功耗、最大正向电流和反向击穿电压等极限参数。

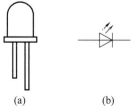

图 3.4.1 发光二极管
(a)外形图 (b)符号

发光二极管因其驱动电压低、功耗小、寿命长、可靠性高等优点广泛用于显示电路之中。

例 3.4.1 电路如图 3.4.2 所示,已知发光二极管的导通电压 $U_D = 1.6V$,正向电流大于 5mA 才能发光,小于 20mA 才不至于损坏。试问:

(1) 开关处于何种位置时发光二极管可能发光?

(2) 为使发光二极管发光,电路中 R 的取值范围为多少?

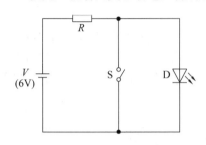

图 3.4.2 发光二极管应用举例

解 (1) 当开关断开时发光二极管有可能发光。当开关闭合时发光二极管的端电压为零,因而不可能发光。

(2) 因为 $I_{Dmin} = 5\text{mA}, I_{Dmax} = 20\text{mA}$,所以

$$R_{\max} = \frac{V - U_D}{I_{Dmin}} = \left(\frac{6 - 1.6}{5}\right)\text{k}\Omega = 0.88\text{k}\Omega$$

$$R_{\min} = \frac{V - U_D}{I_{Dmax}} = \left(\frac{6 - 1.6}{20}\right)\text{k}\Omega = 0.22\text{k}\Omega$$

R 的取值范围为 220~880Ω。

只有限流电阻 R 取值合适,发光二极管才能正常发光且不损坏。

习 题

3.1 判断下列说法的正、误,在括号内画"√"表示正确,画"×"表示错误。

(1) 本征半导体是指没有掺杂的纯净晶体半导体。( )

(2) 本征半导体温度升高后两种载流子浓度仍然相等。( )

(3) P 型半导体带正电( ),N 型半导体带负电( )。

(4) 空间电荷区内的漂移电流是少数载流子在内电场作用下形成的。( )

(5) 二极管所加正向电压增大时,其动态电阻增大。( )

(6) 只要在稳压管两端加反向电压就能起稳压作用。( )

3.2 选择正确的答案填空。

(1) N 型半导体是在本征半导体中掺入_____;P 型半导体是在本征半导体中掺入_____。

A. 三价元素,如硼等   B. 四价元素,如锗等   C. 五价元素,如磷等

(2) PN 结加正向电压时,由_____形成电流,其耗尽层_____;加反向电压时,由_____形成电流,其耗尽层_____。

A. 扩散运动   B. 漂移运动   C. 变宽   D. 变窄

(3) 当温度升高时,二极管的反向饱和电流_____。

A. 增大   B. 不变   C. 减小

(4) 硅二极管的正向导通电压比锗二极管的_____,反向饱和电流比锗二极管的_____。

A. 大　　　　　　B. 小　　　　　　C. 相等

(5) 稳压管工作在稳压区时,其工作状态为_____。

A. 正向导通　　　B. 反向截止　　　C. 反向击穿

3.3 填空

(1) PN 结的导电特性是_____。

(2) 在外加直流电压时,理想二极管正向导通阻抗为_____,反向截止阻抗为_____。

(3) PN 结的结电容包括_____电容和_____电容。

3.4 分析图 P3.4 所示各电路中二极管的工作状态(导通或者截止),并求出输出电压值,设二极管导通电压 $U_D = 0.7\text{V}$。

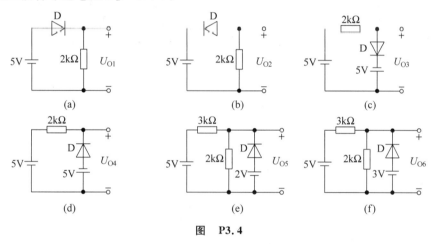

图　P3.4

3.5 电路如图 P3.5 所示,输入电压 u_i 为峰值=10V、周期=50Hz 的正弦波,二极管导通电压为 $U_D = 0.7\text{V}$。试对应画出各图中 u_i 和 u_O 的波形,并标出幅值。

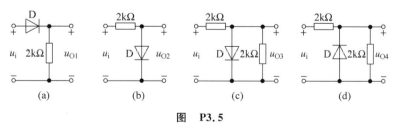

图　P3.5

3.6 电路如图 P3.6 所示,二极管导通电压为 $U_D = 0.7\text{V}$。求出当 u_I 分别为 0V、3V、5V、10V 时 u_O 的对应值。

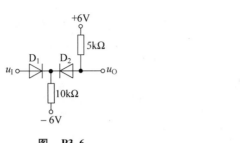
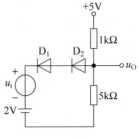

图 P3.6　　　　　　　　　图 P3.7

3.7 电路如图 P3.7 所示，输入电压 u_i 是峰值为 50mV、周期为 10kHz 的正弦波，二极管直流导通电压 U_D 为 0.7V。回答下列问题：

（1）计算输出电压中的直流电压值；

（2）计算输出电压中的交流电压有效值。

3.8 电路如图 P3.8 所示，已知稳压管的稳定电压 $U_Z = 5.6V$，稳定电流 $I_Z = 5mA$，额定功耗 $P_{ZM} = 364mW$。为使输出电压稳定，试求图中电阻 R 的取值范围。

图 P3.8　　　　　　　　　图 P3.9

3.9 电路如图 P3.9 所示，已知稳压管的稳定电压 $U_Z = 6V$，稳定电流 $I_Z = 5mA$，最大稳定电流 $I_{ZM} = 30mA$。

（1）分别计算 $R_L = 200\Omega$、$5k\Omega$ 时输出电压 U_O 的值或者范围。

（2）当 $R_L = 5k\Omega$ 时，为使输出电压稳定，试求输入电压 U_I 的范围。

3.10 图 P3.10 所示电路中，二极管正向导通电压 $U_D = 0$，稳压管 D_{Z1} 和 D_{Z2} 的稳定电压 U_Z 均为 6V，稳定电流 $I_Z = 3mA$，最大稳定电流 $I_{ZM} = 30mA$。U_{I1}、U_{I2} 的电压值如图 P3.10 表中所示，试分析相应的二极管工作状态（导通或截止）及 U_O 的值，填入表中。

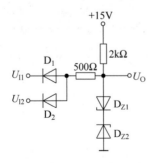

U_{I1}/V	U_{I2}/V	D_1	D_2	U_O/V
−15	−15			
−15	+15			
+15	−15			
+15	+15			

图 P3.10

3.11 图 P3.11 所示各电路中,稳压管正向导通时 $U_{DZ}=0.7\text{V}$,集成运放输出电压的最大值为 $\pm 14\text{V}$。分别求解以下三个时刻各电路输出电压 u_O 的数值:

(1) $u_I = -8\text{V}$;

(2) u_I 从 -8V 增大到 1V 时;

(3) u_I 从 1V 增大到 8V 时。

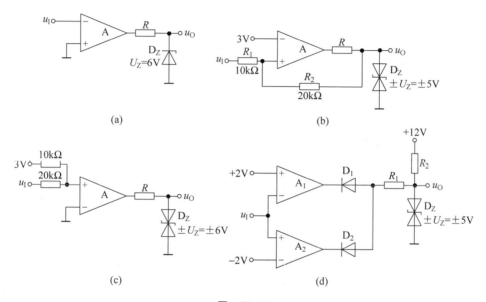

图 P3.11

3.12 已知某电路输入电压与输出电压的关系如图 P3.12 所示,试采用二极管设计一个电路来实现,已知二极管导通电压为 $U_D=0.7\text{V}$。请用 Multisim 仿真软件验证所设计的电路。

3.13 已知某发光二极管电路的输入电压为 $+5\text{V}$,发光二极管的正向导通电压 U_D 为 1.5V,正向电流为 $5 \sim 20\text{mA}$。试采用上述发光二极管设计该电路,并确定限流电阻的阻值范围。

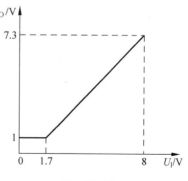

图 P3.12

CHAPTER
第 4 章 晶体三极管及其基本放大电路

本章基本内容

【基本概念】发射极、基极和集电极,发射结和集电结,电流放大作用,晶体三极管的输入特性、输出特性和主要参数,晶体三极管的放大区、饱和区和截止区;放大电路的直流通路和交流通路,静态工作点,电压放大倍数、输入电阻、输出电阻、最大不失真输出电压,下限频率、上限频率和通频带;晶体三极管的交流等效模型和高频等效电路。

【基本电路】共射放大电路、共集放大电路和共基放大电路。

【基本方法】放大电路的组成原则;晶体管三种接法放大电路的识别方法;静态工作点的分析方法;b-e 间等效动态电阻 r_{be} 的求解方法,动态参数电压放大倍数、输入电阻和输出电阻、最大不失真输出电压的分析方法;b'-e 间等效电容的求解方法,放大电路下限频率和上限频率的求解方法,波特图的画法。

4.1 晶体三极管

晶体三极管又称双极型晶体管(BJT[①])、半导体三极管等,后面简称晶体管。图 4.1.1 所示为晶体管的几种常见外形。图(a)和图(b)所示为小功率管,图(c)所示为中等功率管,图(d)所示为大功率管。

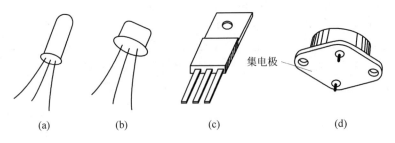

图 4.1.1 晶体管的几种常见外形
(a)、(b) 小功率管 (c) 中功率管 (d) 大功率管

---

① BJT 是英文 Bipolar Junction Transistor 的字头。

4.1.1 晶体管的结构及类型

在同一个硅片上制造出三个掺杂区域,并形成两个 PN 结,就构成晶体管。采用平面工艺制成的 NPN 型硅材料晶体管的结构如图 4.1.2(a)所示。图中,位于中间的 P 区称为基区,它很薄且杂质浓度很低;位于上层的 N 区是发射区,掺杂浓度很高;位于下层的 N 区是集电区,面积很大。晶体管的外特性与三个区域的上述特点紧密相关。它们所引出的三个电极分别为基极 b、发射极 e 和集电极 c。

图 4.1.2(b)所示为 NPN 型管的结构示意图,发射区与基区间的 PN 结称为发射结,基区与集电区间的 PN 结称为集电结。图(c)所示为 NPN 型管和 PNP 型管的符号。

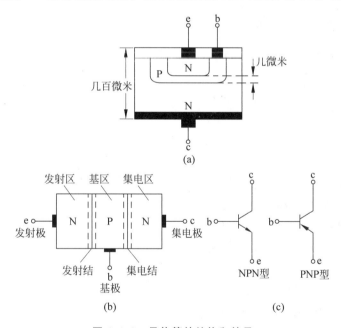

图 4.1.2 晶体管的结构和符号
(a) 平面晶体管的结构　(b) NPN 型管的结构示意图　(c) 符号

本节以硅材料 NPN 型管为例讲述晶体管的放大作用、特性曲线和主要参数。

4.1.2 晶体管的电流放大作用

放大是对模拟信号最基本的处理。晶体管是放大电路的核心元件,它能够控制能量的转换,将输入的任何微小变化不失真地放大输出。

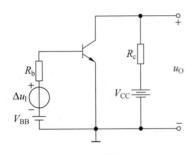

图 4.1.3 共射放大电路

图 4.1.3 所示为基本放大电路，Δu_I 为输入电压信号，它接入基极-发射极回路，称为输入回路；放大后的信号在集电极-发射极回路，称为输出回路。由于发射极是两个回路的公共端，故称该电路为**共射放大电路**。**使晶体管工作在放大状态的外部条件是发射结正向偏置且集电结反向偏置**。为了满足上述条件，在输入回路应加基极电源 V_{BB}；在输出回路应加集电极电源 V_{CC}，且 V_{CC} 大于 V_{BB}；它们的极性应如图 4.1.3 所示。晶体管的放大作用表现为小的基极电流可以控制大的集电极电流。下面从内部载流子的运动与外部电流的关系上作进一步的分析。

1. 晶体管内部载流子的运动

当图 4.1.3 所示电路中 $\Delta u_I = 0$ 时，晶体管内部载流子运动示意图如图 4.1.4 所示。

扩散运动形成发射极电流 I_E。因为发射结加正向电压，又因为发射区杂质浓度高，所以大量自由电子因扩散运动越过发射结到达基区。与此同时空穴也从基区向发射区扩散，但由于基区杂质浓度低，所以空穴形成的电流非常小，近似分析时可忽略不计。

由于基区很薄，杂质浓度很低，集电结又加了反向电压，所以扩散到基区的电子中只有极少部分与空穴复合，又由于电源 V_{BB} 的作用，**电子与空穴的复合运动源源不断地进行而形成基极电流 I_B**。

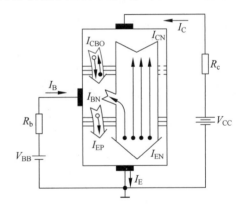

图 4.1.4 晶体管内部载流子运动与外部电流

漂移运动形成集电极电流 I_C。由于集电结加反向电压且其结面积较大，大多数扩散到基区的电子在外电场作用下越过集电结到达集电区，形成漂移电流。与此同时，集电区与基区内的少子也参与漂移运动，但它的数量很小，近似分析中可忽略不计。

2. 晶体管的电流分配关系和电流放大系数

上述分析表明，从外部看

$$I_E = I_C + I_B \tag{4.1.1}$$

在近似分析时，可以认为共射直流电流放大系数

$$\bar{\beta} \approx \frac{I_C}{I_B} \tag{4.1.2}$$

$$I_E \approx (1+\bar{\beta})I_B \tag{4.1.3}$$

式中 I_C、I_B 和 I_E 分别为晶体管集电极、基极和发射极的直流电流。

在考虑基区多子的扩散运动和集电区少子运动的情况下

$$\boxed{I_C = \bar{\beta}I_B + (1+\bar{\beta})I_{CBO} = \bar{\beta}I_B + I_{CEO}} \tag{4.1.4}$$

式中 I_{CEO} 称为穿透电流,其物理意义是,当基极开路($I_B=0$)时,在集电极电源 V_{CC} 作用下的集电极与发射极之间形成的电流;I_{CBO} 是发射极开路时,集电结的反和饱和电流。一般情况下,$I_B \gg I_{CBO}$,$\bar{\beta} \gg 1$。

在图 4.1.3 所示电路中,若有输入电压 Δu_1 作用,则晶体管的基极电流将在 I_B 基础上迭加动态电流 Δi_B,当然集电极电流也将在 I_C 基础上迭加动态电流 Δi_C,Δi_C 与 Δi_B 之比称为共射交流电流放大系数,记作 β

$$\boxed{\beta = \frac{\Delta i_C}{\Delta i_B}} \tag{4.1.5}$$

如果在 Δu_1 作用时 β 基本不变,则集电极电流

$$i_C = I_C + \Delta i_C = \bar{\beta}I_B + I_{CEO} + \beta \Delta i_B$$

因此,在近似分析时可以认为

$$\boxed{\beta \approx \bar{\beta}} \tag{4.1.6}$$

式(4.1.6)表明,在一定范围内,可以用晶体管在某一直流量下的 $\bar{\beta}$ 来取代在此基础上加动态信号时的 β。由于在 I_E 较宽的数值范围内 $\bar{\beta}$ 基本不变,因此在近似分析中不对 $\bar{\beta}$ 与 β 加以区分。不同型号的晶体管 β 值相差甚远,从几十至几百。

以发射极电流做为输入电流,以集电极电流做为输出电流,为晶体管的共基接法。共基直流电流放大系数 $\bar{\alpha}$

$$\bar{\alpha} = \frac{I_C}{I_E} \tag{4.1.7}$$

根据式(4.1.1)和式(4.1.2)可以得出 $\bar{\alpha}$ 与 $\bar{\beta}$ 的关系,即

$$\boxed{\bar{\beta} = \frac{\bar{\alpha}}{1-\bar{\alpha}} \quad \text{或} \quad \bar{\alpha} = \frac{\bar{\beta}}{1+\bar{\beta}}} \tag{4.1.8}$$

共基交流电流放大系数 α 的定义为

$$\boxed{\alpha = \frac{\Delta i_C}{\Delta i_E}} \tag{4.1.9}$$

与 $\beta \approx \bar{\beta}$ 相同,近似分析中认为 $\alpha \approx \bar{\alpha}$。

4.1.3 晶体管的共射特性曲线

晶体管的输入特性和输出特性曲线描述各电极之间电压、电流之间的关系,用于对晶体管的性能、参数和晶体管电路的分析估算。

1. 输入特性曲线

输入特性曲线描述管压降 U_{CE} 一定的情况下,基极电流 i_B 与发射结压降 u_{BE} 之间的函数关系,即

$$i_B = f(u_{BE}) \big|_{U_{CE}=常数} \quad (4.1.10)$$

当 $U_{CE}=0V$ 时,相当于集电极与发射极短路,即发射结与集电结并联。因此,输入特性曲线与PN结的伏安特性相类似,呈指数关系,见图4.1.5中标注 $U_{CE}=0V$ 的那条曲线。

当 U_{CE} 增大时,曲线将右移,见图4.1.5中标注0.5V 和 $\geqslant 1V$ 的曲线。这是因为,由发射区注入基区的电子有一部分越过基区和集电结形成集电极电流 i_C,而另一部分在基区参与复合运动的电子将随 U_{CE} 的增大(即集电结反向电压的增大)而减少。因此,要获得同样的 i_B,就必须加大 u_{BE},使发射区向基区注入更多的电子。实际上,当 U_{CE} 增大到一定值以后,集电结的电场已足够强,可以将发射区注入基区的绝大部分电子都收集到集电区,因而再增大 U_{CE},i_C 也不可能明显增大,也就是说,i_B 已基本不变。因此,U_{CE} 超过一定数值后,曲线不再明显右移而基本重合。对于小功率管,可以用 U_{CE} 大于1V的任何一条曲线来近似代表 U_{CE} 大于1V的所有曲线。

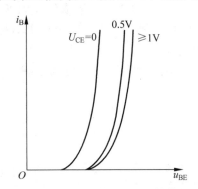

图4.1.5 晶体管的输入特性曲线

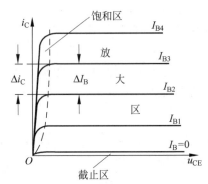

图4.1.6 晶体管的输出特性曲线

2. 输出特性曲线

输出特性曲线描述基极电流 I_B 为一常量时,集电极电流 i_C 与管压降 u_{CE} 之间的函数关系,即

$$i_C = f(u_{CE}) \big|_{I_B=常数} \quad (4.1.11)$$

对于每一个确定的 I_B,都有一条曲线,所以输出特性是一族曲线,如图4.1.6所示。对于某一条曲线,当 u_{CE} 从零逐渐增大时,集电结电场随之增强,收集电子的能力逐渐增强,因而 i_C 也就逐渐增大。而当 u_{CE} 增大到一定数值时,集电结电场足以将发射极发射到

基区的绝大部分电子收集到集电区来，u_{CE} 再增大，收集能力已不能明显提高，表现为曲线几乎平行于横轴，即 i_C 几乎仅仅决定于 i_B。

3. 晶体管的三个工作区

晶体管有三个工作区域，见图 4.1.6 中所标注。

(1) **截止区**：其特征是发射结反向偏置或发射结正向偏置但结压降小于开启电压 U_{on}，且集电结反向偏置，即 $u_{BE} \leq U_{on}$ 且 $u_{CE} \geq u_{BE}$；$i_B = 0$，$i_C = I_{CEO}$。小功率硅管的 I_{CEO} 在 $1\mu A$ 以下，锗管的 I_{CEO} 小于几十微安。因此在近似分析中可以认为晶体管截止时的 $i_C \approx 0$。

(2) **放大区**：其特征是发射结正向偏置且结压降大于开启电压 U_{on}，同时集电结反向偏置，即对于共射电路 $u_{BE} > U_{on}$ 且 $u_{CE} \geq u_{BE}$。晶体管工作在放大区时，i_C 几乎仅仅决定于 i_B，而与 u_{CE} 无关，表现出 i_B 对 i_C 的控制作用，$I_C = \bar{\beta} I_B$，$\Delta i_C = \beta \Delta i_B$。在理想情况下，当 i_B 按等差变化时，输出特性是一族与横轴平行的等距离直线。

(3) **饱和区**：其特征是发射结与集电结均处于正向偏置，即 $u_{BE} > U_{on}$ 且 $u_{CE} \leq u_{BE}$；i_C 不仅与 i_B 有关，而且明显随 u_{CE} 增大而增大，此时 I_C 小于 $\bar{\beta} I_B$。可以认为，小功率晶体管在 $u_{CE} = u_{BE}$（即 $u_{CB} = 0V$）时，处于临界状态，即临界饱和或临界放大状态。

在模拟电路中，绝大多数情况下应保证晶体管工作在放大状态。

4.1.4 晶体管的主要参数

在计算机辅助分析和设计中，根据晶体管的结构和特性，要用几十个参数全面描述它。这里只介绍在近似分析中最主要的参数，它们均可在半导体器件手册中查到。

1. 直流参数

(1) **共射直流电流放大系数 $\bar{\beta}$**

$$\bar{\beta} \approx \frac{I_C}{I_B}$$

(2) **共基直流电流放大系数 $\bar{\alpha}$**

$$\bar{\alpha} \approx I_C / I_E$$

(3) **极间反向电流**

I_{CBO} 是发射极开路时集电结的反向饱和电流，I_{CEO} 是基极开路时集电极与发射极间的穿透电流，$I_{CEO} = (1 + \bar{\beta}) I_{CBO}$。同一型号的管子反向电流愈小，性能愈稳定。硅管比锗管的极间反向电流小 2～3 个数量级，因此温度稳定性比锗管好。

2. 交流参数

交流参数是描述晶体管对于动态信号的性能指标。

(1) 共射交流电流放大系数 β

$$\beta = \left.\frac{\Delta i_C}{\Delta i_B}\right|_{U_{CE}=常量}$$

见图 4.1.6 中所标注。

(2) 共基交流电流放大系数 α

$$\alpha = \left.\frac{\Delta i_C}{\Delta i_E}\right|_{U_{CB}=常量}$$

近似分析中可以认为 $\beta \approx \bar{\beta}, \alpha \approx \bar{\alpha}$。

(3) 特征效率 f_T

由于晶体管中 PN 结结电容的存在，β 是所加信号频率的函数，记作 $\dot{\beta}$。信号频率高到一定程度时，$\dot{\beta}$ 不但数值下降，且产生相移。使 $\dot{\beta}$ 的数值下降到 1 的信号频率称为特征频率 f_T。

3. 极限参数

极限参数是指为使晶体管安全工作对它的电压、电流和功率损耗的限制。

(1) 最大集电极耗散功率 P_{CM}

P_{CM} 决定于晶体管的温升，当温升过高时，管子特性明显变坏，甚至烧坏。对于确定型号的晶体管，P_{CM} 是一个确定值，即 $P_{CM} = I_C U_{CE} = $ 常数，P_{CM} 在输出特性坐标平面中为双曲线中的一条，如图 4.1.7 所示。曲线右上方为过损耗区。

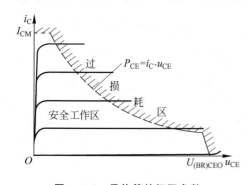

图 4.1.7 晶体管的极限参数

对于大功率管的 P_{CM}，应特别注意测试条件，如对散热片的规格要求。当散热条件不满足要求时，允许的最大功耗将小于 P_{CM}。

(2) 最大集电极电流 I_{CM}

I_C 在相当大的范围内 β 值基本不变，但当 I_C 的数值大到一定程度时 β 值将减小。使 β 值明显减小的 I_C 即为 I_{CM}。对于合金型小功率管，定义当 $U_{CE}=1$ 时，由 $P_{CM} = I_C U_{CE}$ 得出的 I_C 即为 I_{CM}。

(3) 极间反向击穿电压

晶体管的某一电极开路时，另外两个电极间所允许加的最高反向电压即为极间反问击穿电压，超过此值的管子会发生击穿现象。下面是各种击穿电压的定义：

$U_{(BR)CBO}$ 是发射极开路时集电极-基极间的反向击穿电压,这是集电结所允许加的最高反向电压。$U_{(BR)CEO}$ 是基极开路时集电极-发射极间的反向击穿电压,此时集电结承受反向电压。$U_{(BR)EBO}$ 是集电极开路时发射极-基极间的反向击穿电压,这是发射结所允许加的最高反向电压。

在组成晶体管电路时,应根据工作条件选择管子的型号。为防止晶体管在使用中损坏,必须使它工作在图 4.1.7 所示的安全区内。

4.1.5 温度对晶体管特性及参数的影响

由于半导体材料的热敏性,晶体管的参数几乎都与温度有关。对于电子电路,如果不能解决温度稳定性问题,将不能使其实用,因此了解温度对晶体管参数的影响是非常必要的。

1. 温度对 I_{CBO} 的影响

因为 I_{CBO} 是集电结加反向电压时少子漂移运动形成的,所以,当温度升高时,热运动加剧,使更多的价电子有足够的能量挣脱共价键的束缚,从而使少子浓度明显增大。因此,参与漂移运动的少子数目增多,从外部看就是 I_{CBO} 增大。可以证明,温度每升高 10℃,I_{CBO} 增加约一倍。反之,当温度降低时 I_{CBO} 减小。

由于硅管的 I_{CBO} 比锗管的小得多,所以从绝对数值上看,硅管比锗管受温度的影响要小得多。

2. 温度对输入特性的影响

与二极管伏安特性相类似,当温度升高时,正向特性将左移,反之将右移,如图 4.1.8 所示。当温度变化 1℃时,$|U_{BE}|$ 大约变化 2~2.5mV,并具有负温度系数,即温度每升高 1℃,$|U_{BE}|$ 大约下降 2~2.5mV。换一角度说,若 U_{BE} 不变,则当温度升高时 I_B 将增大,反之 I_B 减小。

3. 温度对输出特性的影响

图 4.1.9 所示为一只晶体管在温度变化时输出特性变化的示意图,实线所示为 20℃时的特性曲线,虚线所示为 60℃时的特性曲线。图中 $I_{B1}=I'_{B1}$、$I_{B2}=I'_{B2}$、$I_{B3}=I'_{B3}$。基极电流 I_B 从 I'_{B2} 变为 I'_{B3} 所引起集电结电流的变化量大于从 I_{B2} 变为 I_{B3} 所引起集电结电流的变化量,说明温度升高 β 增大。且温度升高 I_{CEO} 增大。

从以上分析可知,温度升高时,由于 I_{CEO}、β 增大,且输入特性左移,所以导致集电极电流增大。

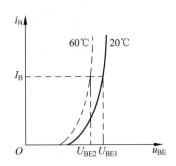
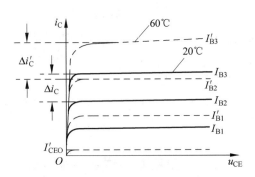

图 4.1.8　温度对晶体管输入特性的影响　　图 4.1.9　温度对晶体管输出特性的影响

例 4.1.1　现已测得某电路中几只硅材料 NPN 型晶体管三个极的直流电位如表 4.1.1 所示,各晶体管 b-e 间开启电压 U_{on} 均为 0.5V。试分别说明各管子的工作状态。

表 4.1.1　例 4.1.1 中各晶体管电极直流电位

晶 体 管	T_1	T_2	T_3	T_4
基极直流电位 U_B/V	0.7	1	−1	0
发射极直流电位 U_E/V	0	0.3	−1.7	0
集电极直流电位 U_C/V	5	0.7	0	15
工作状态				

解　在电子电路中,可以通过测试晶体管各极的直流电位来判断晶体管的工作状态。对于 NPN 型管,当 b-e 间电压 $U_{BE}<U_{on}$ 时,管子截止;当 $U_{BE}>U_{on}$ 且管压降 $U_{CE} \geqslant U_{BE}$（即 $U_C \geqslant U_B$）时,管子处于放大状态;当 $U_{BE}>U_{on}$ 且管压降 $U_{CE} \leqslant U_{BE}$（即 $U_C \leqslant U_B$）时,管子处于饱和状态。硅管的 U_{on} 约为 0.5V,锗管的 U_{on} 约为 0.1V。对于 PNP 型管,读者可自行总结规律。

根据以上规律可知,因为 $U_{BE}=0.7V$ 且 $U_{CE}=5V$,$U_{CE}>U_{BE}$,所以 T_1 处于放大状态。因为 $U_{BE}=0.7V$,且 $U_{CE}=U_C-U_E=0.4V$,$U_{CE}<U_{BE}$,所以 T_2 处于饱和状态。因为 $U_{BE}=U_B-U_E=0.7V$,且 $U_{CE}=U_C-U_E=1.7V$,$U_{CE}>U_{BE}$,所以 T_3 处于放大状态。因为 $U_{BE}=0V<U_{on}$,所以 T_4 处于截止状态。将分析结果填入表内,如表 4.1.2 所示。

表 4.1.2　例 4.1.1 答案

晶体管	T_1	T_2	T_3	T_4
工作状态	放大	饱和	放大	截止

例 4.1.2　在一个单管放大电路中,电源电压为 30V,已知三只管子的参数如表 4.1.3 所示,请选用一只管子,并简述理由。

表 4.1.3　例 4.1.2 的晶体管参数表

晶体管参数	T_1	T_2	T_3
$I_{CBO}/\mu A$	0.01	0.1	0.05
U_{CEO}/V	50	50	20
β	15	100	100

解　T_1 管虽然 I_{CBO} 最小，即温度稳定性好，但 β 很小，放大能力差，所以不宜选用。T_3 管虽然 I_{CBO} 较小且 β 较大，但因晶体管的工作电源电压为 30V，而 T_3 的 U_{CEO} 仅为 20V，工作过程中有可能使 T_3 击穿，所以不能选用。T_2 管虽然 I_{CBO} 最大，但 β 较大，且 U_{CEO} 大于电源电压，所以 T_2 最合适。

4.2　放大电路的组成原则

基本共射放大电路是放大电路的一种基本电路形式，应用非常广泛。本节结合它工作原理的分析讲述放大电路的组成原则。

4.2.1　基本共射放大电路的工作原理

根据晶体管工作在放大区的条件（发射结正偏，集电结反偏），可得到基本共射放大电路，如图 4.2.1 所示。

1. 各元件的作用

在图 4.2.1 所示电路中，晶体管为核心元件，起放大作用。基极直流电源 $+V_{BB}$ 使发射结电压大于其开启电压，并与基极电阻 R_b 相配合为晶体管提供一个合适的直流基极电流；集电极直流电源 $+V_{CC}$ 使集电结反偏，是输出回路的工作电源，形成集电极回路电流，同时又是负载的能源。集电极电阻 R_c 将集电极电流的变化转换成电压的变化，使电路有电压放大作用。

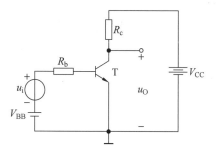

图 4.2.1　基本共射放大电路

当输入信号为 0 时，晶体管各极的电流 I_B、I_C（或 I_E）和 b-e 间电压 U_{BE}、管压降 U_{CE} 称为放大电路的**静态工作点** Q；常将 Q 点记作 I_{BQ}、I_{CQ}（或 I_{EQ}）、U_{BEQ}、U_{CEQ}。在近似分析中，常将 U_{BEQ} 作为已知量。对于硅管，U_{BEQ} 为 0.6～0.8V，可取 0.7V；对于锗管，U_{BEQ} 为 0.1～0.3V，可取 0.2V。根据图示电路输入回路和输出回路方程

$$\begin{cases} V_{BB} = I_{BQ}R_b + U_{BEQ} \\ V_{CC} = I_{CQ}R_c + U_{CEQ} \end{cases}$$

可得 Q 点的表达式

$$I_{BQ} = \frac{V_{BB} - U_{BEQ}}{R_b} \tag{4.2.1}$$

$$I_{CQ} = \beta I_{BQ} \tag{4.2.2}$$

$$U_{CEQ} = V_{CC} - I_{CQ}R_c \tag{4.2.3}$$

求解静态工作点的过程称为静态分析。上述分析思路可简述为

$$V_{BB}, R_b \rightarrow I_{BQ} \rightarrow I_{CQ} \rightarrow U_{CEQ}$$
$$V_{CC}, R_c \nearrow$$

在式(4.2.1)中,V_{BB} 与 U_{BEQ} 相比越大,运算结果与实测结果越接近。若 V_{BB} 远大于 U_{BEQ},则可认为 $I_{BQ} \approx V_{BB}/R_b$。

当有正弦交流信号 $\dot{U}_i$ 输入时,晶体管基极回路产生动态电流 $\dot{I}_b$,因而集电极回路随之产生动态电流 $\dot{I}_c$,且 $\dot{I}_c = \beta \dot{I}_b$;$R_c$ 将变化的集电极电流 $\dot{I}_c$ 转换成电压的变化,管压降必然产生相应的变化。在参数选取合适时,输出电压有效值 U_o 大于输入电压有效值 U_i,从而实现了电压放大。

2. 设置静态工作点的必要性

既然放大的对象是动态信号,那么为什么必须为放大电路设置静态工作点呢?我们不妨设基极电源 V_{BB} 为 0,则 $U_i = 0$ 时,$I_{BQ} = 0$,$I_{CQ} = 0$,因而 $U_{CEQ} = V_{CC}$。当输入交流信号时,信号将直接作用于晶体管的输入回路,如图 4.2.2(a)所示;当 u_i 的峰值小于 b-e 之间

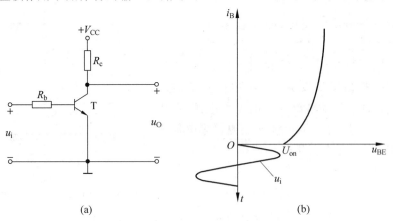

图 4.2.2 不设置合适的静态工作点
(a) 电路 (b) 晶体管的输入特性

的开启电压 U_{on} 时,虽然 u_i 几乎全部加在 b-e 之间,但是在 u_i 的整个周期内晶体管始终工作在截止区,如图(b)所示,因而输出毫无反应;即使 u_i 幅值较大,晶体管也只在 u_i 正半周中大于 U_{on} 的部分才导通,因而输出电压必然失真。可见,为使晶体管在 u_i 的整个周期内均工作在放大状态,放大电路必须设置合适的静态工作点。

3. 波形分析

在图 4.2.1 所示电路中,当 $u_i=0$ 时,静态工作点 I_{BQ}、I_{CQ} 和 U_{CEQ} 分别如图 4.2.3(b)、(c)中虚线所示。当输入正弦波电压 u_i(见图 4.2.3(a)所示)作用于电路时,基极电流是在直流分量 I_{BQ} 的基础上叠加上由 u_i 作用而产生的动态电流 i_b,如图(b)实线所示;集电极电流将在 I_{CQ} 的基础上叠加上由 i_b 控制的动态电流 i_c,$i_c=\beta i_b$,也如图(b)所示;集电极电阻 R_c 上产生与 i_c 成线性关系的动态电压,从而使管压降在 U_{CEQ} 的基础上叠加与 i_c 相位相反的动态电压 u_{ce},如图(c)所示。动态电压 u_{ce} 就是输出电压 u_o,如图(d)所示。u_o 是与 u_i 相位相反并被放大了的交流信号电压。

由以上分析可知,由于交流信号驮载在直流分量之上,才有可能使晶体管在 u_i 的整个周期内均工作在放大状态,输出电压才不会产生失真。

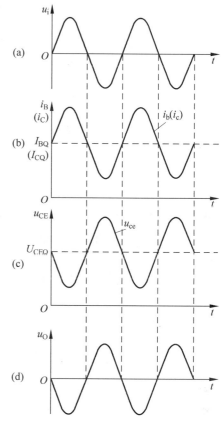

图 4.2.3 基本共射放大电路的波形分析
(a) u_i 波形 (b) i_B、i_C 波形
(c) u_{CE} 波形 (d) u_O 波形

应当指出,虽然 Q 点首先解决的是失真问题,但是它影响着放大电路的几乎所有动态参数,因此设置得是否合适非常重要。

4.2.2 如何组成放大电路

1. 组成原则

对于基本共射放大电路工作原理的分析,可以得出晶体管放大电路的组成原则,如下:
(1) 必须为电路提供合适的直流电源,一方面建立起合适的静态工作点;另一方面作为负载的能源,使负载获得所需的功率。

(2) 输入信号必须能够作用于晶体管的输入回路,即能够作用于晶体管的基极与发射极之间。

(3) 输出信号必须能够作用于负载电阻之上,而且输出电压大于输入电压,或者输出电流大于输入电流,或者二者均有。

2. 两种常见的单管共射放大电路

图 4.2.1 所示电路为原理性电路,从实用的角度看,有几点可改进之处:

(1) V_{BB}、V_{CC} 两路电源供电,对如此简单的电路是不必要。通常,电子电路的供电种类应尽可能少。

(2) 信号源没有接地点,不利于抗干扰。通常,信号源的信号均比较小,为了防止干扰,需将其一端接地。

(3) 输出端除动态信号外还存在直流分量(即静态管压降),对于需要负载上仅有交流量的情况不适用。

在图 4.2.4(a)所示电路中,信号源与放大电路共地①,且采用一个电源供电。令信号为 0,R_{b1} 上的电压为晶体管 b-e 间电压,根据晶体管基极的节点电流方程、I_{CQ} 和 I_{BQ} 的受控关系以及晶体管输出回路方程,可求得静态工作点为

$$I_{BQ} = \frac{V_{CC} - U_{BEQ}}{R_{b2}} - \frac{U_{BEQ}}{R_{b1}} \quad (4.2.4)$$

$$I_{CQ} = \beta I_{BQ} \quad (4.2.5)$$

$$U_{CEQ} = V_{CC} - I_{CQ}R_c \quad (4.2.6)$$

而且,动态信号能够作用于晶体管的 b-e 之间,使之产生动态基极电流 i_b,从而获得动态集电极电流 i_c 和动态管压降 u_{ce},即获得输出电压。

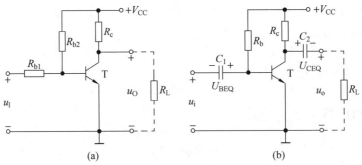

图 4.2.4 两种常用单管共射放大电路
(a) 直接耦合电路 (b) 阻容耦合电路

---

① 信号源的公共端和电子电路公共端、电子电路的公共端和测试仪器的公共端相连称为共地。

在图 4.2.1 和图 4.2.4(a)所示电路中,信号源和放大电路、放大电路和负载直接相连,称为直接耦合。在电子学中,耦合是"连接"的意思。

在图 4.2.4(b)所示电路中,C_1 与 C_2 分别将信号源与放大电路、放大电路与负载连接起来,称之为耦合电容。耦合电容的容量应足够大,在输入电压的频率范围内其容抗可忽略不计,即对交流信号可视为短路,使信号几乎无损失地进行传递。耦合电容对于直流量的容抗为无穷大,因此 C_1 和 C_2 又分别将信号源与放大电路、放大电路与负载的直流量隔离开来。所以可将耦合电容的作用概括为"隔离直流,通过交流"。断开耦合电容 C_1 和 C_2,就得到在直流电源作用下的电路,因而静态工作点为

$$I_{BQ} = \frac{V_{CC} - U_{BEQ}}{R_b} \tag{4.2.7}$$

$$I_{CQ} = \beta I_{BQ} \tag{4.2.8}$$

$$U_{CEQ} = V_{CC} - I_{CQ}R_c \tag{4.2.9}$$

C_1 和 C_2 的静态电压分别为 U_{BEQ} 和 U_{CEQ}。当交流信号作用时,几乎全部加在晶体管的 b c 之间,产生动态基极电流,从而得到动态集电极电流和动态管压降,动态管压降几乎无损失地作用于负载电阻,得到输出电压。

4.3 放大电路的基本分析方法

分析放大电路就是求解其静态工作点及各项动态性能指标,通常遵循"先静态,后动态"的原则。只有静态工作点合适,电路没产生失真,动态分析才有意义。

4.3.1 放大电路的直流通路和交流通路

从基本共射放大电路工作原理的分析可知,为使电路正常放大,直流量与交流量常必须共存于放大电路之中,前者是直流电源作用的结果,后者是输入电压 $\dot{U}_i$ 作用的结果;而且,由于电容、电感等电抗元件的存在,使直流量与交流量所流经的通路不同。因此,为了研究问题方便,将放大电路分为直流通路与交流通路。

直流通路是直流电源作用所形成的电流通路。在直流通路中,电容因对直流量呈无穷大电抗而相当于开路,电感线圈因电阻非常小可忽略不计而相当于短路;信号源电压为零(即 $\dot{U}_s = 0$),但保留内阻 R_s。直流通路用于分析放大电路的静态工作点。**交流通路是交流信号作用所形成的电流通路**。在交流通路中,大容量电容(如耦合电容)因对交流信号容抗可忽略不计而相当于短路;直流电源为恒压源,因内阻为零也相当于短路。交流通路用于分析放大电路的动态参数。

根据上述原则,图 4.2.1 所示电路的直流通路和交流通路分别如图 4.3.1(a) 和 (b) 所示。在其交流通路中直流电源相当于短路,故集电极电阻并联在晶体管的 c-e 之间。

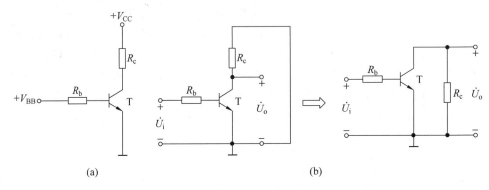

图 4.3.1 基本共射放大电路的直流通路和交流通路
(a) 直流通路 (b) 交流通路

将图 4.2.4(b) 所示电路的两个耦合电容 C_1 和 C_2 断开,便得到它的直流通路,如图 4.3.2(a) 所示;将 C_1、C_2 和 V_{CC} 短路,R_b 并联在输入端,R_c 和 R_L 并联在输出端,便得到它的交流通路,如图 4.3.2(b) 所示。

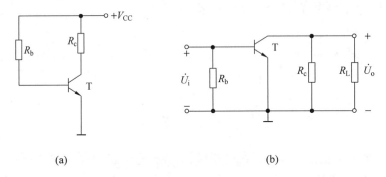

图 4.3.2 阻容耦合共射放大电路的直流通路和交流通路
(a) 直流通路 (b) 交流通路

例 4.3.1 试画出图 4.3.3 所示电路的直流通路和交流通路。设图中电容 C 对交流信号可视为短路。

解 图 4.3.3 所示电路为 PNP 型管组成的变压器耦合放大电路。将电容开路、输入端变压器的副边线圈短路、输出端变压器的原边线圈短路就可得直流通路如图 4.3.4(a) 所示,右图是习惯画法。将电容短路(R_1、R_2 被短路)、直流电源短路(R_3 被短路)就可得到交流通路,如图 4.3.4(b) 所示。

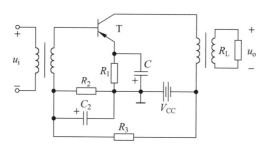

图 4.3.3　例 4.3.1 电路图

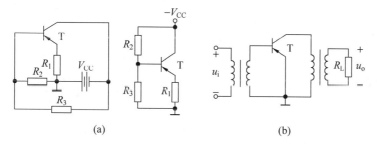

图 4.3.4　例 4.3.1 答案电路图
（a）直流通路　（b）交流通路

从例 4.3.1 可以看出，交、直流通路有着较大的差别。

例 4.3.2　试分析图 4.3.5 所示各电路是否可能放大交流信号，必要时画出直流通路和交流通路。设图中所有电容对交流信号均可视为短路。

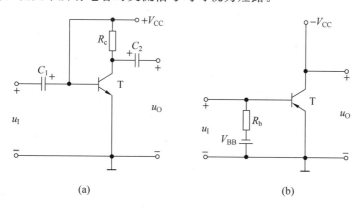

图 4.3.5　例 4.3.2 电路图

解　在图（a）所示电路中，一方面直流电源直接接在晶体管的 b-e 之间，没有限制基极电流的电阻 R_b，发射结将因电流过大而烧坏；另一方面，在交流通路中，由于 V_{CC} 短路，如图 4.3.6(a)所示，输入信号被短路，晶体管输入回路没有动态信号作用，因而输出信号为 0。所以该电路不能正常放大。此外，信号源还可能会因其输出电流过大而损坏。

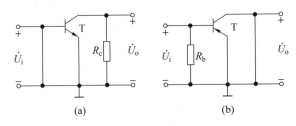

图 4.3.6　例 4.3.2 答案电路图

在图(b)所示电路中，虽然 V_{BB} 和 R_b 可能为晶体管提供合适的基极静态电流，但是由于动态信号直接作用于晶体管的 b-e 之间，而不是驮载在静态之上，所以电路必然产生失真。另外，在交流通路中，由于 V_{CC} 短路，如图 4.3.6(b)所示，集电极与发射极短路，没有集电极电阻将集电极电流的变化转换成电压的变化，使输出电压恒等于零，所以不能正常放大。

虽然两个电路的输出电压均恒为 0，但产生的原因不同，前者是输入信号被短路，后者是输出信号被短路。

4.3.2　图解法

用作图的方法分析放大电路，称为图解法。应用图解法的前提是在已知电路参数的基础上实测放大电路中晶体管的输入特性和输出特性。

1. 静态分析

为便于观察，将图 4.2.1 所示基本共射放大电路的直流通路变换成图 4.3.7 所示形式。由图可知，晶体管输入回路和输出回路各极的电流和极间电压，不但决定于它自身的特性，还决定于外电路的回路方程。

令 $\Delta u_I = 0$，从图 4.3.7 所示电路的输入回路可得回路方程

$$u_{BE} = V_{BB} - i_B R_b \tag{4.3.1}$$

上式所描述的直线称为输入回路的负载线。在晶体管的输入特性坐标系中画出负载线，它与横轴的交点为 V_{BB}，与纵轴的交点为 V_{BB}/R_b。输入回路的负载线与输入特性曲线的交点，就是静态工作点 Q，如图 4.3.8(a)所示。读出其坐标值，就是静态工作点中的 I_{BQ} 和 U_{BEQ}。

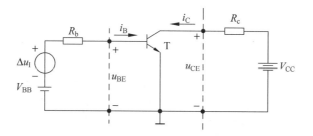

图 4.3.7　基本共射放大电路

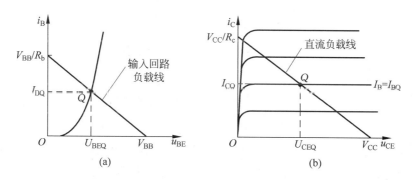

图 4.3.8　利用图解法求静态工作点
（a）求解 I_{BQ} 和 U_{BEQ}　（b）求解 I_{CQ} 和 U_{CEQ}

同理，从图 4.3.7 所示电路的输出回路可得回路方程

$$u_{CE} = V_{CC} - i_C R_c \tag{4.3.2}$$

在晶体管的输出特性坐标系中作式(4.3.2)所描述的直线，它与横轴的交点为 $+V_{CC}$，与纵轴的交点为 V_{CC}/R_c，称这条直线为直流负载线。直流负载线与 $i_B = I_{BQ}$ 那条输出特性曲线的交点，就是静态工作点 Q，如图 4.3.8(b)所示。读出其坐标值，就是静态工作点中的 I_{CQ} 和 U_{CEQ}。

2. 动态分析

利用图解法能够分析放大电路的电压放大倍数和最大不失真输出电压。

（1）求解电压放大倍数

求解电压放大倍数 A_u 的步骤是：给定输入电压 Δu_I，首先在输入特性中确定基极动态电流 Δi_B，然后在输出特性中得到集电极动态电流 Δi_C 和 c-e 间的动态电压 Δu_{CE}，$\Delta u_O = \Delta u_{CE}$；$\Delta u_O$ 与 Δu_I 之比即为 A_u。具体作法如下。

在给定输入电压 Δu_I 时，作用于晶体管输入回路的电压为 $V_{BB} + \Delta u_I$，此时回路方程为

$$u_{BE} = (V_{BB} + \Delta u_I) - i_B R_b$$

输入回路负载线的斜率没变,它与横轴的交点为 $(V_{BB}+\Delta u_I)$,如图 4.3.9(a)所示。从该直线与输入特性曲线交点的纵坐标值和 Q 点的纵坐标值可读出在输入电压作用下所产生的动态基极电流 Δi_B,如图中所标注。

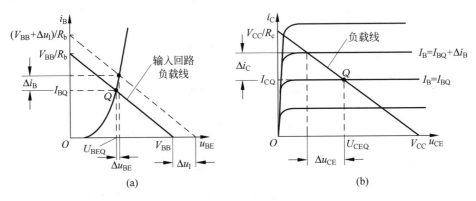

图 4.3.9 利用图解法求电压放大倍数
(a) 求解 Δi_B (b) 求解 Δi_C 和 Δu_{CE}

在输出特性中找到 $I_B = I_{BQ} + \Delta i_B$ 的那条曲线,沿负载线找到它与负载线的交点,从而得出 Δi_C 和 Δu_{CE},Δu_{CE} 即为输出电压 Δu_O。电压放大倍数

$$A_u = \frac{\Delta u_O}{\Delta u_I} \tag{4.3.3}$$

从图解分析中可以看出,当 u_I 增大时 u_O 将减小,表明输出电压与输入电压反相。上述过程可简述为

$$给定 \Delta u_I \rightarrow \Delta i_B \rightarrow \Delta i_C \rightarrow \Delta u_{CE} = \Delta u_O$$

利用式(4.3.3)即可得出 A_u。

描述动态信号变化规律的负载线称为交流负载线。在动态信号作用下,图 4.3.7 所示电路中 i_C、u_{CE} 仍沿直线 $u_{CE} = V_{CC} - i_C R_c$ 变化,故其直流负载线也是交流负载线。应当指出,在存在电容、电感等元件的电路中,直流负载线与交流负载线不是一条直线。

如果用正弦波 u_i 作用,则在信号幅值较小时,动态 i_b、i_c 也为正弦波,u_o 与 u_i 反相,如图 4.3.10 所示。A_u 等于输出电压峰值与输入电压峰值之比。

(2) 失真分析

在基本共射放大电路中,若 Q 点过低,则虽然输入电压为正弦波,但是基极电流将因晶体管在信号负半周峰值附近截止而产生失真,如图 4.3.11(a)所示;因而集电极电流和 c-e 间电压必然随之失真,如图(b)所示。这种因晶体管截止而产生的失真称为截止失真。由 NPN 型管组成的基本共射放大电路产生截止失真时,输出电压顶部失真。

在基本共射放大电路中,若 Q 点过高,则虽然输入电压和基极动态电流为正弦波,如

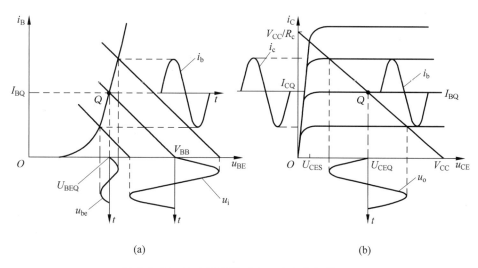

图 4.3.10 输入正弦波时电压放大倍数的分析
(a) 输入信号作用时 u_{BE}、i_B 的变化　(b) i_C、u_{CE} 和 u_o 的变化

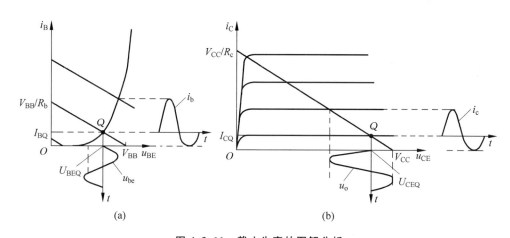

图 4.3.11 截止失真的图解分析
(a) 输入回路的波形分析　(b) 输出回路的波形分析

图 4.3.12(a)所示,但是集电极电流将因晶体管在信号正半周峰值附近饱和而产生失真,因而 c-e 间电压随之失真,如图(b)所示。这种因晶体管饱和而产生的失真称为饱和失真。由 NPN 型管组成的基本共射放大电路在产生饱和失真时,输出电压底部失真。

　　放大电路的最大不失真输出电压是指在不失真的情况下能够输出的最大电压,通常用有效值 U_{om} 来表示。从上述分析可知,若晶体管的饱和管压降为 U_{CES},在忽略因晶体管自身非线性特性引起的失真的情况下,图 4.2.1 所示电路输出电压不产生饱和失真的最

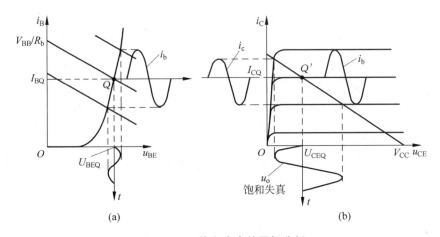

图 4.3.12 饱和失真的图解分析

(a) 输入回路的波形分析　(b) 输出回路的波形分析

大幅值为 $(U_{CEQ}-U_{CES})$；输出电压不产生截止失真的最大幅值为 $(V_{CC}-U_{CEQ})$。因此，最大不失真输出电压应等于 $(U_{CEQ}-U_{CES})$ 和 $(V_{CC}-U_{CEQ})$ 中的小者除以 $\sqrt{2}$。换言之，若 $(U_{CEQ}-U_{CES})$ 小于 $(V_{CC}-U_{CEQ})$，则在输入信号增大时电路首先出现饱和失真；若 $(V_{CC}-U_{CEQ})$ 小于 $(U_{CEQ}-U_{CES})$，则在输入信号增大时电路首先出现截止失真；若 $(U_{CEQ}-U_{CES})$ 等于 $(V_{CC}-U_{CEQ})$，则说明电路的最大不失真输出电压最大。

3. 图解法的优缺点

图解法直观，由于输入特性和输出特性是实测得到的，因此切合实际，适用于 Q 点的求解、失真等问题的定性分析；但由于作图难于准确，且过程繁琐，所以不易定量求解 A_u。但是，从 A_u 的分析过程可以进一步理解放大电路的工作原理。

此外，图解法还适用于大幅值信号作用下放大电路的动态分析，如功率放大电路最大不失真输出电压的分析。

应当指出，图解法中没有考虑耦合电容、晶体管极间电容的影响，因此只适合于放大电路中频段的分析。

4. 阻容耦合共射放大电路的分析

从图 4.3.2(a) 所示阻容耦合共射放大电路的直流通路可知，其直流负载线方程为 $u_{CE}=V_{CC}-i_C R_c$，与式 (4.3.1) 相同。从图 4.3.2(b) 所示阻容耦合共射放大电路的交流通路可知，c-e 间的动态电压（即输出电压 u_o）是动态集电极电流 i_c 在 R_c 与 R_L 并联电阻 $(R_c/\!/R_L)$ 上的电压。因而当 i_c 按正弦变化时，u_{CE} 并不沿直流负载线变化，而应沿斜率为

$\dfrac{-1}{R_c/\!/R_L}$ 的直线变化。**由交流通路决定的负载线为交流负载线**。分析电路的工作原理可知,当信号为 0 时,晶体管的集电极电流应为 I_{CQ},管压降应为 U_{CEQ},故交流负载线必过 Q 点。因此,只要过 Q 点作斜率为 $\dfrac{-1}{R_c/\!/R_L}$ 直线,就是交流负载线。实际上,已知直线上的一点为 Q 点,再找到另一点,两点相连即可。根据直角三角形的基本知识,已知一个直角边为 I_{CQ},又知斜率为 $R_c/\!/R_L$,所以另一直角边 AB 为 $I_{CQ}(R_c/\!/R_L)$。也就是说,交流负载线与横轴的交点到 U_{CEQ} 的距离为 $I_{CQ}(R_c/\!/R_L)$。令 $R'_L = R_c/\!/R_L$,连接 Q 与横轴上 $(U_{CEQ}+I_{CQ}R'_L)$ 点,所得直线就是交流负载线,如图 4.3.13(b) 所示。只有当电路空载,即 $R_L = \infty$ 时,交流负载线才与直流负载线重合。

利用如下过程可以求解电压放大倍数:

$$给定输入正弦电压\ u_i \to i_b \to i_c \to u_{ce}\ (即\ u_o)$$

如图 4.3.13 所示。测量 u_o 的峰-峰值(或峰值)与 u_i 的峰-峰值(或峰值),它们之比即为 A_u,

$$A_u = -\dfrac{U_{opp}}{U_{ipp}} = -\dfrac{U_{op}}{U_{ip}} \tag{4.3.4}$$

式中负号表示 u_o 与 u_i 反相。

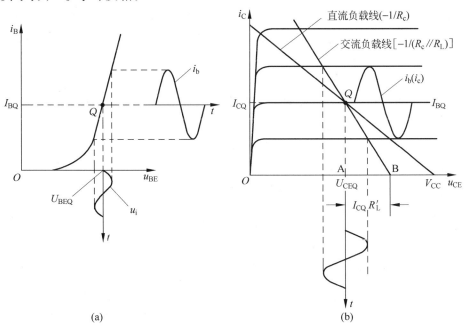

图 4.3.13 阻容耦合共射放大电路的直流负载线和交流负载线
(a) 输入回路的波形分析 (b) 输出回路的波形分析

从交流负载线可以看出,输出电压不产生饱和失真的最大幅值为$(U_{CEQ}-U_{CES})$,U_{CES}为饱和管压降;不产生截止失真的最大幅值为$I_{CQ}R'_L$。因此最大不失真输出电压应等于$(U_{CEQ}-U_{CES})$和$I_{CQ}R'_L$中小者除以$\sqrt{2}$。

例 4.3.3 电路如图 4.2.4(b)所示,已知晶体管的输出特性如图 4.3.14(a)所示,$V_{CC}=12V$,晶体管导通时 b-e 间电压约为 0.7V,空载。试在图(a)坐标系中分别画出下列不同条件下的静态工作点,读出 I_{CQ} 与 U_{CEQ} 的值;并分别说明当输入信号加大时,电路首先出现截止失真还是饱和失真。

(1) $R_b=1.2M\Omega,R_c=6k\Omega$;

(2) $R_b=1.2M\Omega,R_c=4k\Omega$;

(3) $R_b=600k\Omega,R_c=4k\Omega$;

(4) $R_b=1.06M\Omega,R_c=4k\Omega,V_{CC}$改为 6V。

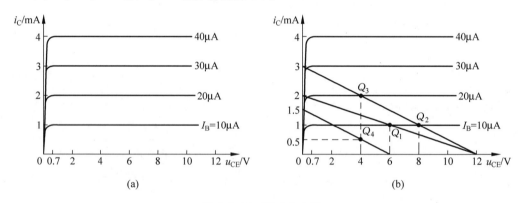

图 4.3.14 例 4.3.3 图
(a) 输出特性 (b) Q 点位置

解 为求出 I_{CQ} 及 U_{CEQ},应首先求 I_{BQ},然后作直流负载线,$i_B=I_{BQ}$ 的输出特性曲线与直流负载线的交点就是 Q 点。在图 4.2.4(b)所示电路空载情况下,比较$(U_{CEQ}-U_{CES})$与$(V_{CC}-U_{CEQ})$的大小,就可知当输入信号增大时首先出现哪种失真。当$(U_{CEQ}-U_{CES})$大于$(V_{CC}-U_{CEQ})$时电路首先出现截止失真,否则首先出现饱和失真;若二者相等,则输入信号增大到一定程度时,两种失真同时出现。

(1) 因为 $V_{CC}\gg0.7V$,故 $I_{BQ}\approx V_{CC}/R_b=(12/1.2)\mu A=10\mu A$。

直流负载线的两点为$(V_{CC},0)$和$(0,V_{CC}/R_c)$,即$(12,0)$和$(0,2)$。直流负载线与静态工作点 Q_1 如图(b)中的所示,$I_{CQ}=1mA,U_{CEQ}=6V$。

因为晶体管临界饱和管压降[①]约为 0.7V,说明$(U_{CEQ}-U_{CES})$小于$(V_{CC}-U_{CEQ})$,所以

---

① U_{CES}为晶体管饱和管压降,在小功率放大电路失真的近似分析中,可取$U_{CES}=U_{BEQ}$。

首先出现饱和失真。

（2）由于V_{CC}和R_b均没变，所以$I_{BQ} \approx 10\mu A$。但直流负载线上两点为(12,0)和(0,3)，因而直流负载线与静态工作点Q_2如图(b)中所示，$I_{CQ}=1mA$，$U_{CEQ}=8V$。

因为$(U_{CEQ}-U_{CES})$大于$(V_{CC}-U_{CEQ})$，所以首先出现截止失真。

（3）由于V_{CC}和R_c均没变，因而直流负载线与第2种条件时相同，但$I_{BQ} \approx V_{CC}/R_b = (12/600)mA = 0.02mA = 20\mu A$，所以直流负载线与静态工作点$Q_3$如图(b)中所示，$I_{CQ}=2mA$，$U_{CEQ}=4V$。

因为$(U_{CEQ}-U_{CES})$小于$(V_{CC}-U_{CEQ})$，所以首先出现饱和失真。

（4）由于R_c没变，因而与第2、3种条件相比，直流负载线斜率没变，但因V_{CC}变为6V，所以其应平移过(6,0)点。

由于U_{BEQ}与V_{CC}相比不可忽略，所以

$$I_{BQ} = \frac{V_{CC}-U_{BE}}{R_b} \approx \frac{6-0.7}{1.06}\mu A = 5\mu A$$

直流负载线与静态工作点Q_4如图(b)中所示。$I_{CQ}=0.5mA$，$U_{CEQ}=4V$。

因为$(U_{CEQ}-U_{CES})$大于$(V_{CC}-U_{CEQ})$，所以首先出现截止失真。

从例4.3.3的分析可知，电路参数V_{CC}、R_b、R_c对Q点和失真的影响；几种情况相比，第一种条件下最大不失真输出电压最大，第四种条件下最小。应当指出，当$R_L \neq \infty$时，应根据$(U_{CEQ}-U_{CES})$与$I_{CQ}R'_L$的大小来判断输入信号增大时电路首先出现哪种失真。

4.3.3 等效电路法

由于晶体管具有非线性的输入特性和输出特性，使得电子电路的分析复杂化。可以想象，如果能用一个线性电路来等效晶体管，那么就可以用分析一般电路的方法来分析电子电路了。利用晶体管的等效电路来分析电子电路，称为等效电路法。

1. 直流等效模型

在4.2.1节的静态工作点近似分析中，式(4.2.1)～式(4.2.9)分别为图4.2.1所示基本共射放大电路、图4.2.4(a)所示直接耦合单管共射放大电路、图4.2.4(b)所示阻容耦合单管共射放大电路静态工作点的表达式。这些表达式说明，若将U_{BEQ}作为已知量，且取一定的数值，即将晶体管的输入特性折线化，如图4.3.15(a)所示，则晶体管的输入回路将等效为一个直流电源；认为晶体管的集电极电流$I_{CQ} = \bar{\beta}I_{BQ}$，实际上是将晶体管的输出

回路等效为一个电流 I_{BQ} 控制的电流源 I_{CQ}。因此,晶体管的直流等效模型如图 4.3.15(b) 所示,图中二极管表明电流的流向。在静态工作点的近似分析中已经使用了晶体管的直流模型。

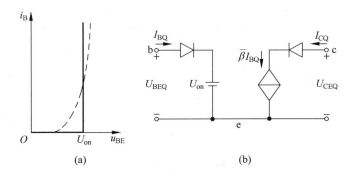

图 4.3.15 晶体管的直流模型
(a)折线化的输入特性 (b)直流模型

2. 晶体管的 h 参数等效模型

当晶体管采用共射接法时,在低频小信号作用下,将晶体管看成为一个线性两端口网络,如图 4.3.16 所示,再用网络的 h 参数来描述输入、输出的相互关系,所得到的电路称为 h 参数等效模型。因其只适用于动态分析,故还可称之为交流等效模型。因交流等效模型只适用于小信号变化量作用时的情况,故又称之为微变等效电路;用其求解放大电路的动态参数,在一些文献上称为微变等效电路法。

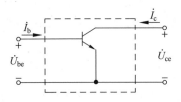

图 4.3.16 将放大电路交流通路中的晶体管看成两端口网络

根据晶体管的输入、输出特性,可以认为 u_{BE} 和 i_C 均为 i_B 和 u_{CE} 的函数,即

$$\begin{cases} u_{BE} = f(i_B, u_{CE}) \\ i_C = f(i_B, u_{CE}) \end{cases}$$

因此,u_{BE} 和 i_C 的变化部分就应为全微分形式,即

$$\begin{cases} \mathrm{d}u_{BE} = \left.\dfrac{\partial u_{BE}}{\partial i_B}\right|_{U_{CE}} \mathrm{d}i_B + \left.\dfrac{\partial u_{BE}}{\partial u_{CE}}\right|_{I_B} \mathrm{d}u_{CE} & (4.3.5\mathrm{a}) \\ \mathrm{d}i_C = \left.\dfrac{\partial i_C}{\partial i_B}\right|_{U_{CE}} \mathrm{d}i_B + \left.\dfrac{\partial i_C}{\partial u_{CE}}\right|_{I_B} \mathrm{d}u_{CE} & (4.3.5\mathrm{b}) \end{cases}$$

令

$$\begin{cases} h_{11} = \dfrac{\partial u_{BE}}{\partial i_B}\bigg|_{U_{CE}} & (4.3.6a) \\[6pt] h_{12} = \dfrac{\partial u_{BE}}{\partial u_{CE}}\bigg|_{I_B} & (4.3.6b) \\[6pt] h_{21} = \dfrac{\partial i_C}{\partial i_B}\bigg|_{U_{CE}} & (4.3.6c) \\[6pt] h_{22} = \dfrac{\partial i_C}{\partial u_{CE}}\bigg|_{I_B} & (4.3.6d) \end{cases}$$

式(4.3.6a)表明,h_{11}等于管压降为常量时 b-e 间动态电压与基极动态电流之比,如图 4.3.17(a)所示。因而其物理意义是 b-e 间的动态电阻,常记作 r_{be}。r_{be} 是输入特性曲线以 Q 点为切点切线的斜率。

式(4.3.6b)表明,h_{12}等于在基极电流为常量时管压降的变化对 b-e 间电压的影响,即晶体管输出回路电压对输入回路电压的影响,如图 4.3.17(b)所示,因而也称为内反馈系数。

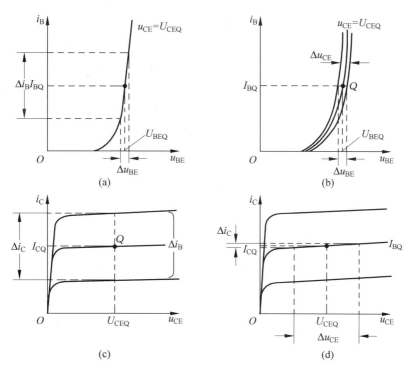

图 4.3.17 h 参数的物理意义

(a) h_{11} 的物理意义　(b) h_{12} 的物理意义　(c) h_{21} 的物理意义　(d) h_{22} 的物理意义

式(4.3.6c)表明,h_{21}等于在管压降为常量时动态集电极电流与基极电流之比,因而h_{21}就是电流放大系数β,如图 4.3.17(c)所示。

式(4.3.6d)表明,h_{22}等于在基极电流为常量时,即在$I_B = I_{BQ}$的那条输出特性曲线上,集电极动态电流与管压降变化量之比,因而其量纲为电导,是 c-e 间动态电阻的倒数,记作$1/r_{ce}$,如图 4.3.17(d)所示。

由于h_{11}、h_{12}、h_{21}、h_{22}的量纲各不相同,因此由它们构造成的交流等效模型称为h参数(即混合参数)等效模型。由于式(4.3.5)中du_{BE}、di_B、di_C、du_{CE}分别为u_{BE}、i_B、i_C、u_{CE}的变化部分,因此可以用正弦波信号取代,即用$\dot{U}_{be}$取代du_{BE},用$\dot{I}_b$取代di_B,用$\dot{I}_c$取代di_C,用$\dot{U}_{ce}$取代du_{CE},故式(4.3.5)可变换为

$$\begin{cases} \dot{U}_{be} = h_{11}\dot{I}_b + h_{12}\dot{U}_{ce} & (4.3.7a) \\ \dot{I}_c = h_{21}\dot{I}_b + h_{22}\dot{U}_{ce} & (4.3.7b) \end{cases}$$

由式(4.3.7a)可知,$\dot{U}_{be}$由两部分组成,前一项为$\dot{I}_b$在r_{be}上的压降,后一项为$\dot{U}_{ce}$对输入回路的反馈电压;由式(4.3.7b)可知,$\dot{I}_c$也由两部分组成,前一项为受$\dot{I}_b$控制的电流源$\beta\dot{I}_b$,后一项为$\dot{U}_{ce}$在r_{ce}上产生的电流。因此,h参数等效模型如图 4.3.18(a)所示。

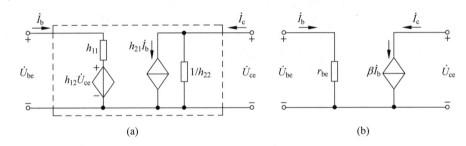

图 4.3.18 晶体管的h参数等效模型
(a) 模型 (b) 简化模型

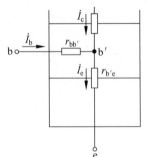

图 4.3.19 晶体管 b-e 间结构示意图

因为晶体管工作在放大区时,$\dot{U}_{ce}$对输入特性的影响很小,所以内反馈可忽略不计;因为通常r_{ce}在几百千欧以上,所以r_{ce}上的电流也可忽略不计。因此,简化的h参数等效模型如图 4.3.18(b)所示。

晶体管 b-e 间结构示意图如图 4.3.19 所示,r_{be}由两部分组成,$r_{bb'}$为基区体电阻,$r_{b'e}$为发射结电阻。不同型号管子的$r_{bb'}$不同(从几十欧至几百欧),可以从手册中查出。利用 PN 结的电流方程可以推导出

$$r_{b'e} = (1+\beta)\frac{U_T}{I_{EQ}}$$

因此

$$r_{be} = r_{bb'} + (1+\beta)\frac{U_T}{I_{EQ}} \qquad (4.3.8)$$

常温下,$U_T \approx 26\text{mV}$。I_{EQ} 为发射极静态电流,因而静态电流愈大 r_{be} 愈小。

3. 放大电路的动态分析

在放大电路的交流通路中,用晶体管的 h 参数等效模型取代晶体管,就得到放大电路的交流等效电路。图 4.2.1 所示基本共射放大电路的交流等效电路如图 4.3.20(a)所示。

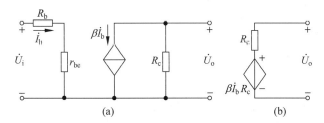

图 4.3.20 基本共射放大电路的交流等效电路
(a) 交流等效电路 (b) 输出回路的等效变换

(1) 电压放大倍数 $\dot{A}_u$

根据电压放大倍数 $\dot{A}_u$ 的定义

$$\dot{A}_u = \frac{\dot{U}_o}{\dot{U}_i} \qquad (4.3.9)$$

$\dot{U}_i$ 为输入正弦电压,$\dot{U}_o$ 为 $\dot{U}_i$ 作用下的输出电压。在图 4.3.20(a)所示电路中,输入电压 $\dot{U}_i$ 等于基极电流 $\dot{I}_b$ 在 R_b 和 r_{be} 串联回路上的压降,即

$$\dot{U}_i = \dot{I}_b (R_b + r_{be}) \qquad (4.3.10)$$

输出电压 $|\dot{U}_o|$ 等于受控电流源 $\beta \dot{I}_b$ 在 R_c 上产生的电压,其方向与 $\dot{U}_o$ 规定方向相反,即

$$\dot{U}_o = -\beta \dot{I}_b R_c \qquad (4.3.11)$$

将式(4.3.10)和式(4.3.11)代入式(4.3.9),则得到基本共射放大电路电压放大倍数的表达式

$$\boxed{\dot{A}_u = -\frac{\beta R_c}{R_b + r_{be}}} \qquad (4.3.12)$$

式中负号表示 $\dot{U}_o$ 与 $\dot{U}_i$ 相位相反。

从数学的角度出发，增大 β 和 R_c，减小 R_b 或 r_{be}，均可增大 $\dot{A}_u$ 的数值。但从电子电路的概念出发，β 大的管子 r_{be} 也大，因而采用换管子的方法有时效果不明显。实际上，最常用的方法是通过减小基极电阻 R_b（即增大 I_{EQ}）以减小 r_{be} 的方法来增大 $|\dot{A}_u|$。有时也通过增大 R_c 来增大 $|\dot{A}_u|$。需要强调的是，不管采用哪种方法，都应首先保证 Q 点合适，否则将毫无意义。

(2) 输入电阻 R_i

输入电阻是从放大电路输入端看进去的等效电阻，等于输入电压有效值 U_i 与输入电流有效值 I_i 之比，即

$$R_i = \frac{U_i}{I_i} \tag{4.3.13}$$

在多数情况下，可以不需要计算，而直接观察电路得到 R_i。从图 4.3.20(a) 所示电路的输入端看进去，只有一个回路，R_b 和 r_{be} 的串联回路，因此基本共射放大电路的输入电阻为

$$\boxed{R_i = R_b + r_{be}} \tag{4.3.14}$$

(3) 输出电阻 R_o

对于负载电阻 R_L，放大电路总可等效成一个有内阻的电压源，其内阻就是放大电路的输出电阻 R_o。根据诺顿定理，将图 4.3.20(a) 所示电路的输出回路可等效变换为图(b)所示电路，因此，基本共射放大电路的输出电阻

$$\boxed{R_o = R_c} \tag{4.3.15}$$

应当特别指出，根据输入电阻和输出电阻的物理意义，它们是所分析的放大电路自身的参数，因此，R_i 中不应含有 R_s，因为 R_s 是前级电路的输出电阻或实际信号源的内阻；而 R_o 不应含有 R_L，因为 R_L 是后级电路的输入电阻或者实际的负载。

4. 微变等效电路法的分析步骤

(1) 分析静态工作点，确定其是否合适，如不合适应进行调整；

(2) 画出放大电路的交流等效电路，并根据式(4.3.8)求出 r_{be}；

(3) 根据要求求解动态参数 $\dot{A}_u$、R_i 和 R_o。

综上所述，对于放大电路的分析应遵循"先静态，后动态"的原则，静态分析时应利用直流通路，动态分析时应利用交流通路或交流等效电路。只有在静态工作点合适的情况下，动态分析才有意义。图解法形象直观，适于对 Q 点的分析和失真的判断；等效电路法简单，适于动态参数的估算。

例4.3.4 图4.2.1所示基本共射放大电路的静态工作点合适,且已知$r_{be}=1\text{k}\Omega$,$\beta=150$,$R_b=2\text{k}\Omega$,$R_c=R_L=5\text{k}\Omega$。试求解$\dot{A}_u$、R_i和R_o。

解 由于带负载后输出电压$\dot{U}_o=-\dot{I}_c(R_c/\!/R_L)$,

$$\dot{A}_u = -\frac{\beta(R_c/\!/R_L)}{R_b+r_{be}} = -\frac{150\times\frac{5}{2}}{2+1} = -125$$

根据式(4.3.14)和式(4.3.15)可得

$$R_i = R_b + r_{be} = (2+1)\text{k}\Omega = 3\text{k}\Omega$$
$$R_o = R_c = 5\text{k}\Omega$$

由以上分析可知,要使单管共射放大电路的$|\dot{A}_u|$大于100是非常容易的,共射放大电路的电压放大倍数与负载的大小紧密相关。

例4.3.5 在图4.3.21(a)所示电路中,已知$V_{CC}=15\text{V}$,$R_b=750\text{k}\Omega$,$R_c=R_L=3\text{k}\Omega$,C_1与C_2对交流信号可视为短路;晶体管的$\beta=150$,$r_{bb'}=200\Omega$。试求解:

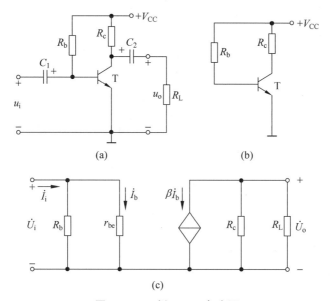

图4.3.21 例4.3.5电路图
(a) 电路 (b) 直流通路 (c) 交流等效电路

(1) 静态工作点Q;

(2) 电压放大倍数$\dot{A}_u$,输入电阻R_i和输出电阻R_o。

解 (1) 画出图4.3.21(a)所示电路的直流通路,如图(b)所示,根据基极回路方程可得

$$I_{BQ} = \frac{V_{CC}-U_{BEQ}}{R_b} \approx \frac{V_{CC}}{R_b} = \left(\frac{15}{750}\right)\text{mA} = 0.02\text{mA} = 20\mu\text{A}$$

根据集电极电流和基极电流的控制关系可得
$$I_{CQ} = \beta I_{BQ} \approx (150 \times 0.02)\mathrm{mA} = 3\mathrm{mA}$$
根据集电极回路方程可得
$$U_{CEQ} = V_{CC} - I_{CQ}R_c = (15 - 3 \times 3)\mathrm{V} = 6\mathrm{V}$$

(2) 首先画出图 4.3.21(a)所示电路的交流等效电路,如图(c)所示;然后根据式(4.3.8)求出 r_{be},最后根据定义求出 $\dot{A}_u$、R_i 和 R_o。

$$I_{EQ} \approx I_{CQ} \approx 3\mathrm{mA}$$

$$r_{be} = r_{bb'} + (1+\beta)\frac{U_T}{I_{EQ}} \approx \left[200 + (1+150)\frac{26}{3}\right]\Omega \approx 1500\Omega = 1.5\mathrm{k}\Omega$$

根据图(c),输入电压为
$$\dot{U}_i = \dot{U}_{be} = \dot{I}_b r_{be}$$

输出电压为
$$\dot{U}_o = \dot{I}_c(R_c /\!/ R_L) = \beta \dot{I}_b (R_c /\!/ R_L)$$

根据电压放大倍数的定义

$$\boxed{\dot{A}_u = \frac{\dot{U}_o}{\dot{U}_i} = -\frac{\beta R'_L}{r_{be}} \quad (R'_L = R_c /\!/ R_L)} \tag{4.3.16}$$

代入数据,得
$$\dot{A}_u = -\frac{\beta R'_L}{r_{be}} \approx -150 \times \frac{\frac{3}{2}}{1.5} = -150$$

根据输入电阻和输出电阻的定义可得
$$R_i = R_b /\!/ r_{be} \approx r_{be} \approx 1.5\mathrm{k}\Omega$$
$$R_o = R_c = 3\mathrm{k}\Omega$$

例 4.3.6 在图 4.3.21(a)所示电路中,已知 $V_{CC} = 15\mathrm{V}$,$R_L = 10\mathrm{k}\Omega$,$\beta = 100$,$r_{be} = 2.8\mathrm{k}\Omega$;测得静态 $U_{CEQ} = 5\mathrm{V}$,$I_{CQ} = 1\mathrm{mA}$。

(1) 求解 R_b 和 R_c;

(2) 估算 $\dot{A}_u$;

(3) 若测得输出电压有效值等于 300mV,则输入电压有效值 $U_i \approx$?

(4) 若电路的信号源有内阻,且 $R_s = 2\mathrm{k}\Omega$,则 $\dot{A}_{us} = \frac{\dot{U}_o}{\dot{U}_s} = ?$

解 (1) 根据图 4.3.21(b)所示直流通路写出基极回路方程和集电极回路方程,利用 $I_{CQ} = \beta I_{BQ}$ 的受控关系,可求出 R_b 和 R_c 的阻值。

$$R_c = \frac{V_{CC} - U_{CEQ}}{I_{CQ}} = \left(\frac{15-5}{1}\right)\text{k}\Omega = 10\text{k}\Omega$$

$$I_{BQ} = \frac{I_{CQ}}{\beta} = \frac{1}{100}\text{mA} = 0.01\text{mA}$$

$$R_b \approx \frac{V_{CC}}{I_{BQ}} = \frac{15}{0.01}\text{k}\Omega = 1500\text{k}\Omega = 1.5\text{M}\Omega$$

(2) 根据式(4.3.16)

$$\dot{A}_u = -\frac{\beta R'_L}{r_{be}} \approx -100 \times \frac{\frac{10}{2}}{2.8} = -179$$

(3) 当 $U_o = 300\text{mV}$ 时,输入电压有效值

$$U_i = \frac{U_o}{|\dot{A}_u|} \approx \frac{300}{179}\text{mV} = 1.68\text{mV}$$

(4) 若信号源有内阻,则交流等效电路如图4.3.22所示,根据定义,$\dot{A}_{us}$ 应为

$$\dot{A}_{us} = \frac{\dot{U}_o}{\dot{U}_s} = \frac{\dot{U}_i}{\dot{U}_s} \cdot \frac{\dot{U}_o}{\dot{U}_i} = \frac{R_i}{R_s + R_i} \cdot \dot{A}_u \tag{4.3.17}$$

式(4.3.17)具有普遍意义。

代入数据,得

$$\dot{A}_{us} = \frac{\dot{U}_o}{\dot{U}_s} = \frac{r_{be}}{R_s + r_{be}} \cdot \dot{A}_u \approx \frac{2.8}{2+2.8} \times (-179) = -104$$

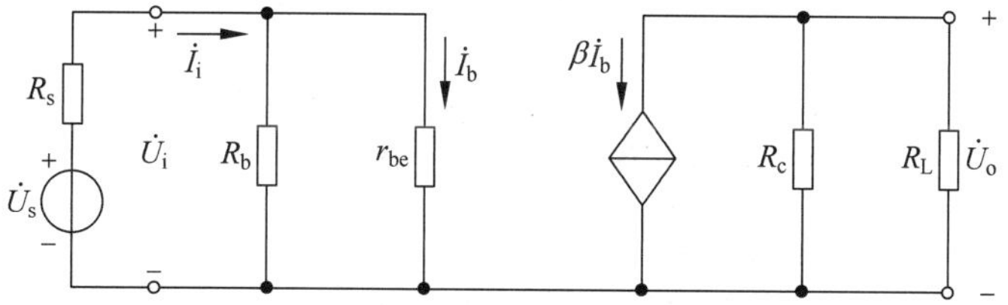

图4.3.22 图4.3.21(a)所示电路信号源有内阻时的交流等效电路

4.4 晶体管放大电路的三种接法

在 4.2 节中介绍了共射放大电路的组成,其特点是放大电路的输入回路和输出回路以发射极为公共端。实用电路中还有以集电极为公共端的共集放大电路和以基极为公共端的共基放大电路,即基本放大电路有三种接法。

本节首先介绍典型的静态工作点稳定的共射放大电路和基本共集、共基放大电路,然

后再对三种接法进行比较。

4.4.1 静态工作点稳定的共射放大电路

1. 温度对静态工作点的影响

当环境温度变化时,晶体管的特性将产生变化。图 4.4.1 所示为某晶体管的输出特性,实线为 20℃时的曲线,虚线为 40℃时的曲线。由图可知,温度升高时电流放大系数 β 和穿透电流 I_{CEO} 均增大,因而集电极静态电流 I_{CQ} 增大、管压降 U_{CEQ} 减小,静态工作点沿负载线上移。可以想象,若此时减小基极静态电流,则静态工作点就可能基本不变。

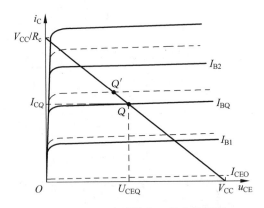

图 4.4.1 温度对静态工作点的影响

所谓静态工作点稳定,是指在温度变化时 Q 点在晶体管输出特性坐标平面上的位置基本不变,而这是依靠基极电流的变化得到的。

2. 静态工作点稳定电路的原理

图 4.4.2(a)所示为典型的静态工作点稳定电路,其直流通路如图(b)所示。通常,参数选择要满足 $I_1 \gg I_{BQ}$,因而 B 点的静态电位

$$U_{BQ} \approx \frac{R_{b1}}{R_{b1}+R_{b2}} \cdot V_{CC} \tag{4.4.1}$$

可以认为,当温度变化时 U_{BQ} 基本不变。

所以,当温度升高时,$I_{CQ}(I_{EQ})$ 增大,使 U_{EQ}(即 R_e 上的电压)升高,导致 U_{BEQ} 减小(因 U_{BQ} 基本不变),I_{BQ} 随之减小,故 I_{CQ} 减小,可使 Q 点在晶体管输出特性坐标平面上的位置基本不变。当温度降低时,上述各物理量将向相反方向变化。

不难看出,在稳定的过程中,R_e 起着重要作用,当晶体管的输出回路电流 I_C 变化时,

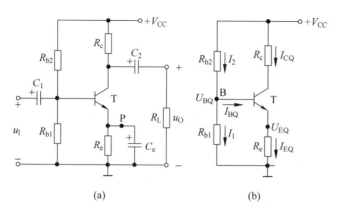

图 4.4.2 典型的静态工作点稳定电路
(a) 电路　(b) 直流通路

通过发射极电阻 R_e 上产生电压的变化来影响 b-e 间电压,从而使 I_B 向相反方向变化,达到稳定 Q 点的目的。这种将输出量(I_C)通过一定的方式(利用 R_e 将 I_C 的变化转化成电压的变化)引回到输入回路来影响输入量(U_{BE})的措施称为反馈。由于反馈的结果使输出量的变化减小,故称为负反馈;又由于反馈出现在直流通路之中,故称为直流负反馈。R_e 为直流负反馈电阻。

3. 电路分析

根据图 4.4.2(b)和式(4.4.1)可得 Q 点为

$$\begin{cases} I_{EQ} = \dfrac{U_{BQ} - U_{BEQ}}{R_e} & \text{(4.4.2a)} \\ I_{BQ} = I_{EQ}/(1+\beta) & \text{(4.4.2b)} \\ U_{CEQ} = V_{CC} - I_{CQ}R_c - I_{EQ}R_e \approx V_{CC} - I_{EQ}(R_c + R_e) & \text{(4.4.2c)} \end{cases}$$

图 4.4.2(a)所示电路中的电容 C_e 为旁路电容,其取值应足够大,对交流信号可视为短路,因而该电路的交流等效电路如图 4.4.3(a)所示。若将 $R_{b1}/\!/R_{b2}$ 看成一个电阻 R_b,则图 4.4.2(a)所示电路与阻容耦合共射放大电路的交流等效电路(见图 4.3.21)完全相同,因此动态参数

$$\begin{cases} \dot{A}_u = \dfrac{\dot{U}_o}{\dot{U}_i} = -\dfrac{\beta R'_L}{r_{be}} \quad (R'_L = R_c /\!/ R_L) & \text{(4.4.3a)} \\ R_i = \dfrac{\dot{U}_i}{\dot{I}_i} = R_b /\!/ r_{be} = R_{b1} /\!/ R_{b2} /\!/ r_{be} & \text{(4.4.3b)} \\ R_o = R_c & \text{(4.4.3c)} \end{cases}$$

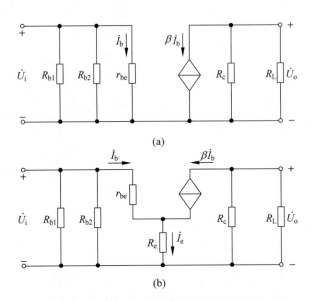

图 4.4.3 阻容耦合 Q 点稳定电路的交流等效电路

(a) 有 C_e 时的交流等效电路　(b) 无 C_e 时的交流等效电路

若没有旁路电容 C_e,则图 4.4.2(a) 所示电路的交流等效电路如图 4.4.3(b) 所示。由图可知

$$\dot{U}_i = \dot{I}_b r_{be} + \dot{I}_e R_e = \dot{I}_b r_{be} + \dot{I}_b (1+\beta) R_e$$

$$\dot{U}_o = -\dot{I}_c R'_L$$

所以

$$\begin{cases} \dot{A}_u = \dfrac{\dot{U}_o}{\dot{U}_i} = -\dfrac{\beta R'_L}{r_{be} + (1+\beta) R_e} \quad (R'_L = R_c \;/\!/\; R_L) & (4.4.4a) \\[2ex] R_i = \dfrac{\dot{U}_i}{\dot{I}_i} = R_{b1} \;/\!/\; R_{b2} \;/\!/\; [r_{be} + (1+\beta) R_e] & (4.4.4b) \\[2ex] R_o = R_c & (4.4.4c) \end{cases}$$

在式 (4.4.4a) 中,若 $(1+\beta)R_e \gg r_{be}$,且 $\beta \gg 1$,则

$$\dot{A}_u = \dfrac{\dot{U}_o}{\dot{U}_i} \approx -\dfrac{R'_L}{R_e} \quad (R'_L = R_c \;/\!/\; R_L) \tag{4.4.5}$$

可见,虽然 R_e 使 $|\dot{A}_u|$ 减小了,但由于 $\dot{A}_u$ 仅决定于电阻取值,不受环境温度的影响,所以温度稳定性好。

4.4.2 基本共集放大电路

1. 电路的组成

根据放大电路的组成原则,基本共集放大电路如图 4.4.4(a)所示,由于从发射极输出,故也称之为射极输出器。图中 V_{BB} 使晶体管发射结正偏,且与 R_b、R_e 相配合,确定合适的静态基极电流 I_{BQ};V_{CC} 使集电结反偏,为管子提供 I_{CQ}、I_{EQ},并与 R_e 共同确定合适的管压降 U_{CEQ},还作为负载 R_L 的能源。

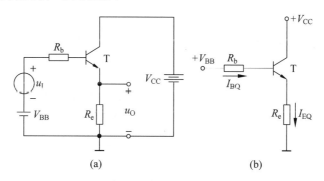

图 4.4.4 基本共集放大电路
(a) 电路 (b) 直流通路

在输入信号 u_i 作用于电路时,必然产生动态基极电流 i_b,从而得到动态集电极电流 i_c 和发射极电流 i_e,i_e 通过 R_e 转化成电压的变化,作为输出电压 u_o。

2. 静态分析

图 4.4.4(a)所示基本共集放大电路的直流通路如图(b)所示。其输入回路的方程为
$$V_{BB} = I_{BQ}R_b + U_{BEQ} + I_{EQ}R_e = I_{BQ}R_b + U_{BEQ} + I_{BQ}(1+\beta)R_e$$
因而基极静态电流
$$I_{BQ} = \frac{V_{BB} - U_{BEQ}}{R_b + (1+\beta)R_e} \tag{4.4.6}$$
发射极静态电流
$$I_{EQ} = (1+\beta)I_{BQ} \tag{4.4.7}$$
管压降等于电源电压 V_{CC} 减去 R_e 上的电压,即
$$U_{CEQ} = V_{CC} - I_{EQ}R_e \tag{4.4.8}$$

3. 动态分析

画出图 4.4.4(a)所示电路的交流通路如图 4.4.5(a)所示,用晶体管简化的 h 参数等效模型取代晶体管,则得到交流等效电路,如图(b)所示。它的输入回路与输出回路的公共端为集电极。利用等效电路法可求出其动态参数。

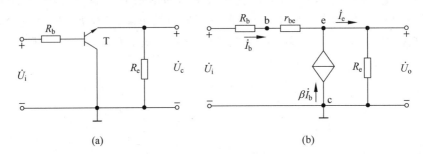

图 4.4.5 基本共集放大电路的交流等效电路

(a) 交流通路 (b) 交流等效电路

(1) 电压放大倍数 $\dot{A}_u$

根据电压放大倍数的定义 $\dot{A}_u = \dot{U}_o / \dot{U}_i$,利用晶体管的受控关系 $\dot{I}_c = \beta \dot{I}_b$,就可求出 $\dot{A}_u$ 的表达式。在图 4.4.5(b)所示电路中,输入电压 $\dot{U}_i$ 作用时,必然在 R_b 和 r_{be} 上产生电流 $\dot{I}_b$,从而使受控电流源产生电流 $\dot{I}_c$,R_e 获得电流 $\dot{I}_e$,如图中所标注,$\dot{I}_e$ 在 R_e 上的压降就是输出电压 $\dot{U}_o$。写出表达式为

$$\dot{U}_i = \dot{I}_b(R_b + r_{be}) + \dot{I}_e R_e$$

$$\dot{U}_o = \dot{I}_e R_e$$

因此,电压放大倍数

$$\dot{A}_u = \frac{(1+\beta)R_e}{R_b + r_{be} + (1+\beta)R_e} \tag{4.4.9}$$

上式表明,$|\dot{A}_u| < 1$,且 $\dot{U}_o$ 与 $\dot{U}_i$ 同相。当 $(1+\beta)R_e \gg (R_b + r_{be})$ 时,$\dot{A}_u \approx 1$,即 $\dot{U}_o \approx \dot{U}_i$,$\dot{U}_o$ 跟随 $\dot{U}_i$ 变化,因而也称射极输出器为射极跟随器。

(2) 输入电阻 R_i

从共集放大电路的输入端看进去只有一个支路,即晶体管的基极回路。根据输入电阻的定义,可得

$$R_i = \frac{U_i}{I_i} = \frac{I_b(R_b + r_{be}) + I_e R_e}{I_b} = \frac{I_b(R_b + r_{be}) + (1+\beta)I_b R_e}{I_b}$$

因而输入电阻

$$R_i = R_b + r_{be} + (1+\beta)R_e \tag{4.4.10}$$

当发射极电阻 R_e 等效到基极回路时,将增大到 $(1+\beta)$ 倍。共集放大电路的输入电阻比共射电路大得多,可达 $100\text{k}\Omega$ 以上。

若 $R_b=2\text{k}\Omega$, $R_e=5\text{k}\Omega$, $\beta=80$, $r_{be}=2\text{k}\Omega$,则 $R_i=404\text{k}\Omega$。若 $R_s=5\text{k}\Omega$,则 $R_i\gg R_s$,所以

$$\dot{A}_{us} = \frac{R_i}{R_s + R_i} \cdot \dot{A}_u \approx \dot{A}_u$$

即当 $R_i \gg R_s$ 时,$\dot{U}_i \approx \dot{U}_s$。表明 R_i 阻值愈大,放大电路从信号源索取的电流愈小,因而在信号源内阻上压降也就愈小。

(3) 输出电阻 R_o

令信号源电压为零,但保留其内阻;断开负载,在输出端加一个正弦电压 U_o,必将产生正弦电流 I_o,如图 4.4.6 所示;U_o 与 I_o 之比就是输出电阻 R_o。从图中可以看出,I_o 由两部分组成,一部分是 U_o 在电阻 R_e 上产生的电流;另一部分为 I_e,它是由于 U_o 作用于晶体管基极回路产生 I_b,从而产生 I_e 而得到的。观察图 4.4.6 所示电路可知,基极电流和发射极电流分别为

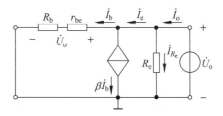

图 4.4.6　基本共集放大电路输出电阻的分析

$$I_b = \frac{U_o}{r_{be} + R_b}$$

$$I_e = (1+\beta)\frac{U_o}{r_{be} + R_b}$$

电流方向如图中所标注。因此

$$I_o = I_{R_e} + I_e = \frac{U_o}{R_e} + (1+\beta)\frac{U_o}{r_{be} + R_b}$$

输出电阻 $R_o = U_o/I_o$,将上式代入,整理可得

$$\boxed{R_o = R_e \parallel \frac{r_{be} + R_b}{1+\beta}} \tag{4.4.11}$$

晶体管基极回路电阻等效到射极回路时应除以 $(1+\beta)$。共集放大电路的输出电阻远小于共射电路,其值可在 100Ω 以下。这里所叙述的求解输出电阻的方法适用于一般电路。

综上所述,基本共集放大电路有以下三个显著特点。

(1) 当 $(1+\beta)R_e \gg (R_b+r_{be})$ 时,$\dot{U}_o \approx \dot{U}_i$,具有电压跟随作用;

(2) 输入电阻大,可达几十千欧,甚至几百千欧;

(3) 输出电阻小,可小到几十欧。

基本共集放大电路从信号源得到的电流为 $\dot{I}_b$,而其输出的电流为 $\dot{I}_e$,所以具有电流放大作用。而由于 $U_o < U_i$,故无电压放大作用。但是,共集电路因输入电阻大,常作为多级放大电路的输入级,以减小从信号源索取的电流;因输出电阻小,常作为多级放大电路的输出级,以增强带负载能力;还可作为中间级起隔离前、后级的作用。因此,共集电路得到了相当广泛的应用。

例 4.4.1 电路如图 4.4.4(a)所示。已知:$R_b = 5\text{k}\Omega$,$R_e = 5\text{k}\Omega$,$V_{BB} = 5\text{V}$,$V_{CC} = 12\text{V}$;$\beta = 100$,$r_{be} = 3\text{k}\Omega$,$U_{BEQ} = 0.7\text{V}$。

(1) 求解 Q 点;

(2) 分别求解 $\dot{A}_u$、R_i 和 R_o;

解 (1) 求解 Q 点。

$$I_{BQ} = \frac{V_{BB} - U_{BEQ}}{R_b + (1+\beta)R_e} = \left(\frac{5-0.7}{5+101\times 5}\right)\text{mA} \approx 0.0084\text{mA} = 8.4\mu\text{A}$$

$$I_{EQ} = (1+\beta)I_{BQ} \approx (101 \times 0.0084)\text{mA} \approx 0.85\text{mA}$$

$$U_{CEQ} = V_{CC} - I_{EQ}R_e \approx (12 - 0.85 \times 5)\text{V} = 7.75\text{V}$$

(2) 求解 $\dot{A}_u$、R_i 和 R_o。

$$\dot{A}_u = \frac{(1+\beta)R_e}{R_b + r_{be} + (1+\beta)R_e} = \frac{101 \times 5}{5 + 3 + 101 \times 5} \approx 0.984$$

$$R_i = R_b + r_{be} + (1+\beta)R_e = (5 + 3 + 101 \times 5)\text{k}\Omega \approx 513\text{k}\Omega$$

$$R_o = R_e \mathbin{/\mkern-5mu/} \frac{R_b + r_{be}}{1+\beta} \approx \frac{R_b + r_{be}}{1+\beta} = \frac{5+3}{101}\text{k}\Omega \approx 0.079\text{k}\Omega = 79\Omega$$

4.4.3 基本共基放大电路

1. 电路的组成

图 4.4.7(a)所示为基本共基放大电路,其交流通路如图(b)所示,交流等效电路如图(c)所示,以基极为晶体管输入回路与输出回路的公共端,因此而得名。

在图(a)中,V_{BB} 使晶体管的发射结正偏,且 $U_{BE} > U_{on}$,并与 R_e 相配合提供合适的发射极静态电流 I_{EQ}。V_{CC} 使集电结反偏,即 $U_{CB} > 0$;与 V_{BB} 共同提供集电极静态电流 I_{CQ},并与 R_c 相配合确定合适的静态管压降 U_{CEQ};同时还是负载电阻 R_L 的能源。

当输入正弦电压 u_i 作用于电路时,将产生发射极动态电流 i_e,从而在输出回路产生集电极动态电流 i_c,R_c 将 i_c 转化成变化的电压,作为输出电压 u_o。

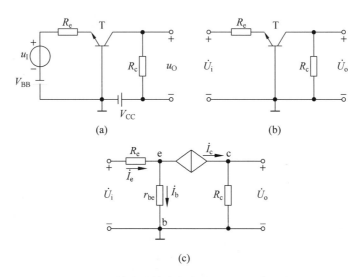

图 4.4.7　基本共基放大电路及其交流等效电路

(a) 电路　(b) 交流通路　(c) 交流等效电路

2. 静态分析

将图 4.4.7(a)所示电路中,令输入电压为 0,就得到电路的直流通路。晶体管输入回路的方程为

$$V_{BB} = U_{BEQ} + I_{EQ}R_e$$

因此,静态时,发射极电流、基极电流与集电极电流分别为

$$\begin{cases} I_{EQ} = \dfrac{V_{BB} - U_{BEQ}}{R_e} & (4.4.12a) \\[2mm] I_{BQ} = \dfrac{I_{EQ}}{1+\beta} & (4.4.12b) \\[2mm] I_{CQ} = \beta I_{BQ} = \dfrac{\beta}{1+\beta} I_{EQ} = \alpha I_{EQ} & (4.4.12c) \end{cases}$$

式中 α 为共基电流放大系数,$\alpha = \Delta i_C / \Delta i_E$。对于具有理想特性的晶体管,也可用 α 描述 I_{EQ} 对 I_{CQ} 的控制关系,即 $I_{CQ} = \alpha I_{EQ}$。当 $\beta \gg 1$ 时,$\alpha \approx 1$,即 $i_c \approx i_e$。

因为基极电位为零,发射极静态电位 $U_{EQ} = -U_{BEQ}$,集电极静态电位 $U_{CQ} = V_{CC} - I_{CQ}R_c$,因此静态管压降

$$U_{CEQ} = U_{CQ} - U_{EQ} = V_{CC} - I_{CQ}R_c + U_{BEQ} \qquad (4.4.13)$$

3. 动态分析

从图 4.4.7(c)所示交流等效电路中可以看出,输入电压和输出电压分别为

$$\dot{U}_i = \dot{I}_e R_e + \dot{I}_b r_{be} = (1+\beta)\dot{I}_b R_e + \dot{I}_b r_{be}$$
$$\dot{U}_o = \dot{I}_c R_c$$

所以电压放大倍数

$$\dot{A}_u = \frac{\dot{U}_o}{\dot{U}_i} = \frac{\beta R_c}{r_{be} + (1+\beta)R_e} \tag{4.4.14}$$

式(4.4.14)表明共基放大电路具有电压放大能力,且输出电压与输入电压同相。

从输入端看进去,输入电流为 I_e,根据输入电阻的定义

$$R_i = \frac{U_i}{I_e} = \frac{I_e R_e + I_b r_{be}}{(1+\beta)I_b} = \frac{(1+\beta)I_b R_e + I_b r_{be}}{(1+\beta)I_b}$$

因而输入电阻

$$R_i = R_e + \frac{r_{be}}{1+\beta} \tag{4.4.15}$$

若 R_e 是信号源的内阻,则共基电路的电压放大倍数和输入电阻分别为

$$\dot{A}_u = \frac{\dot{U}_o}{\dot{U}_i} = \frac{\beta R_c}{r_{be}} \tag{4.4.16}$$

$$R_i = \frac{r_{be}}{1+\beta} \tag{4.4.17}$$

通常,小功率放大电路中晶体管的 β 为几十至几百,r_{be} 为几千欧,因此 $\dot{A}_u$ 可达百倍以上,R_i 只有几十欧。

根据定义,输出电阻

$$R_o = R_c \tag{4.4.18}$$

与共射放大电路输出电阻表达式相同。

综上所述,基本共基放大电路有如下特点:

(1) 信号源为晶体管提供的电流为 I_e,而输出回路电流为 I_c,$I_c < I_e$,因而共基放大电路无电流放大作用。但是共基放大电路有电压放大能力,且 u_o 与 u_i 同相。

(2) 输入电阻小,可小于 100Ω。

(3) 输出电阻较大,与共射电路相同,均为 R_c。

(4) 由于共基电流放大系数为 α,α 的截止频率远大于 β 的截止频率,所以共基电路的通频带是三种接法中最宽的,适于作宽频带放大电路。

例 4.4.2 在用 4.4.7(a)所示电路中,已知: $V_{BB}=1\text{V}$,$R_e=300\Omega$,$V_{CC}=12\text{V}$,$R_c=5\text{k}\Omega$;晶体管的 $\beta=120$,$r_{be}=3.3\text{k}\Omega$,$U_{BEQ}=0.7\text{V}$。

(1) 求解 Q 点;

(2) 求解 $\dot{A}_u$、R_i、R_o。

解 (1) 求解 Q 点：

$$I_{EQ} = \frac{V_{BB} - U_{BEQ}}{R_e} = \frac{1 - 0.7}{0.3}\text{mA} = 1\text{mA}$$

$$I_{BQ} = \frac{I_{EQ}}{1+\beta} = \frac{1}{1+120}\text{mA} \approx 0.0083\text{mA} = 8.3\mu\text{A}$$

$$U_{CEQ} = V_{CC} - I_{CQ}R_c + U_{BEQ} \approx (12 - 1\times 5 + 0.7)\text{V} = 7.7\text{V}$$

(2) 求解 $\dot{A}_u, R_i, R_o$：

$$\dot{A}_u = \frac{\beta R_c}{r_{be} + (1+\beta)R_e} = \frac{120 \times 5}{3.3 + (1+120)\times 0.3} \approx 15$$

$$R_i = R_e + \frac{r_{be}}{1+\beta} \approx \left(0.3 + \frac{3.3}{121}\right)\text{k}\Omega \approx 0.33\text{k}\Omega$$

$$R_o = R_c = 5\text{k}\Omega$$

若 R_e 是信号源内阻，则电压放大倍数约为 182，输入电阻约为 27Ω。可见，共基电路可以有较强的电压放大能力和很小的输入电阻。

4.4.4 基本放大电路三种接法的性能比较

基本放大电路三种接法的性能比较如表 4.4.1 所示。表中 $\dot{A}_i = \dot{I}_o/\dot{I}_i$，$\dot{I}_o$ 是晶体管输出回路的电流，$\dot{I}_i$ 是晶体管输入回路的电流。

表 4.4.1 基本放大电路三种接法的性能比较

接 法	共射电路	共集电路	共基电路
电路	图 4.2.1	图 4.4.4(a)	图 4.4.7(a)
交流等效电路	图 4.3.20(a)	图 4.4.5(b)	图 4.4.7(c)
$\|\dot{A}_u\|$	大（几十～一百以上）	小（小于 1）	大（几十～一百以上）
$\dot{A}_i$	大（β）	大（$1+\beta$）	小（α，小于 1）
R_i	中（几百欧～几千欧）	大（可大于一百千欧）	小（可小于一百欧）
R_o	大（几百欧～十几千欧）	小（可小于一百欧）	大（几百欧～十几千欧）
通频带	窄	较宽	宽

从表中可知，共射电路既放大电流又放大电压，共集电路只放大电流不放大电压，共基电路只放大电压不放大电流；三种电路中输入电阻最大的是共集电路，最小的是共基电路；输出电阻最小的是共集电路；频带最宽的是共基电路。使用时，应根据需求选择合适的接法。

应当指出，表中给出的数值范围是大概数，实际电路的计算数值可能超出这个范围。

4.5 放大电路的频率响应

本节将阐明研究频率响应的必要性、有关频率响应的基本概念、晶体管的高频等效电路和单管放大电路的频率响应等。

4.5.1 频率响应概述

1. 研究放大电路频率响应的必要性

在放大电路中,由于耦合电容、旁路电容、电感线圈等电抗元件的存在,当信号频率下降到一定程度时,电压放大倍数的数值将减小,且产生超前相移;由于晶体管极间电容及电路的分布电容、寄生电容等的存在,当信号频率上升到一定程度时,电压放大倍数的数值将减小,且产生滞后相移。即放大倍数是信号频率的函数,这种函数关系称为**频率响应**或**频率特性**。第2章中所介绍的"通频带"就是用来描述电路对不同频率信号适应能力的动态参数。每一个具体的放大电路都有一个确定的通频带,仅适用于一定的信号频率范围。因此,只有放大电路的通频带覆盖了信号的频率范围,才能正常放大信号。即必须根据信号频率范围选择放大电路的频率参数。

在前面的电路分析中,所用的晶体管的等效模型没有考虑极间电容的作用,即认为它们对信号频率呈现出的电抗值为无穷大,因而它们只适用于对低频信号的分析。

2. 频率响应的基本概念

在放大电路中,由于耦合电容对于频率足够高的信号相当于短路,使信号几乎无损失地通过;而对于低频信号的容抗不可忽略,造成信号的损失;因而,对信号构成了高通电路。与耦合电容相反,由于半导体管极间电容对于低频信号的容抗很大,相当于开路;而当信号频率高到一定程度时,极间电容将分流,导致信号的损失;因而,对信号构成了低通电路。所以,阻容耦合放大电路的频率响应如图4.5.1所示,其上图是放大倍数的数值与频率的关系,称为幅频特性,$\dot{A}_{um}$为中频段的电压放大倍数;下图是放大倍数的相位与频率的关系,称为相频特性。

在低频段,使$|\dot{A}_u|$下降到$0.707|\dot{A}_{um}|$、相移为$+45°$的频率为下限截止频率f_L,简称为下限频率;在高频段,使$|\dot{A}_u|$下降到$0.707|\dot{A}_{um}|$、相移为$-45°$的频率为上限截止频率f_H,简称为上限频率;放大电路的通频带

$$f_{bw} = f_H - f_L \tag{4.5.1}$$

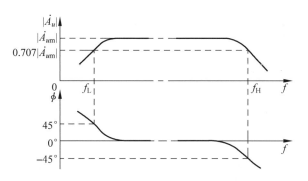

图 4.5.1 阻容耦合放大电路的频率响应

图中虚线表明横轴很长。

3. 波特图

在研究放大电路的频率响应时,输入信号(即加在放大电路输入端的测试信号)的频率范围常常设置在几赫到上百兆赫,甚至更宽;而放大电路的放大倍数可从几倍到上百万倍。为了在同一坐标系中表示如此宽的变化范围,在画频率特性曲线时常采用对数坐标,称为**波特图**(由 H. W. Bode 提出)。

波特图由对数幅频特性和对数相频特性两部分组成,它们的横轴采用对数刻度 $\lg f$,但常标注为 f;幅频特性的纵轴采用 $20\lg|\dot{A}_u|$ 表示,称为增益,单位是分贝(dB);相频特性的纵轴仍用 φ 表示。波特图不但开阔了视野,而且将多级放大电路各级放大倍数的乘法运算转换成加法运算。具有图 4.5.1 所示频率特性的放大电路的波特图如图 4.5.2 所示。因为 $20\lg 0.707 \approx -3\text{dB}$,所以在 f_L 和 f_H 处增益下降 3dB。

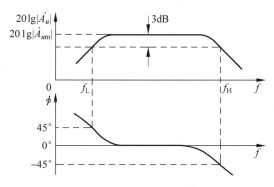

图 4.5.2 阻容耦合放大电路的波特图

4.5.2 晶体管的高频等效模型

从晶体管的物理结构出发,考虑发射结和集电结电容的影响,就可以得到在高频信号作用下的物理模型,称为混合 π 模型。

1. 晶体管的混合 π 模型

图 4.5.3(a)所示为晶体管结构示意图。$r_{bb'}$、r_c 和 r_e 分别为基区、集电区和发射区的体电阻,r_c 和 r_e 的数值较小,常常忽略不计。$r_{b'c'}$、$r_{b'e'}$ 分别为集电结电阻、发射结电阻,$r_{b'c}$ 的数值很大,近似分析中可视为无穷大。C_μ 为集电结电容,C_π 为发射结电容。图(b)是与图(a)对应的简化的高频等效电路,因其电路形状似"Π",又因其电路参数量纲有多个,故称之为混合 π 等效模型。在近似分析中还可视 c-e 间电阻为无穷大。

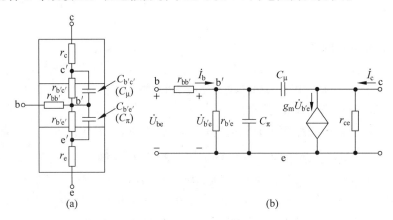

图 4.5.3 晶体管的高频等效电路
(a) 结构示意图 (b) 混合 π 等效模型

从图可知,由于 C_π 与 C_μ 的存在,使 $\dot{I}_c$ 和 $\dot{I}_b$ 的大小、相角均与频率有关,即 β 是频率的函数。根据半导体物理的分析,晶体管的受控电流 $\dot{I}_c$ 与发射结电压 $\dot{U}_{b'e}$ 成线性关系,且与信号频率无关。因此,混合 π 模型中引入了一个新参数 g_m,g_m 称为跨导。它在 Q 点一定、小信号作用下是一个常数,表明 $\dot{U}_{b'e}$ 对 $\dot{I}_c$ 的控制关系,$\dot{I}_c = g_m \dot{U}_{b'e}$。

2. 混合 π 等效模型的单向化处理

由于 C_μ 跨接在输入与输出回路之间,因而,输入回路的任何变化将通过 C_μ 直接传递到输出回路;同样,输出回路的任何变化也将通过 C_μ 直接传递到输入回路,所以使得电路的分析变得十分复杂。因此,为简单起见,将 C_μ 分别等效在输入回路和输出回路,称为单向化。单向化处理应依据等效的原则变换而实现。设 C_μ 折合到 b'-e 间的电容为 C'_μ,折合到 c-e 间的电容为 C''_μ,则单向化之后的电路如图 4.5.3(b)所示。

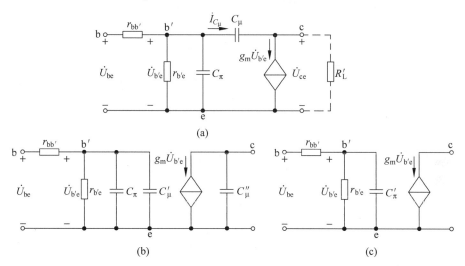

图 4.5.4　晶体管高频等效电路的单向化
(a) 认为 r_{ce} 为无穷大的混合 π 模型　(b) 单向化后的混合 π 模型　(c) 忽略 C''_μ 的混合 π 模型

在图 4.5.4(a)所示电路中,R'_L 为 c-e 间等效总负载电阻。从 b' 看进去 C_μ 中流过的电流为

$$\dot{I}_{C_\mu} = \frac{\dot{U}_{b'e} - \dot{U}_{ce}}{X_{C_\mu}} = \frac{(1-\dot{K})\dot{U}_{b'e}}{X_{C_\mu}} \qquad \left(\dot{K} = \frac{\dot{U}_{ce}}{\dot{U}_{b'e}}\right)$$

为保证变换的等效性,要求流过 C'_μ 的电流仍为 $\dot{I}_{C_\mu}$,而它的端电压为 $\dot{U}_{b'e}$,因此 C'_μ 的电抗为

$$X_{C'_\mu} = \frac{\dot{U}_{b'e}}{\dot{I}_{C_\mu}} = \frac{\dot{U}_{b'e}}{(1-\dot{K})\frac{\dot{U}_{b'e}}{X_{C_\mu}}} = \frac{X_{C_\mu}}{1-\dot{K}}$$

考虑在近似计算时,$\dot{K}$ 取中频时的值,所以 $|\dot{K}| = -\dot{K}$。这说明 $X'_{C'_\mu}$ 是 X'_{C_μ} 的 $(1+|\dot{K}|)$ 分之一,因此

$$C'_\mu = (1-\dot{K})C_\mu = (1+|\dot{K}|)C_\mu \tag{4.5.2}$$

b'-e 间总电容为

$$C'_\pi = C_\pi + (1+|\dot{K}|)C_\mu \tag{4.5.3}$$

用同样的分析方法,可以得出

$$C_\mu'' = \frac{\dot{K}-1}{\dot{K}} \cdot C_\mu \qquad (4.5.4)$$

因为 $C_\pi' \gg C_\mu''$，且一般情况下 C_μ'' 的容抗远小于 R_L'，C_μ'' 中的电流可忽略不计，所以简化的混合 π 模型如图 4.5.4(c)所示。

3. 混合 π 模型的主要参数

将简化的混合 π 模型与简化的 h 参数等效模型相比较，它们的电阻参数是完全相同的，从手册中可查得 $r_{bb'}$，而

$$r_{b'e} = (1+\beta)\frac{U_T}{I_{EQ}} \qquad (4.5.5)$$

β 和 g_m 均用来描述晶体管输入对输出的控制关系，虽然受控电流的表述方法不同，但是它们所表述的是同一个物理量，即

$$\dot{I}_c = g_m \dot{U}_{b'e} = \beta_0 \dot{I}_b$$

式中 β_0 为低频段晶体管的电流放大系数。由于 $\dot{U}_{b'e} = \dot{I}_b r_{b'e}$，且 $r_{b'e}$ 如式(4.5.5)所示，又由于通常 $\beta_0 \gg 1$，所以

$$g_m = \frac{\beta_0}{r_{b'e}} \approx \frac{I_{EQ}}{U_T} \qquad (4.5.6)$$

在半导体器件手册中可以查得参数 C_{ob}。C_{ob} 是晶体管为共基接法且发射极开路时 c-b 间的结电容，与 C_μ 近似。在分析估算时，可用 C_{ob} 取代 C_μ。C_π 的数值可通过手册给出的特征频率 f_T 和放大电路的静态工作点求解。$\dot{K}$ 是电路的电压放大倍数，可通过计算得到。

4. 晶体管电流放大系数 $\dot{\beta}$ 的频率响应

在图 4.5.4(c)所示混合 π 等效模型中，若基极注入的交流电流 $\dot{I}_b$ 的幅值不变，则在高频段，随着信号频率升高，b'-e 间的电压 $\dot{U}_{b'e}$ 的幅值将减小，相移将增大；从而使 $\dot{I}_c$ 的幅值随 $|\dot{U}_{b'e}|$ 线性下降，并产生与 $\dot{U}_{b'e}$ 相同的相移；且信号频率愈高，$\dot{I}_c$ 的幅值愈小，相移愈大。即在高频段 $\dot{I}_c$ 与 $\dot{I}_b$ 之比不是常量，$\dot{\beta}$ 是频率的函数。根据电流放大系数的定义

$$\dot{\beta} = \frac{\dot{I}_c}{\dot{I}_b}\bigg|_{U_{CE}}$$

表明 $\dot{\beta}$ 是在 c-e 间无动态电压，即 c-e 间短路（如图 4.5.5 所示）时动态电流 $\dot{I}_c$ 与 $\dot{I}_b$ 之比，因

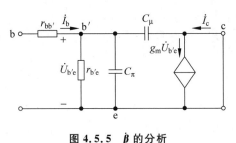

图 4.5.5 $\dot{\beta}$ 的分析

此 $\dot{K}=0$。根据式(4.5.3)

$$C'_\pi = C_\pi + (1+|\dot{K}|)C_\mu = C_\pi + C_\mu$$

由于 $\dot{I}_c = g_m \dot{U}_{b'e}$, $g_m = \beta_0 / r_{b'e}$ (β_0 为晶体管的低频电流放大系数),所以

$$\dot{\beta} = \frac{\dot{I}_c}{I_{r_{b'e}} + I_{C'_\pi}} = \frac{g_m U_{b'e}}{U_{b'e}\left(\dfrac{1}{r_{b'e}} + j\omega C'_\pi\right)} = \frac{\beta_0}{1+j\omega r_{b'e} C'_\pi} \tag{4.5.7}$$

令

$$\boxed{f_\beta = \frac{1}{2\pi\tau} = \frac{1}{2\pi r_{b'e} C'_\pi}} \quad (C'_\pi = C_\pi + C_\mu) \tag{4.5.8}$$

将其代入式(4.5.7),得出

$$\boxed{\dot{\beta} = \frac{\beta_0}{1+j\dfrac{f}{f_\beta}}} \tag{4.5.9}$$

f_β 为 $\dot{\beta}$ 的截止频率,称为共射截止频率。写出 $\dot{\beta}$ 的对数幅频特性与对数相频特性为

$$\begin{cases} 20\lg|\dot{\beta}| = 20\lg\beta_0 - 20\lg\sqrt{1+\left(\dfrac{f}{f_\beta}\right)^2} & (4.5.10\text{a}) \\ \phi = -\arctan\dfrac{f}{f_\beta} & (4.5.10\text{b}) \end{cases}$$

当 $f \ll f_\beta$ 时,$|\dot{\beta}| \approx \beta_0$, $\phi \approx 0$。当 $f = f_\beta$ 时,$|\dot{\beta}| \approx \dfrac{\beta_0}{\sqrt{2}} \approx 0.707\beta_0$,即电流增益下降 3dB;$\phi = -45°$。当 $f \gg f_\beta$ 时,$|\dot{\beta}| \approx \dfrac{f_\beta}{f} \cdot \beta_0$,即频率每上升十倍,电流放大系数减小十倍;或者说频率每上升十倍,电流增益下降 20dB。当 f 趋于无穷时,$|\dot{\beta}|$ 趋于 0, ϕ 趋于 $-90°$。画出 $\dot{\beta}$ 的波特图如图 4.5.6 所示,图中实线是波特图的折线化画法。在幅频特性中以 f_β 为拐点,小于 f_β 时 $|\dot{\beta}| = 20\lg\beta_0$,大于 f_β 时按"-20dB/十倍频"下降。在相频特性中,从 $f=0.1f_\beta$ 开始产生相移,到 $10f_\beta$ 时相移达 $-90°$,相移随频率线性变化,当 $f=f_\beta$ 时相移为 $-45°$;在 $0.1f_\beta$ 和 $10f_\beta$ 处由于折线化而产生的误差约为 $5.71°$。图中 f_T 是使 $|\dot{\beta}|$ 下降到 1(即 0dB)时的频率。

令式(4.5.10a)等于 0,则 $f=f_T$,由此可求出 f_T。

$$20\lg\beta_0 - 20\lg\sqrt{1+\left(\dfrac{f_T}{f_\beta}\right)^2} = 0 \quad \text{或} \quad \sqrt{1+\left(\dfrac{f_T}{f_\beta}\right)^2} = \beta_0$$

因为 $f_T \gg f_\beta$,所以

$$\boxed{f_T \approx \beta_0 f_\beta} \tag{4.5.11}$$

在器件手册中查出 f_β(或 f_T)和 C_{ob}(近似为 C_μ),并估算发射极静态电流 I_{EQ},从而得到 $r_{b'e}$(见式(4.5.5)),再根据式(4.5.8)就可求出 C_π 的值。

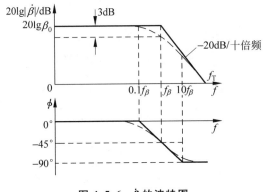

图 4.5.6 $\dot{\beta}$ 的波特图

从以上分析可以得出如下一般性结论：

(1) 式(4.5.8)说明电路的截止频率取决于电容所在回路的时间常数 τ，截止频率的表达式总可以写成为 $\dfrac{1}{2\pi\tau}$。

(2) 当信号频率等于下限频率 f_L 或上限频率 f_H 时，放大电路的增益下降 3dB，且产生 $+45°$ 或 $-45°$ 相移。

(3) 近似分析中，可以用折线化的近似波特图表示放大电路的频率特性。

4.5.3 单管共射放大电路的频率响应

本节以图 4.5.7(a)所示单管共射放大电路为例来讲述频率响应的一般分析方法。考虑到耦合电容和结电容的影响，图(a)所示电路的交流等效电路如图(b)所示，它适用于信号频率从 0 至无穷大。

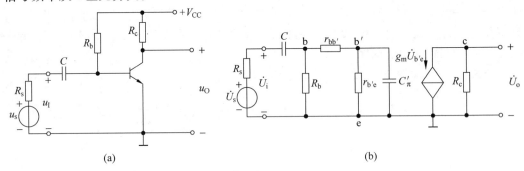

图 4.5.7 单管共射放大电路及其等效电路

(a) 共射放大电路　(b) 适应于频率从 0 到无穷大的交流等效电路

1. 中频电压放大倍数

在中频段，由于 $\dfrac{1}{\omega C'_\pi} \gg r'_{b'e}$，$C'_\pi$ 可视为开路；又由于输入电阻 $R_i = R_b /\!/ (r_{bb'} + r_{b'e}) = R_b /\!/ r_{be}$，耦合电容容抗 $\dfrac{1}{\omega C} \ll R_i$，$C$ 可视为短路。因此，图 4.5.7(a)所示电路的中频等效电路如图 4.5.8 所示。

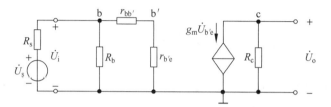

图 4.5.8 单管共射放大电路的中频等效电路

中频电压放大倍数

$$\dot{A}_{um} = \dfrac{\dot{U}_o}{\dot{U}_i} = \dfrac{\dot{U}_{b'e}}{\dot{U}_i} \cdot \dfrac{\dot{U}_o}{\dot{U}_{b'e}} = \dfrac{r_{b'e}}{r_{be}} \cdot (-g_m R_c) \quad (4.5.12)$$

$$\dot{A}_{usm} = \dfrac{\dot{U}_o}{\dot{U}_s} = \dfrac{\dot{U}_i}{\dot{U}_s} \cdot \dfrac{\dot{U}_o}{\dot{U}_i} = \dfrac{R_i}{R_s + R_i} \cdot \dot{A}_{um} = \dfrac{R_i}{R_s + R_i} \cdot \dfrac{r_{b'e}}{r_{be}} \cdot (-g_m R_c) \quad (4.5.13)$$

2. 低频电压放大倍数

考虑到低频电压信号作用时耦合电容 C 的影响，图 4.5.7(a)所示电路的低频等效电路如图 4.5.9 所示。

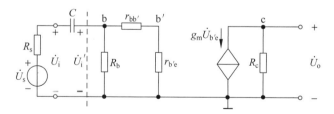

图 4.5.9 单管共射放大电路的低频等效电路

从图可知，在低频段，信号从晶体管基极回路到放大电路输出回路的传递关系没变（图中虚线右边部分），即

$$\dot{A}_u = \frac{\dot{U}_o}{\dot{U}'_i} = \frac{\dot{U}_{b'e}}{\dot{U}'_i} \cdot \frac{\dot{U}_o}{\dot{U}_{b'e}} = \frac{r_{b'e}}{r_{be}} \cdot (-g_m R_c) = \dot{A}_{um}$$

而信号源电压 $\dot{U}_s$ 与晶体管基极回路的电压 $\dot{U}_{be}$ 关系与中频段时不同（图中虚线左边部分），为

$$\frac{\dot{U}_{be}}{\dot{U}_s} = \frac{R_i}{R_s + \frac{1}{j\omega C} + R_i} = \frac{R_i(j\omega C)}{1 + (R_s + R_i)(j\omega C)} \cdot \frac{R_s + R_i}{R_s + R_i}$$

$$= \frac{j\omega(R_s + R_i)C}{1 + j\omega(R_s + R_i)C} \cdot \frac{R_i}{R_s + R_i}$$

所以低频电压放大倍数为

$$\dot{A}_{usl} = \frac{\dot{U}_o}{\dot{U}_s} = \frac{j\omega(R_s + R_i)C}{1 + j\omega(R_s + R_i)C} \cdot \dot{A}_{usm} \tag{4.5.14}$$

令

$$f_L = \frac{1}{2\pi(R_s + R_i)C} \tag{4.5.15}$$

上式中"$(R_s + R_i)C$"正是 C 所在回路的时间常数，它等于从电容 C 两端向外看的等效总电阻乘以 C。将式(4.5.15)代入式(4.5.14)，可得

$$\dot{A}_{usl} = \frac{j\dfrac{f}{f_L}}{1 + j\dfrac{f}{f_L}} \cdot \dot{A}_{usm} = \frac{\dot{A}_{usm}}{1 + \dfrac{f_L}{jf}} \tag{4.5.16}$$

根据式(4.5.16)，单管共射放大电路的对数幅频特性及相频特性的表达式为

$$\begin{cases} 20\lg|\dot{A}_{usl}| = 20\lg|\dot{A}_{usm}| + 20\lg\dfrac{\dfrac{f}{f_L}}{\sqrt{1 + \left(\dfrac{f}{f_L}\right)^2}} & (4.5.17a) \\ \phi = -180° + \left(90° - \arctan\dfrac{f}{f_L}\right) = -90° - \arctan\dfrac{f}{f_L} & (4.5.17b) \end{cases}$$

式(4.5.17b)中的 $-180°$ 表示中频段时 $\dot{U}_o$ 与 $\dot{U}_s$ 反相。因电抗元件引起的相移称为附加相移，因而式(4.5.17b)表明低频段最大附加相移为 $+90°$。

当 $f \gg f_L$ 时，$|\dot{A}_{usl}| \approx |\dot{A}_{usm}|$，$\phi = -180°$。当 $f = f_L$ 时，$|\dot{A}_{us}| \approx 0.707|\dot{A}_{usm}|$，即增益下降3dB；$\phi = -135°$。当 $f \ll f_L$ 时，$|\dot{A}_{usl}| \approx |\dot{A}_{usm}| \cdot \dfrac{f}{f_L}$，即频率每降低10倍，增益下

降 20dB。当 f 趋于 0 时，$|\dot{A}_{usl}|$ 趋于 0，ϕ 趋于 $-90°$。

3. 高频电压放大倍数

考虑到高频信号作用时 C'_π 的影响，图 4.5.7(a) 所示电路的高频等效电路如图 4.5.10(a) 所示。

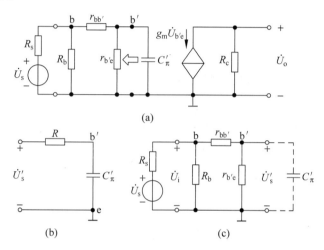

图 4.5.10　单管共射放大电路的高频等效电路

(a) 高频等效电路　(b) 输入回路的等效变换　(c) $\dot{U}'_s$ 的计算

利用戴维南定理，从 C'_π 两端向左看，电路可等效成如图(b)所示电路。通过图(c)所示电路可以求出 b'-e 间的开路电压及等效内阻 R 的表达式。

$$\dot{U}'_s = \frac{r_{b'e}}{r_{be}} \cdot \dot{U}_i = \frac{r_{b'e}}{r_{be}} \cdot \frac{R_i}{R_s + R_i} \cdot \dot{U}_s$$

$$R = r_{b'e} \,//\, (r_{bb'} + R_s \,//\, R_b)$$

$$\frac{\dot{U}_{b'e}}{\dot{U}'_s} = \frac{\frac{1}{j\omega C'_\pi}}{R + \frac{1}{j\omega C'_\pi}} = \frac{1}{1 + j\omega R C'_\pi}$$

因为 b'-e 间电压 $\dot{U}_{b'e}$ 与输出电压 $\dot{U}_o$ 的关系没变，为"$-g_m R_c$"，所以高频电压放大倍数

$$\dot{A}_{ush} = \frac{\dot{U}_o}{\dot{U}_s} = \frac{\dot{U}'_s}{\dot{U}_s} \cdot \frac{\dot{U}_{b'e}}{\dot{U}'_s} \cdot \frac{\dot{U}_o}{\dot{U}_{b'e}} = \frac{R_i}{R_s + R_i} \cdot \frac{r_{b'e}}{r_{be}} \cdot \frac{1}{1 + j\omega R C'_\pi} \cdot (-g_m R'_L)$$

将上式与式(4.5.13)比较，可得

$$\dot{A}_{ush} = \dot{A}_{usm} \cdot \frac{1}{1+\mathrm{j}\omega RC'_\pi}$$

令 $f_H = \dfrac{1}{2\pi RC'_\pi}$，$RC'_\pi$ 正是 C'_π 所在回路的时间常数，因而

$$\begin{cases} A_{ush} = A_{usm} \cdot \dfrac{1}{1+\mathrm{j}\dfrac{f}{f_H}} & (4.5.18\mathrm{a}) \\ f_H = \dfrac{1}{2\pi[r_{b'e} \parallel (r_{bb'}+R_s \parallel R_b)]C'_\pi} & (4.5.18\mathrm{b}) \end{cases}$$

$\dot{A}_{ush}$ 的对数幅频特性与相频特性表达式为

$$\begin{cases} 20\lg|\dot{A}_{ush}| = 20\lg|\dot{A}_{usm}| - 20\lg\sqrt{1+\left(\dfrac{f}{f_H}\right)^2} & (4.5.19\mathrm{a}) \\ \phi = -180° - \arctan\dfrac{f}{f_H} & (4.5.19\mathrm{b}) \end{cases}$$

式(4.5.19b)表明，在高频段，由 C'_π 引起的最大附加相移为 $-90°$。

当 $f \ll f_H$ 时，$|\dot{A}_{ush}| \approx |\dot{A}_{usm}|$，$\phi = -180°$。当 $f = f_H$ 时，$|\dot{A}_{ush}| \approx 0.707|\dot{A}_{usm}|$，即增益下降 3dB；$\phi = -225°$。当 $f \gg f_H$ 时，$|\dot{A}_{ush}| \approx |\dot{A}_{usm}| \cdot \dfrac{f_H}{f}$，即频率每上升 10 倍，增益下降 20dB。当 f 趋于无穷大时，$|\dot{A}_{ush}|$ 趋于 0，ϕ 趋于 $-270°$。

4. 波特图

综上所述，若考虑耦合电容及结电容的影响，对于频率从零到无穷大的输入电压，电压放大倍数的表达式应为

$$\dot{A}_{us} = \dot{A}_{usm} \cdot \frac{\mathrm{j}\dfrac{f}{f_L}}{\left(1+\mathrm{j}\dfrac{f}{f_L}\right)\left(1+\mathrm{j}\dfrac{f}{f_H}\right)} = \dot{A}_{usm} \cdot \frac{1}{\left(1+\dfrac{f_L}{\mathrm{j}f}\right)\left(1+\mathrm{j}\dfrac{f}{f_H}\right)} \quad (4.5.20)$$

根据前面对低频电压放大倍数和高频电压放大倍数在信号频率变化时的分析，可得单管共射放大电路的波特图，如图 4.5.11 所示。图中虚线所示为实际特性，实线为折线化的近似特性。

综上所述，式(4.5.20)表示频率从 0 到无穷大时的电压放大倍数；上限频率和下限频率均可表示为 $\dfrac{1}{2\pi\tau}$，τ 分别是极间电容 C'_π 和耦合电容 C 所在回路的时间常数，它们都是从电容两端向外看的总等效电阻与相应的电容之积。可见，求解上、下限截止频率的关键是正确求出回路的等效电阻。

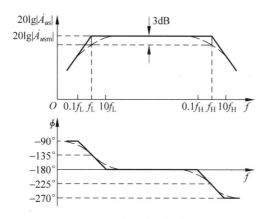

图 4.5.11 单管共射放大电路的波特图

例 4.5.1 在图 4.5.7(a)所示电路中,已知 $V_{CC}=12V$, $R_e=1k\Omega$, $R_b=910k\Omega$, $R_c=5k\Omega$, $C=5\mu F$;晶体管的 $U_{BEQ}=0.7V$, $r_{bb'}=100\Omega$, $\beta=100$, $f_\beta=0.5MHz$, $C_{ob}=5pF$。

试估算电路的截止频率 f_H 和 f_L,并画出 $\dot{A}_{us}$ 的波特图。

解 (1) 求解 Q 点

$$I_{BQ} = \frac{V_{CC} - U_{BEQ}}{R_b} = \left(\frac{12-0.7}{910}\right)mA \approx 0.0124mA$$

$$I_{CQ} = \beta I_{BQ} \approx (100 \times 0.0124)mA = 1.24mA$$

$$U_{CEQ} = V_{CC} - I_{CQ}R_c \approx (12 - 1.24 \times 5)V = 5.8V$$

可见,放大电路的 Q 点合适。

(2) 求解混合 π 模型中的参数

$$r_{b'e} = (1+\beta)\frac{U_T}{I_{EQ}} = \frac{U_T}{I_{BQ}} \approx \left(\frac{26}{0.0124}\right)\Omega \approx 2100\Omega$$

根据式(4.6.5)

$$C_\pi = \frac{1}{2\pi r_{b'e}f_\beta} - C_\mu \approx \frac{1}{2\pi r_{b'e}f_\beta} - C_{ob} = \left(\frac{10^{12}}{2\pi \times 2100 \times 5 \times 10^5} - 5\right)pF \approx 145pF$$

$$g_m = \frac{I_{EQ}}{U_T} \approx \left(\frac{1.24}{26}\right)S \approx 0.0477S$$

$$\dot{K} = \frac{\dot{U}_{ce}}{\dot{U}_{be}} = -g_m(R_c // R_L) \approx -0.0477 \times 5000 \approx -239$$

$$C'_\pi = C_\pi + (1-\dot{K})C_\mu \approx (145 + 240 \times 5)pF = 1345pF$$

(3) 求解中频电压放大倍数

$$r_{be} = r_{bb'} + r_{b'e} \approx (100 + 2100)\Omega = 2.2k\Omega$$

$$R_i = R_b \mathbin{/\mkern-6mu/} r_{be} \approx r_{be} \approx 2.2\,\mathrm{k\Omega}$$

$$\dot{A}_{usm} = \frac{\dot{U}_o}{\dot{U}_s} = \frac{R_i}{R_s + R_i} \cdot \frac{r_{b'e}}{r_{be}} \cdot (-g_m R_L) \approx \frac{2.2}{1+2.2} \cdot \frac{2.1}{2.2} \cdot (-239) \approx -157$$

(4) 求解 f_H 和 f_L

$$f_H = \frac{1}{2\pi [r_{b'e} \mathbin{/\mkern-6mu/} (r_{bb'} + R_s \mathbin{/\mkern-6mu/} R_b)] C'_\pi}$$

因为 $R_s \ll R_b$,所以

$$f_H \approx \frac{1}{2\pi [r_{b'e} \mathbin{/\mkern-6mu/} (r_{bb'} + R_s)] C'_\pi}$$

$$\approx \left[\frac{1}{2\pi \times \dfrac{2100 \times (100+1000)}{2100 + (100+1000)} \times 1345 \times 10^{-12}} \right] \mathrm{Hz}$$

$$\approx 164000\,\mathrm{Hz} = 164\,\mathrm{kHz}$$

$$f_L = \frac{1}{2\pi (R_s + R_i) C} \approx \frac{1}{2\pi (R_s + r_{be}) C}$$

$$= \left[\frac{1}{2\pi (1000 + 2200) \times 5 \times 10^{-6}} \right] \mathrm{Hz} \approx 10\,\mathrm{Hz}$$

(5) 画 $\dot{A}_{us}$ 的波特图

根据式(4.5.20)及以上的计算结果可得

$$\dot{A}_{us} = \dot{A}_{usm} \cdot \frac{\mathrm{j}\dfrac{f}{f_L}}{\left(1 + \mathrm{j}\dfrac{f}{f_L}\right)\left(1 + \mathrm{j}\dfrac{f}{f_H}\right)}$$

$$\approx \frac{-157 \cdot \left(\mathrm{j}\dfrac{f}{10}\right)}{\left(1 + \mathrm{j}\dfrac{f}{10}\right)\left(1 + \dfrac{f}{164 \times 10^3}\right)}$$

$$\approx \frac{-15.7\mathrm{j}f}{\left(1 + \mathrm{j}\dfrac{f}{10}\right)\left(1 + \dfrac{f}{164 \times 10^3}\right)}$$

$20\lg |\dot{A}_{usm}| \approx 20\lg 157 \approx 44\,\mathrm{dB}$,画出 $\dot{A}_{us}$ 的波特图如图 4.5.12 所示。

5. 放大电路频率响应的改善和增益带宽积

为了改善单管放大电路的低频特性,需加大耦合电容及其回路电阻,以增大回路时间常数,从而降低下限频率。然而这种改善是很有限的,因此在信号频率很低的使用场合,应考虑采用直接耦合方式。

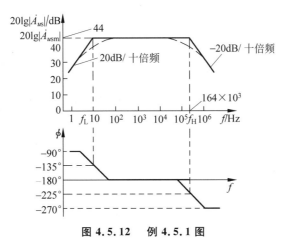

图 4.5.12　例 4.5.1 图

为了改善单管放大电路的高频特性,需减小 b′-e 间等效电容 C'_π 及其回路电阻,以减小回路时间常数,从而增大上限频率。

根据式(4.5.2),$C'_\pi = C_\pi + (1+|\dot{K}|)C_\mu = C_\pi + (1+g_m R'_L)C_\mu$;而根据式(4.5.13),中频电压放大倍数 $\dot{A}_{usm} = \dfrac{R_i}{R_s + R_i} \cdot \dfrac{r_{b'e}}{r_{be}} \cdot (-g_m R'_L)$;因此,为减小 C'_π 需减小 $g_m R'_L$,而减小 $g_m R'_L$ 必然使 $|\dot{A}_{usm}|$ 减小。可见,f_H 的提高与 $|\dot{A}_{usm}|$ 的增大是相互矛盾的。

对于大多数放大电路,$f_H \gg f_L$,因而通频带 $f_{bw} = f_H - f_L \approx f_H$。也就是说,$f_H$ 与 $|\dot{A}_{usm}|$ 的矛盾就是带宽与增益的矛盾,即增益提高时,必使带宽变窄,增益减小时,必使带宽变宽。为了综合考察这两方面的性能,引入一个新的参数"带宽增益积"。

根据式(4.5.13)和式(4.5.18b),图 4.5.7(a)所示单管共射放大电路的带宽增益积

$$|\dot{A}_{usm} f_{bw}| \approx |\dot{A}_{usm} f_H| = \dfrac{R_i}{R_s + R_i} \cdot \dfrac{r_{b'e}}{r_{be}} \cdot g_m R_c \cdot \dfrac{1}{2\pi[r_{b'e} // (r_{bb'} + R_s // R_b)]C'_\pi}$$

从例 4.5.1 可知,通常,由于 $R_b \gg r_{be}$,$R_i \approx r_{be}$;$R_b \gg R_s$,$R_b // R_s \approx R_s$;设 $(1+g_m R_c)C_\mu \gg C_\pi$,且 $g_m R_c \gg 1$,即 $C'_\pi \approx g_m R_c C_\mu$。因此

$$|\dot{A}_{usm} f_{bw}| \approx \dfrac{r_{be}}{R_s + r_{be}} \cdot \dfrac{r_{b'e}}{r_{be}} \cdot g_m R_c \cdot \dfrac{1}{2\pi[r_{b'e} // (r_{bb'} + R_s)]g_m R_c C_\mu}$$

$$= \dfrac{r_{b'e}}{R_s + r_{be}} \cdot \dfrac{1}{2\pi \cdot \dfrac{r_{b'e} \cdot (r_{bb'} + R_s)}{r_{b'e} + r_{bb'} + R_s} \cdot C_\mu}$$

整理可得

$$|\dot{A}_{usm} f_{bw}| \approx \dfrac{1}{2\pi(r_{bb'} + R_s)C_\mu} \qquad (4.5.21)$$

上式表明,当晶体管(即 $r_{bb'}$ 和 C_μ)和信号源确定后,增益带宽积几乎是常量,即增益

增大多少倍,带宽几乎就变窄多少倍,这个结论具有普遍性。而且,改善电路的高频特性的基本方法是选用 $r_{bb'}$ 和 C_{ob} 均小的高频管。当然,在宽频带放大电路中应考虑采用共基电路。

应当指出,并不是在所有的应用场合都需要宽频带放大电路。例如,在信号的接收电路中就采用选频放大电路,使之仅对某单一频率的信号放大,对其余频率的信号均衰减,而且衰减速度愈快,电路性能愈好。因此,放大电路只需具有与信号频率范围相对应的通频带即可,盲目追求宽频带不但无益,而且还将牺牲放大电路的增益,降低抗干扰能力。

习　题

4.1　判断下列说法的正、误,在括号内画"√"表示正确,画"×"表示错误。

(1) 处于放大状态的晶体管,其发射极电流是多子扩散运动形成的(　　),其集电极电流是多子漂移运动形成的(　　)。

(2) 通常,晶体管在发射极和集电极互换使用时仍有较大的电流放大作用。(　　)

(3) 晶体管工作在放大状态时,集电极电位最高,发射极电位最低。(　　)

(4) 晶体管工作在饱和状态时,发射结反偏。(　　)

(5) 任何放大电路都能放大电压(　　),都能放大电流(　　),都能放大功率(　　)。

(6) 放大电路中输出的电流和电压都是由有源元件提供的。(　　)

(7) 放大电路的输入电阻与信号源内阻无关(　　),输出电阻与负载无关(　　)。

4.2　填空

(1) 晶体管的三个工作区分别为＿＿＿工作区、＿＿＿工作区和＿＿＿工作区。在放大电路中,晶体管通常工作在＿＿＿工作区。

(2) 直流通路是指在＿＿＿作用下＿＿＿流经的通路,交流通路是指在＿＿＿作用下＿＿＿流经的通路。画直流通路时＿＿＿可视为开路、＿＿＿可视为短路;画交流通路时＿＿＿和＿＿＿可视为短路。

(3) 共射放大电路的特点是＿＿＿较大,共集放大电路的特点是＿＿＿较大,共基放大电路的特点是＿＿＿较宽。

(4) 已知某单管放大电路电压放大倍数为

$$\dot{A}_u = 150\mathrm{j}\frac{f}{20}\Big/\Big[\Big(1+\mathrm{j}\frac{f}{20}\Big)\Big(1+\mathrm{j}\frac{f}{10^7}\Big)\Big]$$

说明其下限截止频率为＿＿＿赫,上限截止频率为＿＿＿赫,中频电压放大倍数为＿＿＿,输出电压与输入电压在中频时的相位差为＿＿＿度。此电路可能为＿＿＿单管放大电路(填共射、共集或者共基)。

4.3 选择正确的答案,用 A、B、C 等填空。

(1) 设放大电路加入了中频正弦信号,用示波器观察共射放大电路的输入和输出波形,二者应为_____；观察共集放大电路,二者应为_____；若观察共基放大电路,二者应为_____。

  A. 同相   B. 反相

(2) 对于 NPN 型晶体管组成的基本共射放大电路,若产生饱和失真,则输出电压_____失真；若产生截止失真,则输出电压_____失真。

  A. 顶部   B. 底部

(3) 放大电路在低频信号作用下电压放大倍数下降的原因是存在____电容和_____电容,而在高频信号作用下电压放大倍数下降的主要原因是存在_____电容。

  A. 耦合   B. 旁路   C. 极间

4.4 已知两只晶体管三个极的电流大小和方向如图 P4.4 所示,分别判断两个晶体管的类型(NPN 或 PNP)并在图中标出每个晶体管的三个电极,分别求出两个晶体管的电流放大系数 β。

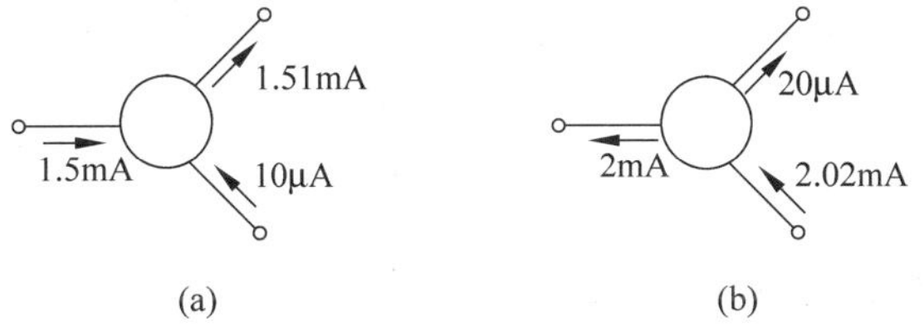

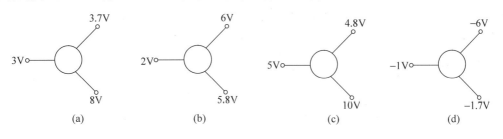

图   P4.4

4.5 测得放大电路中处于放大状态的晶体管直流电位如图 P4.5 所示。请判断晶体管的类型(NPN 或 PNP)及三个电极,并分别说明它们是硅管还是锗管。

图   P4.5

4.6 在图 P4.6 所示各电路中,已知晶体管发射结正向导通电压为 $U_{BE}=0.7\text{V}$,$\beta=100$,$u_{BC}=0$ 时为临界放大(饱和)状态。分别判断各电路中晶体管的工作状态(放大、饱和或截止),并求解各电路中的电流 I_B 和 I_C。

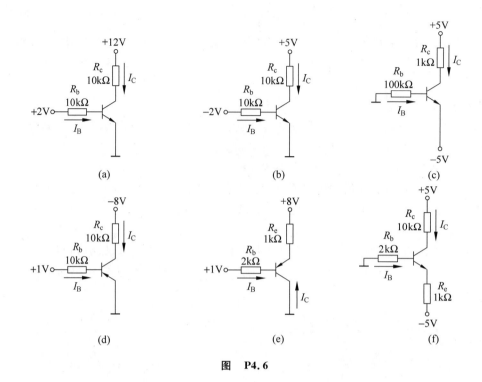

图 P4.6

4.7 电路如图 P4.7 所示,已知晶体管发射结正向导通电压为 $U_{BE}=0.7\text{V}$,$\beta=200$。回答下列问题:

(1) 判断晶体管的工作状态(放大、饱和或截止);

(2) 若晶体管不工作在放大区,则说明能否通过调节电阻 R_b、R_c 和 R_e(增大或者减小)使之处于放大状态;若能,则说明如何调节? 设在调节某一电阻时其它两个电阻不变。

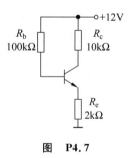

图 P4.7

4.8 在图 P4.8 所示各电路中分别改正一处错误,使它们有可能放大正弦波信号 u_i。设所有电容对交流信号均可视为短路。

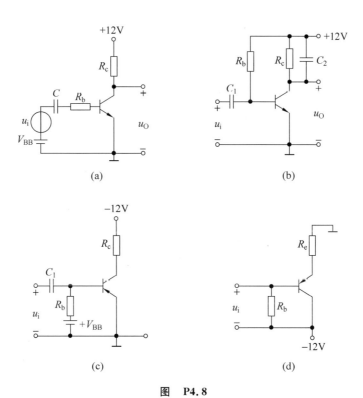

图 P4.8

4.9 画出图 P4.9 所示各电路的直流通路和交流通路。设所有电容对于交流信号均可视为短路。

4.10 图 P4.10(a)所示电路中,已知晶体管的 $U_{BE}=0.7\text{V}$, $\beta=100$, $u_{BC}=0$ 时为临界放大(饱和)状态,输出特性如图 P4.10(b)所示。

(1) 用作图法在图 P4.10(b)中确定静态工作点 U_{CEQ} 和 I_{CQ};

(2) 在图 P4.10(b)中画出交流负载线,确定最大不失真输出电压有效值 U_{om};

(3) 当输入信号不断增大时,输出电压首先出现何种失真?

(4) 分别说明 R_b 减小、R_c 增大、R_L 增大三种情况下 Q 点在图 P4.10(b)中的变化和 U_{om} 的变化。

4.11 电路如图 P4.10(a)所示,已知晶体管的 $U_{BE}=0.7\text{V}$, $\beta=100$, $r_{bb'}=100\Omega$, $R_s=1\text{k}\Omega$。

(1) 求解动态参数 $\dot{A}_u=\dot{U}_o/\dot{U}_i$, $\dot{A}_{us}=\dot{U}_o/\dot{U}_s$, R_i, R_o。

(2) 当 R_s、R_b、R_c、R_L 分别单独增大时,$\dot{A}_u$、$\dot{A}_{us}$、R_i、R_o 分别如何变化?假设当参数变化时晶体管始终处于放大状态。

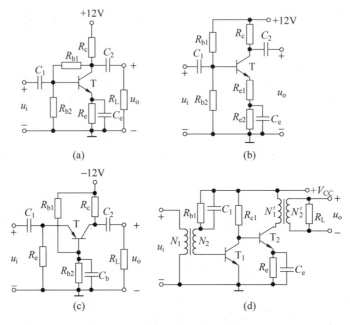

图 P4.9

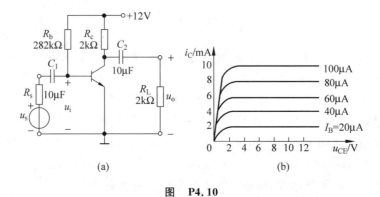

图 P4.10

4.12 电路如图 P4.12 所示,已知晶体管的 $U_{BE}=0.7\text{V}$,$\beta=300$,$r_{bb'}=200\Omega$。

(1) 当开关 S 位于 1 位置时,求解静态工作点 I_{BQ}、I_{CQ} 和 U_{CEQ};

(2) 分别求解开关 S 位于 1、2、3 位置时的电压放大倍数 $\dot{A}_u$,比较这三个电压放大倍数,并说明发射极电阻是如何影响电压放大倍数的。

4.13 电路如图 P4.13 所示,已知晶体管的 $U_{BE}=0.7\text{V}$,$\beta=250$,$r_{bb'}=300\Omega$。

(1) 求解静态工作点 I_{BQ}、I_{CQ} 和 U_{CEQ};

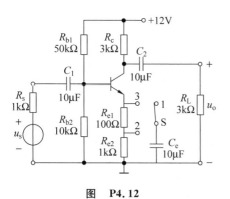

图 P4.12

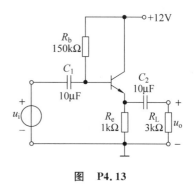

图 P4.13

(2) 求解 $\dot{A}_u$、R_i、R_o。

4.14 电路如图 P4.14 所示,已知晶体管的 $U_{BE}=0.7\text{V}$,$\beta=200$,$r_{bb'}=200\Omega$。

(1) 求解静态工作点 I_{BQ}、I_{CQ} 和 U_{CEQ};

(2) 求解 $\dot{A}_u$、R_i、R_o。

4.15 已知某放大电路的波特图如图 P4.15 所示,试写出 $\dot{A}_u$ 的表达式。

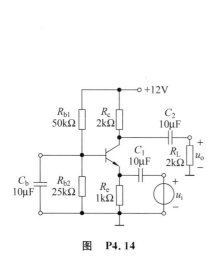

图 P4.14

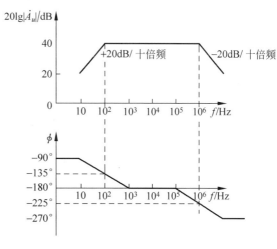

图 P4.15

4.16 已知某放大电路电压放大倍数 $\dot{A}_u = \dfrac{2\mathrm{j}f}{\left(1+\mathrm{j}\dfrac{f}{50}\right)\left(1+\mathrm{j}\dfrac{f}{10^6}\right)}$。

(1) 求解 $\dot{A}_{um}$、f_L、f_H;

(2) 画出波特图。

4.17 电路如图 P4.10(a)所示,已知晶体管的 $U_{BE}=0.7\text{V}, \beta=100, r_{bb'}=100\Omega, R_s=100\Omega$。填空:

(1) 电容 C_1 所决定的下限截止频率(先填表达式,再填计算结果)$f_{L1}=$ ____ $\approx$ ____ ,电容 C_2 所决定的下限截止频率(先填表达式,再填计算结果)$f_{L2}=$ _____ $\approx$ _____。下限截止频率主要由电容 _____ 决定。

(2) 已知晶体管的 $r_{b'e}$、C'_π,则上限截止频率的表达式 $f_H=$ _____ 。

4.18 图 P4.10(a)所示电路中,已知晶体管的 $U_{BE}=0.7\text{V}, \beta=100, r_{bb'}=100\Omega, C_{ob}=0.5\text{pF}, f_\beta=100\text{kHz}, R_s=1\text{k}\Omega$。

(1) 估算下限截止频率 f_L 和上限截止频率 f_H;

(2) 写出 $\dot{A}_{us}$ 的表达式;

(3) 画出 $\dot{A}_{us}$ 的波特图。

第 5 章

场效应管及其基本放大电路

本章基本内容

【基本概念】结型、绝缘栅型场效应管,耗尽型、增强型场效应管,N 沟道、P 沟道场效应管,源极、栅极和漏极,转移特性和输出特性,恒流区、可变电阻区和截止区(夹断区),场效应管的主要参数,场效应管的交流等效模型和高频等效电路。

【基本电路】共源、共漏放大电路。

【基本方法】场效应管的识别方法,场效应管放大电路静态工作点的设置方法,动态参数电压放大倍数、输入电阻和输出电阻的求解方法,频率响应的分析方法。

5.1 场效应管

场效应管(FET)[①]诞生于 20 世纪 60 年代,由于它几乎仅靠半导体中的多数载流子导电,故又称为**单极型晶体管**。场效应管是利用输入回路的电场效应来控制输出回路电流的一种半导体器件,并以此命名。它不但具备晶体管体积小、重量轻、寿命长等优点,而且输入回路的内阻高达 $10^7 \sim 10^{12}\,\Omega$,噪声低、热稳定性好、抗辐射能力强,且比后者耗电省,因而广泛地应用于各种电子电路之中。

场效应管分为结型和绝缘栅型两种不同的结构,本节将对它们的工作原理、特性及主要参数一一加以介绍。

5.1.1 结型场效应管

结型场效应管[②]有 **N 沟道**和 **P 沟道**两种类型,图 5.1.1(a)所示为它们的符号。

N 沟道结型场效应管的结构示意图如图 5.1.1(b)所示,它在同一块 N 型半导体上制作两个高掺杂的 P 区,并将它们连接在一起,引出电极,称为**栅极 G**;N 型半导体的两端

---

① 英文为 Field Effect Transistor,简写成 FET。
② 英文为 Janction Field Effect Transistor,简写成 JFET。

分别引出两个电极,一个称为**漏极 D**,一个称为**源极 S**。P 区与 N 区交界面形成耗尽层,漏极与源极间的非耗尽层区域称为**导电沟道**。

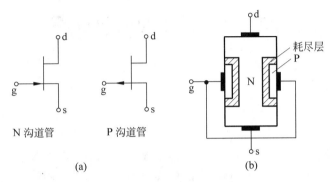

图 5.1.1　结型场效应管的符号和结构示意图
(a)符号　(b)N 沟道管的结构示意图

1. 结型场效应管的工作原理

为使 N 沟道结型场效应管正常工作,应在其栅-源之间加负向电压(即 $U_{GS}<0$),以保证耗尽层承受反向电压;在漏-源之间加正向电压 u_{DS},以形成漏极电流 i_D。下面通过栅-源电压 u_{GS} 和漏-源电压 u_{DS} 对导电沟道的影响,来说明管子的工作原理。

(1) 当 $u_{DS}=0V$(即 D、S 短路)时,u_{GS} 对导电沟通的控制作用

当 $u_{DS}=0V$ 且 $u_{GS}=0V$ 时,耗尽层很窄,导电沟道很宽,如图 5.1.2(a)所示。

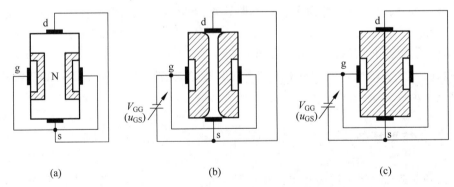

图 5.1.2　$u_{DS}=0V$ 时 u_{GS} 对导电均运的控制作用
(a) $u_{GS}=0V$　(b) $U_{GS(off)}<u_{GS}<0V$　(c) $u_{GS} \leqslant U_{GS(off)}$

当 $|u_{GS}|$ 增大时,耗尽层加宽,沟道变窄(见图(b)所示),沟道电阻增大。当 $|u_{GS}|$ 增大到某一数值时,耗尽层闭合,沟道消失(见图(c)所示),沟道电阻趋于无穷大,称此时 u_{GS} 的

值为夹断电压 $U_{GS(off)}$。

(2) 当 u_{GS} 为 $U_{GS(off)} \sim 0V$ 中某一固定值时，u_{DS} 对漏极电流 I_D 的影响

当 u_{GS} 为 $U_{GS(off)} \sim 0V$ 中某一确定值时，若 $u_{DS} = 0V$，则虽有导电沟通存在，但多子不会产生定向移动，因而漏极电流 i_D 为零。

若 $u_{DS} > 0V$，则有电流 i_D 从漏极流向源极，从而使沟道中各点电位与栅极电位不再相等，而是沿沟道从源极到漏极逐渐升高，造成靠近漏极一边的耗尽层比靠近源极一边的宽，见图 5.1.3(a) 所示。

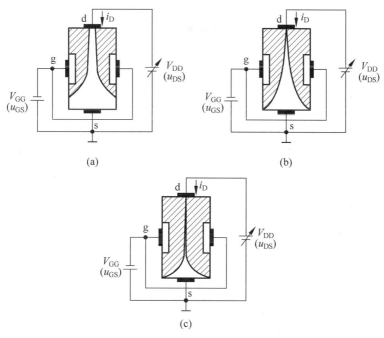

图 5.1.3 $U_{GS(off)} < u_{GS} < 0$ 且 $u_{DS} > 0$ 的情况
(a) $u_{GD} > U_{GS(off)}$ (b) $u_{GD} = U_{GS(off)}$ (c) $u_{GD} < U_{GS(off)}$

因为栅-漏电压 $u_{GD} = u_{GS} - u_{DS}$，所以当 u_{DS} 从零逐渐增大时，u_{GD} 逐渐减小，靠近漏极一边的导电沟道必将随之变窄。但是，只要栅-漏间不出现夹断区域，沟道电阻仍将基本上决定于栅-源电压 u_{GS}，因此，电流 i_D 将随 u_{DS} 的增大而线性增大，D-S 呈现电阻特性。而一旦 u_{DS} 的增大使 u_{GD} 等于 $U_{GS(off)}$，则漏极一边的耗尽层就会出现夹断区，见图(b)所示，称 $u_{GD} = U_{GS(off)}$ 为**预夹断**。若 u_{DS} 继续增大，则 $u_{GD} < U_{GS(off)}$，耗尽层闭合部分将沿沟道方向延伸，即夹断区加长，见图(c)所示。这时，一方面自由电子从漏极向源极定向移动所受阻力加大，只能从夹断区的窄缝以较高速度通过，从而导致 i_D 减小；另一方面，随着 u_{DS} 的增大，使漏-源间的纵向电场增强，也必然导致 i_D 增大。实际上，上述 i_D 的两种变化

趋势相抵消，u_{DS} 的增大几乎全部降落在夹断区，用于克服夹断区对 i_D 形成的阻力。因此，从外部看，在 $u_{GD} < U_{GS(off)}$ 的情况下，u_{DS} 增大时 i_D 几乎不变，即 i_D 几乎仅仅决定于 u_{GS}，表现出 i_D 的恒流特性。

(3) 当 $u_{GD} < U_{GS(off)}$ 时，u_{GS} 对 i_D 的控制作用

在 $u_{GD} = u_{GS} - u_{DS} < U_{GS(off)}$，即 $u_{DS} > u_{GS} - U_{GS(off)}$ 的情况下，当 u_{DS} 为一常量时，对应于确定的 u_{GS}，就有确定的 i_D。此时，可以通过改变 u_{GS} 来控制 i_D 的大小。由于漏极电流受栅-源电压的控制，故称场效应管为电压控制元件。与晶体管用 $\beta(=\Delta i_C/\Delta i_B)$ 来描述动态情况下基极电流对集电极电流的控制作用相类似，场效应管用 g_m 来描述动态的栅-源电压对漏极电流的控制作用，g_m 称为**低频跨导**。

$$g_m = \frac{\Delta i_D}{\Delta u_{GS}} \tag{5.1.1}$$

由以上分析可知：

(1) 在 $u_{GD} = u_{GS} - u_{DS} > U_{GS(off)}$ 的情况下，即当 $u_{DS} < u_{GS} - U_{GS(off)}$（即 G-D 间未出现夹断）时，对应于不同的 u_{GS}，D-S 间等效成不同阻值的电阻。

(2) 当 u_{DS} 使 $u_{GD} = U_{GS(off)}$ 时，D-S 之间预夹断。

(3) 当 u_{DS} 使 $u_{GD} < U_{GS(off)}$ 时，i_D 几乎仅仅决定于 u_{GS}。

2. 结型场效应管的特性曲线

(1) 输出特性曲线

输出特性曲线描述当栅-源电压 u_{GS} 为常量时，漏极电流 i_D 与漏-源电压 u_{DS} 之间的函数关系，即

$$i_D = f(u_{DS}) \big|_{U_{GS}=常数} \tag{5.1.2}$$

对应于一个 u_{GS}，就有一条曲线，因此输出特性为一族曲线，如图 5.1.4 所示。

场效应管有三个工作区域：

① **可变电阻区**（也称非饱和区）：图中的虚线为预夹断轨迹，它是各条曲线上使 $u_{DS} = u_{GS} - U_{GS(off)}$（即 $u_{GD} = U_{GS(off)}$）的点连接而成的。u_{GS} 愈大，预夹断时的 u_{DS} 值也愈大。预夹断轨道的左边区域称为可变电阻区，该区域中曲线近似为不同斜率的直线。当 u_{GS} 确定时，直线的斜率也惟一地被确定，直线斜率的倒数为 D-S 间等效电阻。因而在此区域中，可以通过改变 u_{GS} 的大小（即压控的方式）来改变漏-源电阻的阻值，故称之为可变电阻区。

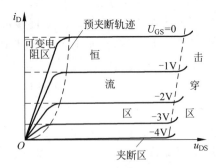

图 5.1.4 场效应管的输出特性

② **恒流区**（也称饱和区）：图中预夹断轨迹的右

边区域为恒流区。当 $u_{DS} > u_{GS} - U_{GS(off)}$（即 $u_{GD} < U_{GS(off)}$）时，各曲线近似为一族横轴的平等线。当 u_{DS} 增大时，i_D 仅略有增大。因而可将 i_D 近似为电压 u_{GS} 控制的电流源，故称该区域为恒流区。利用场效应管作放大管时，应使其工作在该区域。

③ 夹断区：当 $u_{GS} < U_{GS(off)}$ 时，导电沟道被夹断，$i_D \approx 0$，即图中靠近横轴的部分，称为夹断区。一般将使 i_D 等于某一个很小电流（如 5μA）时的 u_{GS} 定义为夹断电压 $U_{GS(off)}$。

另外，当 u_{DS} 增大到一定程度时，漏极电流会骤然增大，管子将被击穿。由于这种击穿是因栅-漏间耗尽层破坏而造成的，因而若栅-源击穿电压为 $U_{(BR)GD}$，则漏-源击穿电压 $U_{(BR)DS} = u_{GS} - U_{(BR)GD}$，所以当 u_{GS} 增大时，漏-源击穿电压将增大，如图 5.1.4 所示。

（2）转移特性

转移特性曲线描述当漏-源电压 u_{DS} 为常量时，漏极电流 i_D 与栅-源电压 u_{GS} 之间的函数关系，即

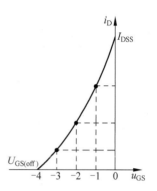

图 5.1.5 场效应管的转移特性曲线

$$i_D = f(u_{GS}) \vert_{U_{DS}=常数} \tag{5.1.3}$$

当场效应管工作在恒流区时，由于输出特性曲线可近似为横轴的一组平行线，所以可用一条转移特性曲线代替恒流区的所有曲线。在输出特性曲线的恒流区中做横轴的垂线，读出垂线与各曲线交点的坐标值，建立 u_{GS}、i_D 坐标系，连接各点所得曲线就是转移特性曲线，见图 5.1.5 所示。可见转移特性曲线与输出特性曲线有严格的对应关系。

根据半导体物理中对场效应管内部载流子的分析可以得到恒流区中 i_D 的近似表达式为

$$i_D = I_{DSS}\left(1 - \frac{u_{GS}}{U_{GS(off)}}\right)^2 \quad (U_{GS(off)} < u_{GS} < 0) \tag{5.1.4}$$

式中 I_{DSS} 为 $u_{GS} = 0$ 时的 I_D，称为漏极饱和电流。应当指出，为保证结型场效应管栅-源间的耗尽层加反向电压，N 沟道管的 $u_{GS} \leqslant 0V$，P 沟道管的 $u_{GS} \geqslant 0V$；而且，当管子工作在可变电阻区时对于不同的 u_{DS}，转换特性曲线将有很大差别。

5.1.2 绝缘栅型场效应管

绝缘栅型场效应管[①]的栅极与源极、栅极与漏极之间均采用 SiO_2 绝缘层隔离，因此而得名。又因栅极为金属铝，故又称为 **MOS 管**[②]。它的栅-源间电阻比结型场效应管的

---

① 英文为 Insulated Gate Field Effect Transistor，缩写为 IGFET。

② 英文为 Motal-Oxide-Semiconductor，缩写为 MOS。

大得多,可达 10^{10} Ω 以上,还因为它比结型场效应管温度稳定性好、集成化时工艺简单,而广泛用于大规模和超大规模集成电路之中。

与结型场效应管相同,MOS 管也有 N 沟道和 P 沟道两类,但每一类又分为**增强型**和**耗尽型**两种,因此 MOS 管的四种类型为:**N 沟道增强型管**、**N 沟道耗尽型管**、**P 沟道增强型管**和 **P 沟道耗尽型管**。凡栅-源电压 u_{GS} 为零时漏极电流也为零的管子,均属于增强型管;凡栅-源电压 u_{GS} 为零时漏极电流不为零的管子,均属于耗尽型管。下面讨论它们的工作原理及特性。

1. N 沟道增强型 MOS 管

N 沟道增强型 MOS 管结构示意图如图 5.1.6(a)所示,图 5.1.6(b)为 N 沟道和 P 沟道两种增强型管的符号。

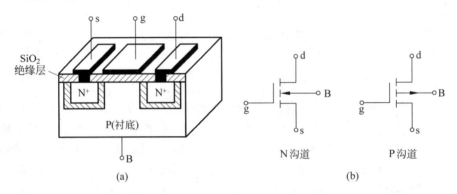

图 5.1.6 N 沟道增强型 MOS 管结构示意图及增强型 MOS 的符号

它以一块低掺杂的 P 型硅片为衬底,利用扩散工艺制作两个高掺杂的 N^+ 区,并引出两个电极,分别为源极 s 和漏极 d,半导体之上制作一层 SiO_2 绝缘层,再在 SiO_2 之上制作一层金属铝,引出电极,作为栅极 g。通常将衬底与源极接在一起使用。这样,栅极和衬底各相当于一个极板,中间是绝缘层,形成电容。当栅-源电压变化时,将改变衬底靠近绝缘层处感应电荷的多少,从而控制漏极电流的大小。可见,MOS 管与结型场效应管导电机理与电流控制的原理均不相同。

(1)工作原理

当栅-源之间不加电压时,漏-源之间是两只背向的 PN 结,不存在导电沟道,因此即使漏-源之间加电压,也不会有漏极电流。

当 $u_{DS}=0$ 且 $u_{GS}>0$ 时,由于 SiO_2 的存在,栅极电流为零。但是栅极金属层将聚集正电荷,它们排斥 P 型衬底靠近 SiO_2 一侧的空穴,使之剩下不能移动的负离子区,形成耗尽层,如图 5.1.7(a)所示。当 U_{GS} 增大时,一方面耗尽层增宽,另一方面将衬底的自由电子

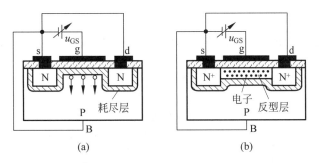

图 5.1.7 $U_{DS}=0$ 时 U_{GS} 对导电沟道的影响
(a) 耗尽层的形成　(b) 导电沟道(反型层)的形成

吸引到耗尽层与绝缘层之间,形成一个 N 型薄层,称为反型层,如图(b)所示。这个反型层就构成了漏-源之间的导电沟道。使沟道刚刚形成的栅-源电压称为**开启电压** $U_{GS(th)}$。u_{GS} 愈大,反型层愈厚,导电沟道电阻愈小。

当 u_{GS} 是大于 $U_{GS(th)}$ 的一个确定值时,若在漏-源之间加正向电压,则将产生一定的漏极电流。此时,u_{DS} 的变化对导电沟道的影响与结型场效应管相似。即当 u_{DS} 较小时,u_{DS} 的增大使 I_D 线性增大,沟道沿源-漏方向逐渐变窄,如图 5.1.8(a)所示。一旦 u_{DS} 增大到使 $u_{GD}=U_{GS(th)}$(即 $u_{DS}=u_{GS}-U_{GS(th)}$)时,沟道在漏极一侧出现夹断点,称为**预夹断**,如图(b)所示。如果 u_{DS} 继续增大,夹断区随之延长,如图(c)所示。而且 u_{DS} 的增大部分几乎全部用于克服夹断区对漏极电流的阻力。从外部看,i_D 几乎不因 u_{DS} 的增大而变化,管子进入恒流区,i_D 几乎仅决定于 u_{GS}。

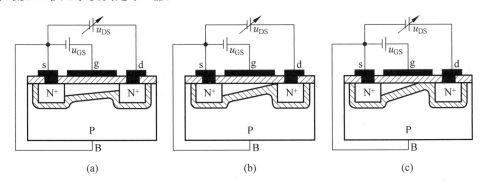

图 5.1.8 U_{GS} 为大于 $U_{GS(th)}$ 的某一值时 U_{DS} 对 I_D 的影响
(a) $u_{DS} < U_{GS} - U_{GS(th)}$ 时　(b) $u_{DS} = U_{GS} - U_{GS(th)}$ 时　(c) $u_{DS} > U_{GS} - U_{GS(th)}$ 时

在 $u_{DS} > u_{GS} - U_{GS(th)}$ 时,对应于每一个 u_{GS} 就有一个确实的 i_D。此时,可将 i_D 视为电压 u_{GS} 控制的电流源。

(2) 特性曲线与电流方程

图 5.1.9(a)和(b)分别为 N 沟道增强型 MOS 管的转移特性曲线和输出特性曲线，它们之间的关系见图中标注。与结型场效应管一样，MOS 管也有三个工作区域：可变电阻区、恒流区及夹断区，如图中所标注。

与结型场效应管相类似，i_D 与 u_{GS} 的近似关系式为

$$i_D = I_{DO} \left(\frac{u_{GS}}{U_{GS(th)}} - 1 \right)^2 \tag{5.1.5}$$

其中 I_{DO} 是 $u_{GS}=2U_{GS(th)}$ 时的 i_D。

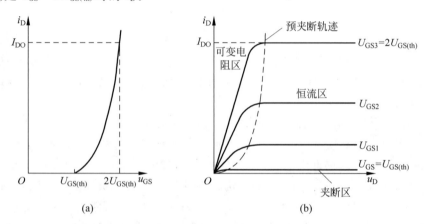

图 5.1.9　N 沟道增强型 MOS 管的特性曲线
(a) 转移特性　(b) 输出特性

2. N 沟道耗尽型 MOS 管

如果在制造 MOS 管时，在 SiO_2 绝缘层中掺入大量正离子，那么即使 $u_{GS}=0$，在正离子作用下 P 型衬底表层也存在反型层，即漏-源之间存在导电沟道。只要在漏-源间加正向电压，就会产生漏极电流，如图 5.1.10(a)所示。并且，u_{GS} 为正时，反型层变宽，沟道电阻变小，i_D 增大；反之，u_{GS} 为负时，反型层变窄，沟道电阻变大，i_D 减小。而当 u_{GS} 从零减小到一定值时，反型层消失，漏-源之间导电沟道消失，$i_D=0$。此时的 u_{GS} 称为夹断电压 $U_{GS(off)}$。与 N 沟道结型场效应管相同，N 沟道耗尽型 MOS 管的夹断电压也为负值。但是，前者只能在 $u_{GS}<0$ 的情况下工作，而后者的 u_{GS} 可以在正、负值的一定范围内控制 i_D，且仍保持栅-源间有非常大的绝缘电阻。

耗尽型 MOS 管的符号见图 5.1.10(b)所示。

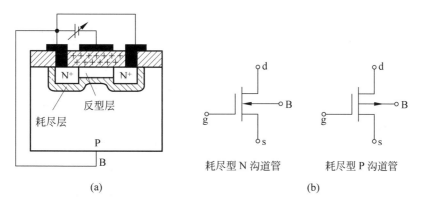

图 5.1.10 N 沟道耗尽型 MOS 管结构示意图及符号

(a) 示意图 (b) 符号

3. P 沟道 MOS 管

与 N 沟道 MOS 管相对应，P 沟道增强型 MOS 管的开启电压 $U_{GS(th)}<0$，当 $u_{GS}<U_{GS(th)}$ 时管子才导通，漏-源之间应加负电源电压；P 沟道耗尽型 MOS 管的夹断电压 $U_{GS(off)}>0$，u_{GS} 可在正负值的一定范围内控制 i_D，漏-源之间也应加负电压。

场效应管的符号及特性如图 5.1.11 所示。

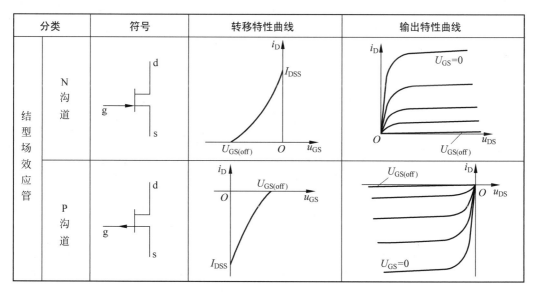

图 5.1.11 各种场效应管的转移特性和输出特性曲线

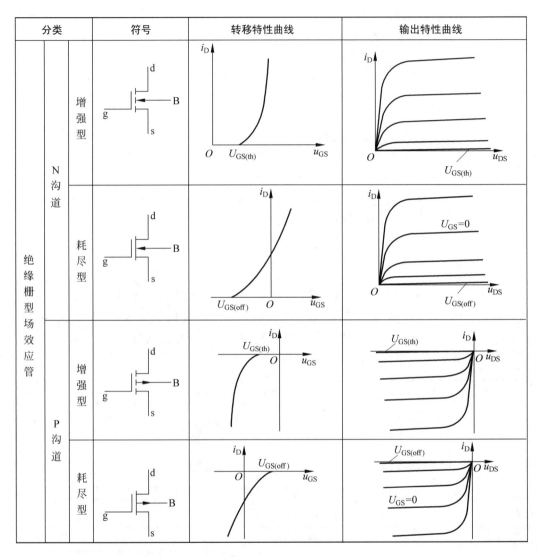

图 5.1.11 （续）

应当指出，如果 MOS 管的衬底不与源极相连接，则衬-源之间电压 u_{BS} 必须保证衬-源间的 PN 结反向偏置，因此，N 沟道管的 u_{BS} 应小于零，而 P 沟道管的 u_{BS} 应大于零。此时导电沟道宽度将受 u_{GS} 和 u_{BS} 双重控制，u_{BS} 使开启电压或夹断电压的数值增大。比较而言，N 沟道管受 u_{BS} 的影响更大些。

5.1.3 场效应管的主要参数

1. 直流参数

(1) **开启电压** $U_{GS(th)}$：$U_{GS(th)}$ 是在 u_{DS} 为一常量时，使 i_D 大于零所需的最小 $|u_{GS}|$ 值。手册中给出的是在 I_D 为规定的微小电流（如 $5\mu A$）时的 u_{GS}。$U_{GS(th)}$ 是增强型 MOS 管的参数。

(2) **夹断电压** $U_{GS(off)}$：与 $U_{GS(th)}$ 相类似，$U_{GS(off)}$ 是在 u_{DS} 为常量情况下 i_D 为规定的微小电流（如 $5\mu A$）时的 u_{GS}，它是结型场效应管和耗尽型 MOS 管的参数。

(3) **饱和漏极电流** I_{DSS}：对于结型管，在 $u_{GS}=0V$ 情况下产生预夹断时的漏极电流定义为 I_{DSS}。

(4) **直流输入电阻** $R_{GS(DC)}$：$R_{GS(DC)}$ 等于栅-源电压与栅极电流之比。结型管的 $R_{GS(DC)}$ 大于 $10^7\Omega$，而 MOS 管的 $R_{GS(DC)}$ 大于 $10^9\Omega$。手册中一般只给出栅极电流的大小。

2. 交流参数

(1) **低频跨导** g_m：g_m 数值的大小表示 u_{GS} 对 i_D 控制作用的强弱。在管子工作在恒流区且 u_{DS} 为常量的条件下，i_D 的微小变化量 Δi_D 与引起它变化的 Δu_{GS} 之比，称为低频跨导。即

$$g_m = \left.\frac{\Delta i_D}{\Delta u_{GS}}\right|_{U_{DS}=常量} \tag{5.1.6}$$

g_m 的单位是 S(西门子)或 mS。g_m 是转移特性曲线上某一点的切线的斜率，可通过对式(5.1.4)或式(5.1.5)求导而得。g_m 与切点的位置密切相关，由于转移特性曲线的非线性，因而 i_D 愈大，g_m 也愈大。

(2) **极间电容**：场效应管的三个极之间均存在极间电容。通常，栅-源电容 C_{GS} 和栅-漏电容 C_{GD} 约为 $1\sim 3pF$，而漏-源电容 C_{DS} 约为 $0.1\sim 1pF$。在高频电路中，应考虑极间电容的影响。管子的最高工作频率 f_M 是综合考虑了三个电容的影响而确定的工作频率的上限值。

3. 极限参数

(1) **最大漏极电流** I_{DM}：I_{DM} 是管子正常工作时漏极电流的上限值。

(2) **击穿电压**：管子进入恒流区后，使 i_D 骤然增大的 u_{DS} 称为漏-源击穿电压 $U_{(BR)DS}$，u_{DS} 超过此值会使管子损坏。

对于结型场效应管，使栅极与沟道间 PN 结反向击穿的 u_{GS} 为栅-源击穿电压 $U_{(BR)GS}$；

对于绝缘栅型场效应管,使绝缘层击穿的 u_{GS} 为栅-源击穿电压 $U_{(BR)GS}$。

(3) **最大耗散功率 P_{DM}**:P_{DM} 决定于管子允许的温升。P_{DM} 确定后,便可在管子的输出特性上画出临界最大功耗线;再根据 I_{DM} 和 $U_{(BR)DS}$,便可得到管子的安全工作区。

对于 MOS 管,栅-衬之间的电容容量很小,只要有少量的感应电荷就可产生很高的电压。而由于 $R_{GS(DC)}$ 很大,感应电荷难于释放,以至于感应电荷所产生的高压使很薄的绝缘层击穿,造成管子的损坏。因此,无论是在存放还是在工作电路之中,都应为栅-源之间提供直流通路,避免栅极悬空;同时在焊接时,要将电烙铁良好接地。

例 5.1.1 已知某管子的输出特性曲线如图 5.1.12 所示。试分析该管是什么类型的场效应管(结型、绝缘栅型、N 沟道、P 沟道、增强型、耗尽型)。

解 从 i_D 的方向或 u_{DS}、u_{GS} 可知,该管为 N 沟道管;从输出特性曲线可知,开启电压 $U_{GS(th)}=4V>0V$,说明该管为增强型 MOS 管。所以,该管为 N 沟道增强型 MOS 管。

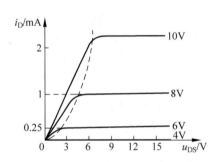

图 5.1.12 例 5.1.1 输出特性曲线

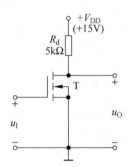

图 5.1.13 例 5.1.2 电路图

例 5.1.2 电路如图 5.1.13 所示,其中管子 T 的输出特性曲线如图 5.1.12 所示。试分析 u_I 为 0V、8V 和 10V 三种情况下 u_O 分别为多少伏。

解 当 $u_{GS}=u_I=0V$ 时,管子处于夹断状态,因而 $i_D=0$。而 $u_O=u_{DS}=V_{DD}-i_D R_D=V_{DD}=15V$。

当 $u_{GS}=u_I=8V$ 时,从输出特性曲线可知,管子工作在恒流区时的 $i_D=1mA$,所以
$$u_O = u_{DS} = V_{DD} - i_D R_D = (15-1\times 5)V = 10V$$

当 $u_{GS}=u_I=10V$ 时,若认为管子工作在恒流区,则 i_D 约为 2.2mA,因而 $u_O=(15-2.2\times 5)V=4V$。但是 $u_{GS}=10V$ 时的预夹断电压为
$$u_{DS} = u_{GS} - U_{GS(th)} = (10-4)V = 6V$$

漏-源之间的实际电压小于漏-源在 $U_{GS}=10V$ 时的预夹断电压,说明管子已不工作在恒流区,而是工作在可变电阻区。从输出特性曲线可得 $U_{GS}=10V$ 时漏-源间的等效电阻为
$$R_{ds} = u_{DS}/i_D \approx \left(\frac{3}{1\times 10^{-3}}\right)\Omega = 3k\Omega$$

所以

$$u_O \approx \frac{R_{ds}}{R_{ds}+R_L} \cdot V_{DD} = \left(\frac{3}{3+5} \cdot 15\right)V \approx 5.6V$$

例 5.1.3 电路如图 5.1.14 所示，场效应管的夹断电压 $U_{GS(off)} = -4V$，饱和漏极电流 $I_{DSS} = 4mA$。试问：

为保证负载电阻 R_L 上的电流为恒流，R_L 的取值范围应为多少？

解 从电路图可知，$U_{GS} = 0V$，因而 $I_D = I_{DSS} = 4mA$。并且当 $U_{GS} = 0V$ 时的预夹断电压为

$$u_{DS} = V_{DD} - i_D R_D = [0-(-4)]V = 4V$$

所以保证 R_L 为恒流的最大输出电压

$$U_{omax} = (V_{DD} - 4)V = 8V$$

输出电压范围为 $0 \sim 8V$，负载电阻 R_L 的取值范围为

$$R_L = \frac{u_O}{I_{DSS}} = 0 \sim 2k\Omega$$

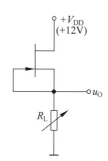

图 5.1.14 例 5.1.3 电路图

5.1.4 场效应管与晶体管的比较

场效应管的栅极 g、源极 s、漏极 d 对应于晶体管的基极 b、发射极 e、集电极 c，它们的作用相类似。

(1) 场效应管用栅-源电压 u_{GS} 控制漏极电流 i_D，栅极基本不取电流。而晶体管工作时基极总要索取一定的电流。因此，要求输入电阻高的电路应选用场效应管；而若信号源可以提供一定的电流，则可选用晶体管。

(2) 场效应管几乎只有多子参与导电。晶体管内既有多子又有少子参与导电，而少子数目受温度、辐射等因素影响较大，因而场效应管比晶体管的温度稳定性好、抗辐射能力强。所以在环境条件变化很大的情况下应选用场效应管。

(3) 场效应管的噪声系数[1]很小，所以低噪声放大器的输入级及要求信噪比[2]较高的电路应选用场效应管。当然也可选用特制的低噪声晶体管。

(4) 场效应管的漏极与源极可以互换使用，互换后特性变化不大。而晶体管的发射极与集电极互换后特性差异很大，因此只在特殊需要时才互换。

(5) 场效应管比晶体管的种类多，特别是耗尽型 MOS 管，栅-源电压 u_{GS} 可正、可负、可零，均能控制漏极电流；因而在组成电路时比晶体管有更大的灵活性。

---

[1] 噪声系数 $N_F = \dfrac{P_{si}/P_{ni}}{P_{so}/P_{no}}$，$P_{si}$ 和 P_{so} 分别为信号的输入和输出功率，P_{ni} 和 P_{no} 分别为噪声的输入和输出功率。

[2] 放大电路输出的信号功率与噪声功率之比。

(6) 场效应管和晶体管均可用于放大电路和开关电路,它们构成了品种繁多的集成电路。但由于场效应管集成工艺更简单,且具有耗电省、工作电源电压范围宽等优点,因此更加广泛地应用于大规模和超大规模集成电路之中。

5.2 场效应管基本放大电路

在实际应用中,有时信号源非常微弱且内阻较大,只能提供微安级甚至更小的信号电流。因此,只有在放大电路的输入电阻达到几兆欧、几十兆欧、甚至更大时,才能有效地获得信号电压。尽管共集放大电路是双极型晶体管放大电路中输入电阻最大的电路,但其值也仅为几百千欧,不适于上述的应用场合。场效应管的栅-源间电阻非常大,可达 $10^7 \sim 10^{12}$ 欧,可以认为栅极基本不从信号管索取电流,因而由它所构成的放大电路的输入电阻可满足上述要求。

与晶体管放大电路相类似,场效应管放大电路有共源、共漏、共栅三种接法,它们的交流通路如图 5.2.1 所示。因为共栅接法应用较少,所以本节主要阐述场效应管放大电路静态工作点的设置方法及共源电路、共漏电路的动态分析。

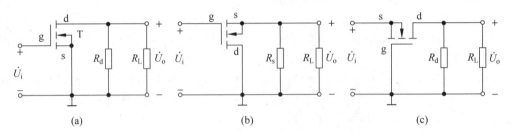

图 5.2.1 场效应管放大电路的三种接法
(a) 共源电路 (b) 共漏电路 (c) 共栅电路

5.2.1 场效应管放大电路静态工作点的设置

根据放大电路的组成原则,在场效应管放大电路中,必须设置合适的静态工作点,使管子在信号作用时始终工作在恒流区,电路才能正常放大。下面以 N 沟道场效应管共源放大电路为例分别介绍几种设置静态工作点的方法。

1. 基本方法

根据图 5.1.11 所示各种场效应管的转移特性和输出特性,在栅-源回路和漏-源回路加合适的直流电源,就可确定合适的静态工作点。N 沟道场效应管所组成的共源放大电路分别如图 5.2.2(a)、(b)、(c)所示。

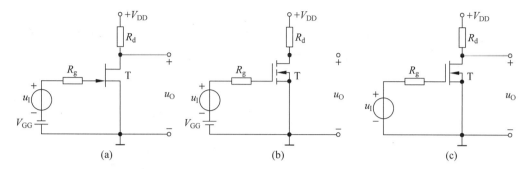

图 5.2.2 N 沟道场效应管组成的基本共源放大电路
（a）由结型场效应管组成 （b）由增强型 MOS 管组成 （c）由耗尽型 MOS 管组成

图 5.2.2(a)所示为结型场效应管共源放大电路,为使管子工作在恒流区,栅-源间电压应在夹断电压 $U_{GS(off)}$ 和 0 之间,为负值,故在输入回路加 $-V_{GG}$；漏-源之间电压应足够大,故在输出回路加 $+V_{DD}$。静态工作点的表达式为

$$\begin{cases} U_{GSQ} = -V_{GG} & 5.2.1(a) \\ I_{DQ} = I_{DSS}\left(1 - \dfrac{-V_{GG}}{U_{GS(off)}}\right)^2 & 5.2.1(b) \\ U_{DSQ} = V_{DD} - I_{DQ}R_D & 5.2.1(c) \end{cases}$$

式中 I_{DSS} 为结型场效应管的漏极饱和电流,可在手册中查到。

图 5.2.2(b)所示为增强型 MOS 管共源放大电路,为使管子工作在恒流区,其栅-源间电压应大于开启电压 $U_{GS(th)}$,为正值,故在输入回路加 $+V_{GG}$；漏-源之间电压应足够大,故在输出回路加 $+V_{DD}$。静态工作点的表达式为

$$\begin{cases} U_{GSQ} = V_{GG} & 5.2.2(a) \\ I_{DQ} = I_{DO}\left(\dfrac{V_{GG}}{U_{GS(th)}} - 1\right)^2 & 5.2.2(b) \\ U_{DSQ} = V_{DD} - I_{DQ}R_D & 5.2.2(c) \end{cases}$$

式中 I_{DO} 为 $U_{GS} = 2U_{GS(th)}$ 时的漏极电流,可从转移特性中读出。

图 5.2.2(c)所示为耗尽型 MOS 管共源放大电路,管子在栅-源间电压大于 0、等于 0 和小于 0 时均可工作在恒流区,这里将栅-源间电压设置在 0V,故在输入回路没加直流电源；漏-源之间电压应足够大,故在输出回路加 $+V_{DD}$。静态时,$U_{GSQ} = 0$,在转移特性上可查得 I_{DQ},管压降 $U_{DSQ} = V_{DD} - I_{DQ}R_D$。

图 5.2.2 所示电路均为原理性电路,在实用电路中常采用自给偏压电路和分压式偏置电路。

2. 自给偏压电路

图 5.2.3(a)所示为自给偏压电路,图中管子为 N 沟道结型场效应管,电容 C_1 和 C_2 为耦合电容;C_s 为旁路电容,在交流通路中可视为短路。将电容开路就可得直流通路,如图(b)所示。

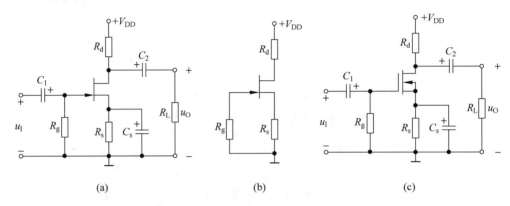

图 5.2.3　N 沟道场效应管自给偏压电路
（a）结型场效应管自给偏压电路　（b）图(a)电路的直流通路　（c）耗尽型 MOS 管自给偏压电路

在图 5.2.3(b)所示电路中,由于栅极电流为零,从而使 R_g 中电流为零,所以栅极电位 $U_{GQ}=0$ V;源极电位等于源极电流(也是漏极电流 I_{DQ})在源极电阻 R_s 上的压降,即 $U_{SQ}=I_{DQ}R_s$。因此,栅-源静态电压

$$U_{GSQ} = U_{GQ} - U_{SQ} = 0 - I_{DQ}R_s = -I_{DQ}R_s \tag{5.2.3}$$

上式表明,在正直流电源 $+V_{DD}$ 作用下,电路靠 R_s 上的电压使栅-源之间获得负偏压,这种依靠自身获得负偏压的方式称为自给偏压。

将式(5.2.3)代入结型场效应管电流方程,得出

$$I_{DQ} = I_{DSS}\left(1 - \frac{U_{GSQ}}{U_{GS(off)}}\right)^2 = I_{DSS}\left(1 - \frac{-I_{DQ}R_s}{U_{GS(off)}}\right)^2 \tag{5.2.4}$$

由式(5.2.4)可求出漏极静态电流中 I_{DQ},将其代入式(5.2.3),可得栅-源间静态电压 U_{GSQ}。根据电路的输出回路方程,可得管压降

$$U_{DSQ} = V_{DD} - I_{DQ}(R_d + R_s) \tag{5.2.5}$$

自给偏压电路仅适用于耗尽型场效应管,读者可利用上述类似的方法求解图 5.2.3(c)所示耗尽型 MOS 管共源放大电路的静态工作点。

3. 分压式偏置电路

图 5.2.4(a)所示为分压式偏置电路,图中场效应管为 N 沟道增强型 MOS 管。这种偏置方法适合于由任何类型场效应管构成的放大电路。将耦合电容 C_1、C_2 和旁路电容 C_s 断开,就得到图(a)所示电路的直流通路,如图(b)所示。

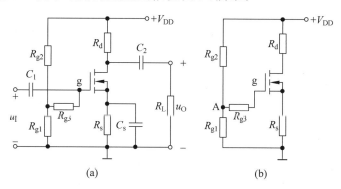

图 5.2.4 N 沟道增强型 MOS 管静态工作点稳定电路
（a）电路 （b）直流通路

在图(b)所示电路中,由于栅极电流为零,即电阻 R_{g3} 中的电流为零,所以栅极静态电位 U_{GQ} 等于电阻 R_1 和 R_2 对电源 $+V_{DD}$ 的分压,即

$$U_{GQ} = \frac{R_{g1}}{R_{g1}+R_{g2}} \cdot V_{DD}$$

源极静态电位等于电流 I_{DQ} 在 R_s 上的后降,即

$$U_{SQ} = I_{DQ}R_s$$

因此,栅-源静态电压

$$U_{GSQ} = U_{GQ} - U_{SQ} = \frac{R_{g1}}{R_{g1}+R_{g2}} \cdot V_{DD} - I_{DQ}R_s \tag{5.2.6}$$

I_{DQ} 与 U_{GSQ} 应符合 MOS 管的电流方程,即

$$I_{DQ} = I_{DO}\left(\frac{U_{GSQ}}{U_{GS(th)}}-1\right)^2 \tag{5.2.7}$$

I_{DO} 为 $U_{GS}=2U_T$ 时的 I_D。式(5.2.6)和式(5.2.7)联立,求解二元方程,就可得出 I_{DQ} 与 U_{GSQ}。管压降

$$U_{DSQ} = V_{DD} - I_{DQ}(R_d + R_s) \tag{5.2.8}$$

当实测出场效应管的转移特性曲线和输出特性曲线时,也可采用图解法分析静态工作点,过程与晶体管放大电路的图解分析相类似,这里不再赘述。

5.2.2 场效应管的交流等效模型

在构造场效应管交流等效模型时,因为结型场效应管栅-源间动态电阻可达 $10^7\Omega$ 以上,绝缘栅型场效应管栅-源间动态电阻可达 $10^9\Omega$ 以上,所以可认为栅-源间近似开路,基本不从信号源索取电流;当场效应管工作在恒流区时,漏极动态电流仅仅决定于栅-源电压,因而可认为输出回路是一个电压控制的电流源。因此,场效应管的交流等效模型如图 5.2.5 所示。

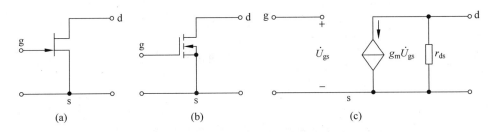

图 5.2.5 场效应管的交流等效模型
(a) N 沟道结型场效应管　(b) N 沟道增强型 MOS 管　(c) 交流等效模型

根据场效应管的电流方程可以求出低频跨导 g_m。对于结型场效应管

$$g_m = \left.\frac{\partial i_D}{\partial u_{GS}}\right|_{U_{DS}} = \left.\frac{2I_{DSS}}{-U_{GS(off)}}\left(1 - \frac{u_{GS}}{U_{GS(off)}}\right)\right|_{U_{DS}}$$

$$= \frac{2\sqrt{I_{DSS}^2\left(1 - \dfrac{u_{GS}}{U_{GS(off)}}\right)^2}\Big|_{U_{DS}}}{-U_{GS(off)}}$$

$$= \frac{2}{-U_{GS(off)}}\sqrt{I_{DSS}i_D}$$

当小信号作用时,可以用 I_{DQ} 来近似 i_D,所以

$$\boxed{g_m \approx -\frac{2}{U_{GS(off)}}\sqrt{I_{DSS}I_{DQ}}} \tag{5.2.9}$$

同理,对于增强型 MOS 管

$$\boxed{g_m \approx \frac{2}{U_{GS(th)}}\sqrt{I_{DO}I_{DQ}}} \tag{5.2.10}$$

可见,g_m 除了取决于所用管子自身参数外,还与静态工作点紧密相关。

5.2.3 共源放大电路的动态分析

图 5.2.2 所示二个共源放大电路的交流等效电路均如图 5.2.6 所示。当输入电压 $\dot{U}_i$ 作用时，栅-源电压

$$\dot{U}_{gs} = \dot{U}_i \qquad (5.2.11)$$

漏极电流 $\dot{I}_d = g_m \dot{U}_{gs} = g_m \dot{U}_i$，输出电压是 $\dot{I}_d$ 在漏极电阻 R_d 的压降，其极性与电路中假设正方向相反，即

$$\dot{U}_o = -\dot{I}_d R_D = -g_m \dot{U}_{gs} R_d \qquad (5.2.12)$$

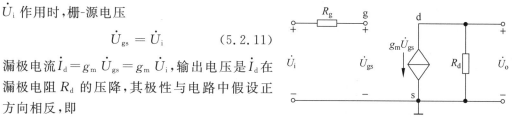

图 5.2.6 图 5.2.2 所示共源放大电路的交流等效电路

因此，电压放大倍数

$$\boxed{\dot{A}_u = \frac{\dot{U}_o}{\dot{U}_i} = -g_m R_d} \qquad (5.2.13)$$

根据输入电阻和输出电阻的定义，它们分别为

$$\boxed{R_i = \infty} \qquad (5.2.14)$$

$$\boxed{R_o = R_d} \qquad (5.2.15)$$

例 5.2.1 在图 5.2.2(a) 所示电路中，已知 $V_{DD}=12\text{V}$，$V_{GG}=2\text{V}$，$I_{DSS}=6\text{mA}$，$U_{GS(off)}=-4\text{V}$，$R_G=1\text{M}\Omega$，$R_D=5\text{k}\Omega$。试求解：

(1) 静态工作点；

(2) 电压放大倍数 $\dot{A}_u$、R_i、R_o。

解 (1) 根据式(5.2.1)可得

$$U_{GSQ} = -V_{GG} = -2\text{V}$$

$$I_{DQ} = I_{DSS}\left(1 - \frac{-V_{GG}}{U_{GS(off)}}\right)^2 = \left[6 \times \left(1 - \frac{-2}{-4}\right)^2\right]\text{mA} = 1.5\text{mA}$$

$$U_{DSQ} = V_{DD} - I_{DQ}R_D = (12 - 1.5 \times 5)\text{V} = 4.5\text{V}$$

(2) 根据式(5.2.9)可求得低频跨导，为

$$g_m = -\frac{2}{U_{GS(off)}}\sqrt{I_{DSS}I_{DQ}} = \left(-\frac{2}{-4}\sqrt{6 \times 1.5}\right)\text{mS} = 1.5\text{mS}$$

根据式(5.2.13)可求得电压放大倍数，得

$$\dot{A}_u = \frac{\dot{U}_o}{\dot{U}_i} = -g_m R_D = -1.5 \times 5 = -7.5$$

输入电阻

$$R_i = \infty$$

输出电阻 $R_o = R_d = 5\text{k}\Omega$

例 5.2.2 在图 5.2.4(a)所示电路中,已知 $V_{DD}=15\text{V}$, $R_{g1}=150\text{k}\Omega$, $R_{g2}=300\text{k}\Omega$, $R_{g3}=2\text{M}\Omega$, $R_d=5\text{k}\Omega$, $R_s=500\Omega$, $R_L=5\text{k}\Omega$; MOS管的 $U_T=2\text{V}$, $I_{DO}=2\text{mA}$。

(1) 求解 Q 点;

(2) 求解 $\dot{A}_u$、R_i、R_o。

解 (1) 求解 Q 点。首先根据式(5.2.6)和式(5.2.7)解联立方程,求出静态漏极电流和栅-源电压;然后根据式(5.2.8)求解管压降。

$$\begin{cases} U_{GSQ} = \dfrac{R_{g1}}{R_{g1}+R_{g2}} \cdot V_{DD} - I_{DQ}R_s = \dfrac{150}{150+300} \cdot 15 - I_{DQ} \times 0.5 = 5 - 0.5 I_{DQ} \\ I_{DQ} = I_{DO}\left(\dfrac{U_{GSQ}}{U_{GS(th)}} - 1\right)^2 = 2\left(\dfrac{U_{GSQ}}{2} - 1\right)^2 \end{cases}$$

得出 U_{GSQ} 的两个解分别为 $+4\text{V}$ 和 -4V,舍去负值,得出合理解为

$$U_{GSQ} = 4\text{V}, I_{DQ} = 2\text{mA}$$

$$U_{DSQ} = V_{DD} - I_{DQ}(R_d + R_s) = [15 - 2 \times (5+0.5)]\text{V} = 4\text{V}$$

(2) 画出图 5.2.4(a)所示电路的交流等效电路,如图 5.2.7 所示。

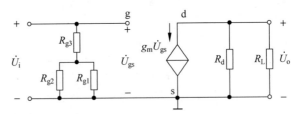

图 5.2.7 例 5.2.2 解电路图

根据式(5.2.10)可解得低频跨导

$$g_m = \dfrac{2}{U_{GS(th)}}\sqrt{I_{DO}I_{DQ}} = \left(\dfrac{2}{2}\sqrt{2 \times 2}\right)\text{mA/V} = 2\text{mS}$$

从图 5.2.7 可知

$$\dot{U}_{gs} = \dot{U}_i$$

$$\dot{U}_o = -\dot{I}_d(R_d /\!/ R_L) = -g_m \dot{U}_{gs}(R_d /\!/ R_L)$$

根据电压放大倍数、输入电阻和输出电阻的定义,可得

$$\dot{A}_u = \dfrac{\dot{U}_o}{\dot{U}_i} = -g_m(R_d /\!/ R_L) = -2 \times \dfrac{1}{1/5+1/5} = -5$$

$$R_i = R_{g3} + R_{g1} /\!/ R_{g2} = \left(2 + \dfrac{1}{1/0.15+1/0.3}\right)\text{M}\Omega = 2.1\text{M}\Omega$$

$$R_o = R_d = 5\text{k}\Omega$$

从例 5.2.1 和例 5.2.2 的分析可以看出,场效应管共源放大电路的输入电阻远大于共射放大电路的输入电阻,但它的电压放大能力不如共射放大电路。

5.2.4 共漏放大电路的动态分析

图 5.2.8(a)所示为共漏放大电路,图(b)为它的交流等效电路。其静态工作点可用下列式子估算:

$$\begin{cases} I_{DQ} = I_{DO}\left(\dfrac{U_{GSQ}}{U_{GS(th)}} - 1\right)^2 \\ U_{GSQ} = V_{GG} - I_{DQ}R_s \\ U_{DSQ} = V_{DD} - I_{DQ}R_s \end{cases} \quad (5.2.16)$$

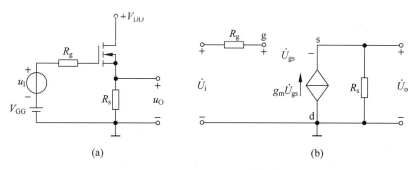

图 5.2.8 共漏放大电路及其微变等效电路
(a) 共漏电路 (b) 微变等效电路

在图(b)所示电路中,当输入电压 $\dot{U}_i$ 作用时,栅-源之间产生动态电压 $\dot{U}_{gs}$,从而得到漏极电流 $\dot{I}_d$,$\dot{I}_d = g_m \dot{U}_{gs}$;$\dot{I}_d$ 在源极电阻 R_s 的压降就是输出电压,即

$$\dot{U}_o = \dot{I}_d R_s = g_m \dot{U}_{gs} R_s$$

输入电压为

$$\dot{U}_i = \dot{U}_{gs} + \dot{U}_o = \dot{U}_{gs} + g_m \dot{U}_{gs} R_s$$

所以电压放大倍数

$$\boxed{\dot{A}_u = \dfrac{\dot{U}_o}{\dot{U}_i} = \dfrac{g_m R_s}{1 + g_m R_s}} \quad (5.2.17)$$

根据输入电阻的定义

$$\boxed{R_i = \infty} \quad (5.2.18)$$

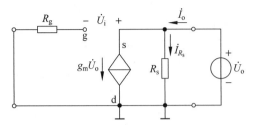

图 5.2.9 求解共漏放大电路的输出电阻

将输入端短路,在输出端加交流电压 U_o,必然产生电流 I_o,如图 5.2.9 所示,求出 I_o,根据 $R_o=U_o/I_o$,可得输出电阻。由图可知,I_o 分为两个支路,一路流经 R_s,其值为 U_o/R_s;另一路是 U_o 通过 R_g 加在栅-源之间,从而产生从源极流向漏极的电流 I_s,其值为 $g_m U_o$。即

$$I_o = \frac{U_o}{R_s} + g_m U_o$$

所以输出电阻为

$$R_o = \frac{U_o}{I_o} = \frac{U_o}{\frac{U_o}{R_s} + g_m U_o} = \frac{1}{\frac{1}{R_s} + g_m} = R_s // \frac{1}{g_m} \tag{5.2.19}$$

例 5.2.3 在图 5.2.8(a)所示电路中,已知静态工作点合适,$I_{DQ}=1\text{mA}$,$R_g=2\text{M}\Omega$,$R_s=3\text{k}\Omega$;场效应管的开启电压 $U_{GS(th)}=4\text{V}$,$I_{DO}=4\text{mA}$。试求解 $\dot{A}_u$、R_i、R_o。

解 根据式(5.2.10)求 g_m,

$$g_m = \frac{2}{U_{GS(th)}}\sqrt{I_{DO}I_{DQ}} = \left(\frac{2}{4}\sqrt{4\times 1}\right)\text{mS} = 1\text{mS}$$

根据式(5.2.17)、式(5.2.18)和式(5.2.19)分别求解 $\dot{A}_u$、R_i、R_o:

$$\dot{A}_u = \frac{g_m R_s}{1+g_m R_s} = \frac{1\times 3}{1+1\times 3} \approx 0.75$$

$$R_i = \infty$$

$$R_o = R_s // \frac{1}{g_m} = \frac{1}{1/3+1} \approx 0.75\text{k}\Omega$$

从例 5.2.3 的分析可以看出,共漏放大电路的输入电阻远大于共集放大电路的输入电阻,但其输出电阻比共集电路的大,电压跟随作用比共集电路差。

综上所述,场效应管放大电路的突出特点是输入电阻高,因此特别适用于对微弱信号处理的放大电路的输入级。

5.2.5 单极型晶体管基本放大电路的频率响应

1. 场效应管的高频等效电路

由于场效应管各极之间存在极间电容,因而其高频响应与晶体管相似,大多数场效应管的参数如表 5.2.1 所示。

表 5.2.1 场效应管的主要参数

参数 管子类型	g_m/mS	r_{ds}/Ω	r_{gs}/Ω	C_{gs}/pF	C_{gd}/pF	C_{ds}/pF
结型	0.1~10	10^5	$>10^7$	1~10	1~10	0.1~1
绝缘栅型	0.1~20	10^4	$>10^9$	1~10	1~10	0.1~1

根据场效应管的结构,可得出图 5.2.10(a)所示的高频等效模型,由于一般情况下 r_{gs} 和 r_{ds} 比外接电阻大得多,因而,在近似分析时,可认为它们是开路的。对于跨接在栅-漏之间的电容 C_{gd},可将其进行等效变换,即将其折合到输入回路和输出回路,使电路单向化。这样,栅-源间的等效电容为

$$C'_{gs} = C_{gs} + (1 - \dot{K})C_{gd} \quad (\dot{K} = -g_m R'_L) \tag{5.2.20}$$

漏-源间的等效电容为

$$C'_{ds} = C_{ds} + \frac{\dot{K}-1}{\dot{K}} C_{gd} \quad (\dot{K} = -g_m R'_L) \tag{5.2.21}$$

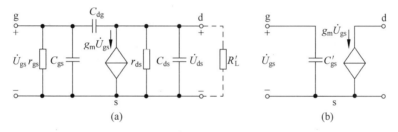

图 5.2.10 场效应管的高频等效模型及其简化模型
(a) 高频等效模型 (b) 简化模型

由于输出回路的时间常数通常比输入回路的小得多,故分析频率特性时可忽略 C'_{ds} 的影响。这样就得到场效应管的简化的单向化的高频等效模型,如图 5.2.10(b)所示。

2. 场效应管基本放大电路的频率响应

与晶体管基本放大电路相同,将场效应管的高频等效电路取代放大电路交流通路中的场效应管,就得到放大电路的高频等效电路,求解 C'_{gs} 所在回路的时间常数,即可求出上限频率。

若将内阻为 R_s 的信号源加在图 5.2.2(a)所示电路的输入端,则其高频等效电路如图 5.2.11 所示,因而上限频率为

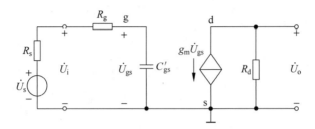

图 5.2.11　图 5.2.2(a)所示电路的高频等效电路

$$f_H = \frac{1}{2\pi\tau} = \frac{1}{2\pi(R_s + R_g)C'_{gs}} \tag{5.2.22}$$

频率从 0 至无穷大的电压放大倍数为

$$\dot{A}_{us} = \dot{A}_{usm} \cdot \frac{1}{\left(1 + j\dfrac{f}{f_H}\right)} \quad (\dot{A}_{usm} = -g_m R_d) \tag{5.2.23}$$

其折线化的波特图如图 5.2.12 所示

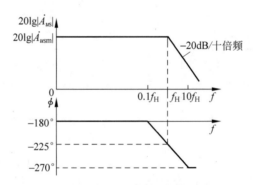

图 5.2.12　图 5.2.2(a)所示电路的波特图

若放大电路与信号源或者放大电路与负载电阻采用阻容耦合方式连接,则可通过求耦合电容所在回路时间常数的方法求解下限频率,这里不再赘述。

习　　题

5.1　判断下列说法的正、误,在相应的括号内画"√"表示正确,画"×"表示错误。

(1) 场效应管仅靠一种载流子导电。(　　)

(2) 结型场效应管工作在恒流区时,其 u_{GS} 小于零。(　　)

(3) 场效应管是由电压即电场来控制电流的器件。(　　)

(4) 增强型 MOS 管工作在恒流区时，其 u_{GS} 大于零。（　　）
(5) $u_{GS}=0$ 时，耗尽型 MOS 管能够工作在恒流区。（　　）
(6) 低频跨导 g_m 是一个常数。（　　）

5.2 已知图 P5.2 所示各场效应管工作在恒流区，请将管子类型、V_{DD} 极性（填｜、－）、u_{GS} 极性（填＞0、≥0、＜0、≤0 或者任意）分别填入表中。

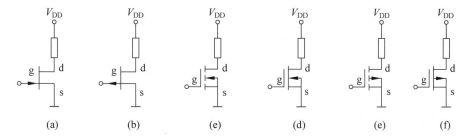

图 P5.2

图号 项目	(a)	(b)	(c)	(d)	(e)	(f)
沟道类型						
增强型或耗尽型						
V_{DD} 极性						
U_{GS} 极性						

5.3 判断图 P5.3 所示各电路是否有可能正常放大正弦波信号。

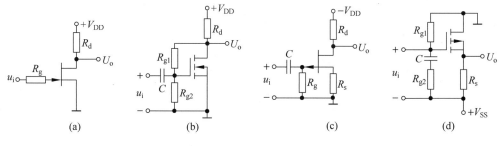

图 P5.3

5.4 图 P5.4(a)所示电路中，结型场效应管的转移特性如图 P5.4(b)所示。填空：由图 P5.4(a)得到 $U_{GS}=$ ＿＿＿＿＿，对应图 P5.4(b)查到 $I_D≈$ ＿＿＿＿＿，所以 $U_{DS}≈$ ＿＿＿＿＿。

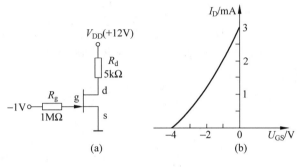

图 P5.4

5.5 图 P5.5(a)所示电路中,MOS管的输出特性如图 P5.5(b)所示。分析当 u_I 分别为 3V、8V、12V 时 MOS 管的工作区域(可变电阻区、恒流区或夹断区)。

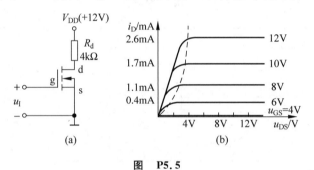

图 P5.5

5.6 电路如图 P5.6(a)所示,MOS 管的转移特性如图 P5.6(b)所示。求解电路的 Q 点、$\dot{A}_u$、R_i 和 R_o。

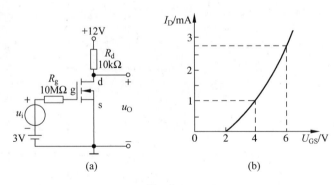

图 P5.6

5.7 电路如图 P5.7 所示,MOS 管的转移特性如图 P5.6(b) 所示。求解电路的 Q 点、$\dot{A}_u$、R_i 和 R_o。

5.8 电路如图 P5.8 所示,MOS 管的转移特性如图 P5.6(b) 所示。求解电路的 Q 点、$\dot{A}_u$、R_i 和 R_o。

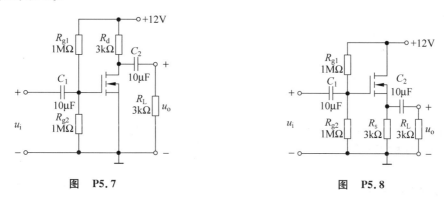

图 P5.7　　　　　　　　　　图 P5.8

5.9 电路如图 P5.7 所示,MOS 管的转移特性如图 P5.6(b) 所示。$C_{gs}=3\text{pF}$,$C_{gd}=2\text{pF}$,$C_{ds}=0.1\text{pF}$。

(1) 估算下限截止频率 f_L 和上限截止频率 f_H;

(2) 写出 $\dot{A}_u$ 的表达式。

第 6 章 集成运算放大电路

本章基本内容

【基本概念】直接耦合、阻容耦合、变压器耦合和光电耦合方式，交越失真，复合管，最大输出功率和效率，有源负载，集成运放的主要参数。

【基本电路】差分放大电路及其四种接法，互补输出级（OCL 电路）和准互补输出级，镜像电流源、微电流源和多路电流源，通用型集成运放的方框图及原理电路。

【基本方法】多级放大电路的读图方法，多级放大电路的静态工作点和动态参数的分析方法，集成运放的选用方法。

6.1 多级放大电路

对于实用的电压放大电路，通常要求其输入电阻大，以减小放大电路从信号源索取的电流，使其获得尽可能大的输入电压；输出电阻小，使输出回路等效电压源的电压尽可能多地降落在负载上，即有足够强的带负载能力；电压放大倍数的数值大，即有足够的电压放大能力。任何一种单管放大电路都很难满足上述性能要求。因此，实用电路中常选择多个基本放大电路并将它们合理连接构成多级放大电路，以满足多方面性能的要求。

本节讲述多级放大电路的耦合方式、分析方法等。

6.1.1 多级放大电路的耦合方式

多级放大电路中常见的耦合方式有阻容耦合、直接耦合、变压器耦合和光电耦合，下面将一一加以介绍。

1. 阻容耦合

将两个电子电路用电容连接起来，称为阻容耦合。图 6.1.1 所示为阻容耦合两级放大电路，第一级为共集放大电路，第二级为共射放大电路。

由于耦合电容对直流量相当于开路，使各级间的静态工作点相互独立，因而设置各级

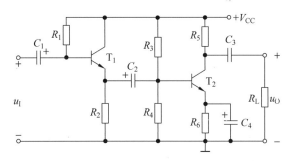

图 6.1.1 阻容耦合两级放大电路

电路静态工作点的方法与前面所述单管放大电路的完全一样。

由于耦合电容对低频信号呈现出很大电抗,低频信号在耦合电容上的压降很大,致使电压放大倍数大大下降,甚至根本不能放大,所以阻容耦合放大电路的低频特性差,不能放大变化缓慢的信号。

由于集成芯片中不能制作大容量电容,所以阻容耦合放大电路不能集成化,而只能用于分立元件电路。

2. 直接耦合

若将前级放大电路的输出直接接到后级放大电路的输入,则称为直接耦合。由于前后级电路直接相连,各级静态工作点相互影响,所以,当调整电路的某一参数时,可能带来多级电路静态工作点的变化。通常,应利用电子设计自动化软件通过仿真,调整好电路参数,再进行实际调试。

直接耦合放大电路具有很好的低频特性,能够放大变化缓慢的信号,便于集成化。目前集成放大电路几乎均采用直接耦合方式,因其高性能低价位而广泛用于模拟电路,在多数场合下取代了分立元件放大电路。只有在工作频率特别高或输出功率特别大的情况下,才考虑采用分立元件电路。

在实用的直接耦合多级放大电路中常常将 NPN 型和 PNP 型管混合使用,如图 6.1.2 所示。静态时,$u_I=0$。可通过下列式子求解静态工作点

$$I_{BQ1} = \frac{V_{CC} - U_{BEQ1}}{R_{b2}} - \frac{U_{BEQ1}}{R_{b1}}$$

$$I_{CQ1} = \beta_1 I_{BQ1}$$

$$U_{CEQ1} = V_{CC} - (I_{CQ1} - I_{BQ2}) \cdot R_{c1}$$
$$= V_{CC} - (I_{EQ2} R_{e2} + U_{EBQ2})$$

$$U_{CEQ2} = V_{CC} - I_{EQ2} R_{e2} - I_{CQ2} R_{c2}$$

$$I_{BQ2} = \frac{I_{CQ2}}{\beta_2}$$

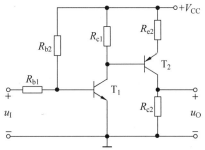

图 6.1.2 直接耦合多级放大电路

在求解过程中,应注意合理近似,如 R_{c1} 中电流是否可以近似等于 T_1 管的集电极电流等,以简化估算过程;或者利用计算机辅助分析。

3. 变压器耦合

图 6.1.3(a)所示为变压器耦合放大电路,电阻 R_L 可能是实际的负载,也可能是下一级放大电路。由于电路之间靠磁路耦合,因而与阻容耦合放大电路一样,各级电路的静态工作点相互独立;但低频特性差,不能放大变化缓慢的信号;且笨重,不能集成化。

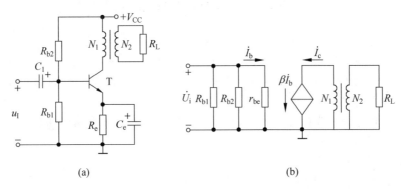

(a)

(b)

图 6.1.3　变压器耦合放大电路及其微变等效电路
（a）变压器耦合电路　（b）微变等效电路

图(a)所示电路的交流等效电路如图(b)所示。当 $\dot{U}_i$ 作用时,晶体管的基极回路产生动态电流 $\dot{I}_b$,从而在其输出回路得到 $\beta\dot{I}_b$,通过变压器使负载获得放大了的信号。从变压器的原边可以得到等效电阻 R_L',如图 6.1.4 所示。

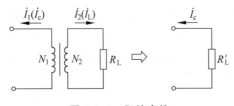

图 6.1.4　阻抗变换

设变压器为理想变压器,原边线圈匝数为 N_1,电流为 I_1,副边线圈匝数为 N_2,电流为 I_2,原边功率等于副边功率,即 $P_1=P_2$,可写成为

$$I_1^2 R_L' = I_2^2 R_L$$

所以

$$R_L' = \left(\frac{I_2}{I_1}\right)^2 R_L = \left(\frac{N_1}{N_2}\right)^2 R_L \qquad (6.1.1)$$

上式表明,变压器耦合方式可以实现阻抗变换。

图 6.1.3(a)所示电路的电压放大倍数

$$\dot{A}_u = -\frac{\beta R_L'}{r_{be}} \qquad (6.1.2)$$

在实际应用中,负载电阻可能很小。比如扬声器,一般有 3Ω、4Ω、8Ω 或 16Ω 等几种。

式(6.1.2)表明通过变压器实现阻抗变换,就可获得较大的电压放大倍数,从而使负载上获得较大的功率。传统的功率放大电路多采用变压器耦合方式。

4. 光电耦合

光电耦合是以光信号为媒介来实现电信号的耦合和传递的,因其抗干扰能力强而得到越来越广泛的应用。

(1) 光电耦合器

光电耦合器是实现光电耦合的基本器件,它将发光元件(发光二极管)与光敏元件(光电三极管)相互绝缘地组合在一起,如图 6.1.5(a)所示。发光元件为输入回路,它将电能转换成光能;光敏元件为输出回路,它将光能再转换成电能,实现了两部分电路的电气隔离,从而可有效地抑制电干扰。在输出回路中,用两只晶体管合理连接,等效成一只晶体管,构成复合管,也称达林顿结构,以增大放大倍数。

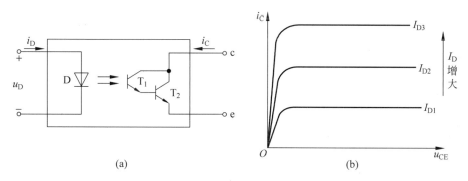

图 6.1.5　光电耦合器
(a) 组成　(b) 特性

光电耦合器的传输特性如图 6.1.5(b)所示,它描述当发光二极管的电流为一个常量 I_D 时,集电极电流 i_C 与管压降 u_{CE} 之间的函数关系,即

$$i_C = f(u_{CE})|_{I_D} \tag{6.1.3}$$

对应于一个确定的 i_D,就有一条曲线。因而,与晶体管的输出特性一样,也是一族曲线。当管压降 u_{CE} 足够大时,i_C 几乎仅决定于 i_D。在 c-e 间电压一定的情况下,i_C 的变化量与 i_D 的变化量之比称为传输比(CTR),

$$\text{CTR} = \frac{\Delta i_C}{\Delta i_D}\bigg|_{U_{CE}} \tag{6.1.4}$$

其值为 0.1~1.5。

(2) 光电耦合放大电路

图 6.1.6 所示为光电耦合放大电路,信号源部分可以是真实的信号源,也可以是前级

放大电路。当动态信号为 0 时，输入回路有静态电流 I_{DQ}，输出回路有静态电流 I_{CQ}，从而确定出静态管压降 U_{CEQ}。有动态信号时，随着 i_D 的变化，i_C 将产生线性变化。当然，u_{CE} 也将产生相应的变化。由于传输比的数值较小，所以一般情况下，输出电压还需进一步放大。实际上，目前已有集成光电耦合放大电路，具有较强的放大能力。

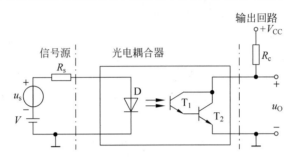

图 6.1.6 光电耦合放大电路

在图 6.1.6 所示电路中，若信号源部分与输出回路部分采用独立电源且分别接不同的"地"，则即使是远距离信号传输，也可以避免受到各种电干扰。

6.1.2 多级放大电路的动态分析

多级放大电路的方框图如图 6.1.7 所示。根据电压放大倍数的定义，N 级放大电路的电压放大倍数为

$$\dot{A}_u = \frac{\dot{U}_o}{\dot{U}_i} = \frac{\dot{U}_{o1}}{\dot{U}_i} \cdot \frac{\dot{U}_{o2}}{\dot{U}_{i2}} \cdot \cdots \cdot \frac{\dot{U}_o}{\dot{U}_{iN}} \quad (6.1.5)$$

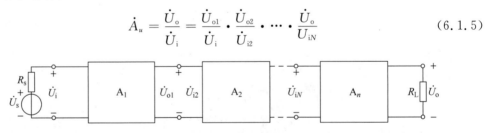

图 6.1.7 多级放大电路的方框图

从图 6.1.7 可以看出，$\dot{U}_{o1} = \dot{U}_{i2}, \dot{U}_{o2} = \dot{U}_{i3}, \cdots, \dot{U}_{o(N-1)} = \dot{U}_{iN}$ 所以式(6.1.5)可变换成

$$\dot{A}_u = \dot{A}_{u1} \cdot \dot{A}_{u2} \cdot \cdots \cdot \dot{A}_{uN} = \prod_{j=1}^{N} A_{uj} \quad (6.1.6)$$

即多级放大电路的电压放大倍数等于组成它的各级放大电路电压放大倍数之积。值得注意的是，当计算各级放大电路电压放大倍数时，应将后级电路的输入电阻作为负载电阻。

根据输入电阻、输出电阻的定义，多级放大电路的输入电阻等于第一级（即输入级）的

输入电阻,输出电阻等于末级(即输出级)的输出电阻。即

$$R_i = R_{i1} \tag{6.1.7}$$
$$R_o = R_{oN} \tag{6.1.8}$$

当共集放大电路作输入级时,R_i 将与第二级的输入电阻(即输入级的负载)有关;当共集放大电路作输出级时,R_o 将与倒数第二级的输出电阻(即输出级的信号源内阻)有关。

例 6.1.1 在图 6.1.1 所示电路中,设静态工作点合适,试求出电路 $\dot{A}_u$、R_i 和 R_o 的表达式。

解 首先画出图 6.1.1 所示电路的交流等效电路,如图 6.1.8 所示。

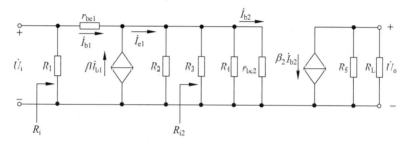

图 6.1.8 图 6.1.1 所示电路的微变等效电路

(1) 求解 $\dot{A}_u$。第二级的输入电阻

$$R_{i2} = R_3 /\!/ R_4 /\!/ r_{be2}$$

第一级的电压放大倍数

$$\dot{A}_{u1} = \frac{\dot{U}_{o1}}{\dot{U}_i} = \frac{\dot{I}_{e1}(R_2 /\!/ R_{i2})}{\dot{I}_{b1} r_{be1} + \dot{I}_{e1}(R_2 /\!/ R_{i2})} = \frac{(1+\beta_1)(R_2 /\!/ R_{i2})}{r_{be1} + (1+\beta_1)(R_2 /\!/ R_{i2})}$$

第二级的电压放大倍数

$$\dot{A}_{u2} = \frac{\dot{U}_{o2}}{\dot{U}_{i2}} = \frac{-\dot{I}_{c2}(R_5 /\!/ R_L)}{\dot{I}_{b2} r_{be2}} = -\frac{\beta_2(R_5 /\!/ R_L)}{r_{be2}}$$

所以

$$\dot{A}_u = \dot{A}_{u1} \cdot \dot{A}_{u2} = \frac{(1+\beta_1)(R_2 /\!/ R_{i2})}{r_{be1} + (1+\beta_1)(R_2 /\!/ R_{i2})} \left(-\beta_2 \cdot \frac{R_5 /\!/ R_L}{r_{be2}}\right)$$

(2) 求解 R_i

$$R_i = R_1 /\!/ [r_{be1} + (1+\beta_1)(R_2 /\!/ R_{i2})]$$

(3) 求解 R_o

$$R_o = R_5$$

6.1.3 多级放大电路的构成

在实际应用中,可以根据对输入电阻、输出电阻、放大倍数、频带等方面的要求,选择几个基本放大电路,并把它们合理连接,组成多级放大电路。例如,在构成电压放大电路时,应根据信号源内阻 R_s 的大小,选择输入电阻比 R_s 大得多的电路作输入级,以便在 U_s 一定时获得更大的输入电压 U_i;应选择输出电阻小的电路作输出级,以提高电路带负载能力;选择放大能力强的电路作中间级,以获得足够大的电压放大倍数。又如,当输入信号为近似电流源时,应选用输入电阻小的电路作输入级,以获得尽可能大的输入电流;当负载需要电流源驱动时,应选用输出电阻大的电路作输出级等。

例 6.1.2 现有基本放大电路:
A. 共射电路 B. 共集电路 C. 共基电路 D. 共源电路

按下列要求分别组成两级放大电路。

(1) 要求电压放大倍数的数值大于 5000,输入电阻大于 1kΩ,第一级应选用_____,第二级应选用_____。

(2) 要求电压放大倍数大于 400,输入电阻大于 2MΩ,第一级应选用_____,第二级应选用_____。

(3) 要求电压放大倍数的数值大于 100,输入电阻大于 1kΩ,输出电阻小于 100Ω,第一级应选用_____,第二级应选用_____。

解 (1) A,A。

共集、共源电路的电压放大能力差,故不能选用。共基电路的输入电阻小,作第一级时将使输入电阻达不到要求;作第二级时将使第一级电压放大倍数的数值很小,从而达不到对电压放大倍数的要求,故不能选用。所以两级均应选共射电路。

(2) D,A。

只有共源电路的输入电阻可能大于 2MΩ,故第一级选用共源电路。为了满足电压放大倍数大于 300,第二级选用共射电路。

(3) A,B。

只有共集电路的输出电阻可能小于 100Ω,故第二级选用共集电路。要求输入电阻大于 1kΩ,就排除了共基电路作第一级;要求电压放大倍数数值大于 300,就排除了共源电路作第一级;故只有共射电路满足要求,选其作第一级。

6.1.4 多级放大电路的频率响应

在多级放大电路中将有多个放大管(即有多个 C'_π 或 C'_{gs})影响电路的高频特性,在阻容耦合多级放大电路中还有多个耦合电容或旁路电容影响电路的低频特性,每一个电容都构成一个 RC 回路。本节将讨论多级放大电路的截止频率和电路中每个电容回路的时间常数的关系。

1. 多级放大电路频率响应的分析

设一个 N 级放大电路各级的电压放大倍数分别为 $\dot{A}_{u1},\dot{A}_{u2},\cdots,\dot{A}_{uN}$，则该电路的电压放大倍数

$$\dot{A}_u = \prod_{k=1}^{N} A_{uk} \tag{6.1.9}$$

对数幅频特性和相频特性表达式为

$$\begin{cases} 20\lg|\dot{A}_u| = \sum_{k=1}^{N} 20\lg|\dot{A}_{uk}| & (6.1.10a) \\ \phi = \sum_{k=1}^{N} \phi_k & (6.1.10b) \end{cases}$$

设组成两级放大电路的两个单管放大电路具有相同的频率响应，则其中频电压增益 $20\lg|\dot{A}_u|=20\lg|\dot{A}_{um1}\cdot\dot{A}_{um2}|=40\lg|\dot{A}_{um1}|$。当 $f=f_{L1}=f_{L2}$ 时，两级电路的电压增益各下降 3dB，因而总增益下降 6dB；并且由于 $\dot{A}_{u1}$ 和 $\dot{A}_{u2}$ 均产生 $+45°$ 的附加相移，故 $\dot{A}_u$ 产生 $+90°$ 附加相移。同理，当 $f=f_{H1}=f_{H2}$ 时，总增益下降 6dB，并产生 $-90°$ 附加相移；如图 6.1.9 所示。

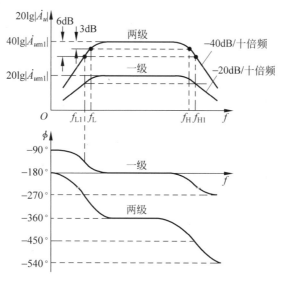

图 6.1.9 两级放大电路的波特图

根据截止频率的定义,在幅频特性中找到使增益下降 3dB 的频率就是两级放大电路的下限频率 f_L 和上限频率 f_H,如图中所标注。显然,$f_L > f_{L1}(f_{L2})$,$f_H < f_{H1}(f_{H2})$,因此两级放大电路的通频带比组成它的单级放大电路窄,以上结论具有普遍意义。对于一个 N 级放大电路,设组成它的各级放大电路的下限频率为 $f_{L1}, f_{L2}, \cdots, f_{LN}$,上限频率为 $f_{H1}, f_{H2}, \cdots, f_{HN}$,通频带为 $f_{bw1}, f_{bw2}, \cdots, f_{bwN}$;设该多级放大电路的下限频率为 f_L,上限频率为 f_H,通频带为 f_{bw},则

$$\begin{cases} f_L > f_{Lk} & (k = 1 \sim N) & (6.1.11a) \\ f_H < f_{Hk} & (k = 1 \sim N) & (6.1.11b) \\ f_{bw} < f_{bwk} & (k = 1 \sim N) & (6.1.11c) \end{cases}$$

2. 截止频率的估算

将式(6.1.9)中的 $\dot{A}_{uk}$ 用低频电压放大倍数 $\dot{A}_{ulk}$ 的表达式代入并取模,得出多级放大电路低频段的电压放大倍数为

$$|\dot{A}_{ul}| = \prod_{k=1}^{N} \frac{|\dot{A}_{umk}|}{\sqrt{1 + \left(\dfrac{f_{Lk}}{f}\right)^2}}$$

根据 f_L 的定义,当 $f = f_L$ 时

$$|\dot{A}_{ul}| = \frac{\prod_{k=1}^{N} |\dot{A}_{umk}|}{\sqrt{2}}$$

即

$$\prod_{k=1}^{N} \sqrt{1 + \left(\frac{f_{Lk}}{f_L}\right)^2} = \sqrt{2}$$

等式两边取平方,得

$$\prod_{k=1}^{N} \left[1 + \left(\frac{f_{Lk}}{f_L}\right)^2\right] = 2$$

展开上式,得

$$1 + \sum \left(\frac{f_{Lk}}{f_L}\right)^2 + \text{高次项} = 2$$

由于 f_{Lk}/f_L 小于 1,可将高次项忽略,得出

$$f_L \approx \sqrt{\sum_{k=1}^{N} f_{Lk}^2}$$

如加上修正系数①，则

$$f_L \approx 1.1\sqrt{\sum_{k=1}^{N} f_{Lk}^2} \qquad (6.1.12)$$

将式(6.1.9)中的 $\dot{A}_{uk}$ 用高频电压放大倍数 $\dot{A}_{uhk}$ 的表达式代入并取模，得出

$$|\dot{A}_{uh}| = \prod_{k=1}^{N} \frac{|\dot{A}_{umk}|}{\sqrt{1+\left(\dfrac{f}{f_{Hk}}\right)^2}}$$

根据 f_H 的定义，当 $f = f_H$ 时

$$|\dot{A}_{uh}| = \frac{\prod_{k=1}^{N}|\dot{A}_{umk}|}{\sqrt{2}}$$

即

$$\prod_{k=1}^{N}\sqrt{1+\left(\frac{f_H}{f_{Hk}}\right)^2} = \sqrt{2}$$

等式两边取平方，得

$$\prod_{k=1}^{N}\left[1+\left(\frac{f_H}{f_{Hk}}\right)^2\right] = 2$$

展开等式，得

$$1 + \sum_{k=1}^{N}\left(\frac{f_H}{f_{Hk}}\right)^2 + \text{高次项} = 2$$

由于 f_H/f_{Hk} 小于 1，所以可以忽略高次项，得出 f_H 的近似表达式

$$\frac{1}{f_H} \approx \sqrt{\sum_{k=1}^{N}\frac{1}{f_{Hk}^2}}$$

如加上修正系数，则得

$$\frac{1}{f_H} \approx 1.1\sqrt{\sum_{k=1}^{N}\frac{1}{f_{Hk}^2}} \qquad (6.1.13)$$

根据以上分析可知，若两级放大电路是由两个具有相同频率特性的单管放大电路组成，则其上、下限频率分别为

$$\begin{cases} \dfrac{1}{f_H} \approx 1.1\sqrt{\dfrac{2}{f_{H1}^2}}, \quad f_H \approx \dfrac{f_{H1}}{1.1\sqrt{2}} \approx 0.643 f_{H1} & (6.1.14a) \\ f_L \approx 1.1\sqrt{2}\, f_{L1} \approx 1.56 f_{L1} & (6.1.14b) \end{cases}$$

对各级具有相同频率特性的三级放大电路，其上、下限频率分别为

---

① 参阅 J. 米尔曼著，清华大学电子学教研室译《微电子学：数字和模拟电路与系统》中册，P111~112，人民教育出版社，北京，1981 年。

$$\begin{cases} \dfrac{1}{f_H} \approx 1.1\sqrt{\dfrac{3}{f_{H1}^2}}, & f_H \approx \dfrac{f_{H1}}{1.1\sqrt{3}} \approx 0.52 f_{H1} \quad &(6.1.15\text{a}) \\ f_L \approx 1.1\sqrt{3}\, f_{L1} \approx 1.91 f_{L1} & &(6.1.15\text{b}) \end{cases}$$

可见,三级放大电路的通频带几乎是单级电路的一半。放大电路的级数愈多,频带愈窄。对于有多个耦合电容和旁路电容的单管放大电路,在分析下限频率时,应先求出每个电容所确定的截止频率,然后利用式(6.1.12)求出电路的下限频率。

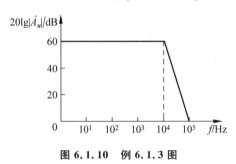

图 6.1.10 例 6.1.3 图

例 6.1.3 已知某电路的各级均为共射放大电路,其对数幅频特性如图 6.1.10 所示。试问:

(1) 电路为几级放大电路?电路采用哪种耦合方式?

(2) 电压放大倍数 $\dot{A}_u = ?$

(3) 当 $f = 10^4$ Hz 时,附加相移 $\varphi \approx ?$

(4) 该电路实际的上限截止频率约为多少?

解 (1) f 从 10^4 Hz 变到 10^5 Hz 增益下降了 60dB,说明电路为三级放大电路;无下限频率说明采用直接耦合方式。

(2) f 从 10^4 Hz 变到 10^5 Hz 增益下降了 60dB,说明每级电路的上限频率均为 10^4 Hz。

$20\lg|\dot{A}_{um}| = 60$dB,电路各级均为共射电路,$\dot{A}_{um} = -10^3$,所以

$$\dot{A}_u = \dfrac{-10^3}{\left(1 + j\dfrac{f}{10^4}\right)^3}$$

(3) 当 $f = 10^4$ Hz 时,因为每级电路的附加相移均为 $-45°$,所以电路的总附加相移均为 $-135°$。

(4) 根据式(6.1.15a),该电路的实际上限截止频率

$$f_H \approx 0.52 f_{H1} = (0.52 \times 10^4)\text{Hz} = 5.2\text{kHz}$$

6.2 集成运算放大电路简介

6.2.1 集成运放的电路特点

集成电路是 20 世纪 60 年代初期发展起来的一种半导体器件,它采用一定的生产工艺将晶体管、场效应管、二极管、电阻、电容以及它们之间的连线所组成的整个电路集成在

一块半导体基片上,封装在一个管壳内,构成一个完整的具有一定功能的器件,所以又称为固体组件。通常可将集成电路分为模拟集成电路和数字集成电路两大类。模拟集成电路中发展最早、应用最广的是集成运算放大电路,简称集成运放或运放。其电路的主要特点如下:

(1) 由于在半导体硅片上不能制作大容量电容,因而集成运放均采用直接耦合方式。

(2) 由于在半导体硅片上不能制作大阻值电阻,而容易制作晶体管,因而常用有源元件取代大电阻。

(3) 由于在集成电路中电路的复杂性并不带来工艺的复杂性,因而可采用复杂电路来提高性能。

(4) 由于集成运放内部相邻元件参数具有良好的一致性,即具有相同的指标参数、特性和温度系数,因而能够制作较为理想的差分放大电路和电流源。

在集成运放内部可能有数十只晶体管,但作为放大管的却为数不多。上述特点使得集成运放具有高放大倍数、高输入电阻、低输出电阻等多方面优良性能。

6.2.2 集成运放的方框图

典型集成运放的简化原理框图如图 6.2.1(a)所示。它由四个部分组成:输入级、中间级、输出级和偏置电路;有同相输入和反相输入两个输入端,一个输出端(对地)。图(b)是其符号;图(c)是其外形,其中左图为圆壳式集成电路,右图为双列直插式集成电路。

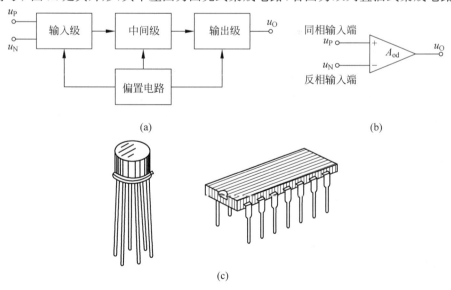

图 6.2.1 集成运算放大电路
(a) 方框图 (b) 符号 (c) 外形

集成运放的输入级又称为前置级,要求其具有输入电阻高、放大倍数大、抑制温漂能力强等特点,一般采用差分放大电路。中间级又称为主放大器,要求其具有足够大的放大倍数,一般多采用带有源负载的共射(或共源)放大电路。输出级又称为功放级,要求其具有输出电阻小、带负载能力强、不失真输出电压高等特点,多采用互补输出级电路。偏置电路用于给各级电路提供一个合适的静态电流,从而确定合适的静态工作点,一般采用电流源电路。以下各节将分别对各部分电路进行分析。

集成运放的电压传输特性及两个工作区域参阅 2.3 节。

例 6.2.1 已知某集成运放的开环差模放大倍数 $A_{od}=10^5$,输出电压的最大幅值 $\pm U_{OM}=\pm 14\text{V}$。试问:为使集成运放工作在线性区,输入电压($u_P-u_N$)的变化范围应为多少?

解 因为输出电压的最大值为 $\pm 14\text{V}$,所以集成运放工作在线性区的输出电压 $u_O=A_{od}(u_P-u_N)$ 应小于等于 $\pm 14\text{V}$,由此可得

$$|u_P-u_N| \leqslant \frac{U_{OM}}{A_{od}} = \left(\frac{14}{10^5}\right)\text{V} = 140\mu\text{V}$$

(u_P-u_N)的变化范围应在 $\pm 140\mu\text{V}$ 之间。

6.3 差分放大电路

6.3.1 直接耦合放大电路的零点漂移现象

如 6.1 节所述,直接耦合放大电路各级的直流通路相互关联,因而当前级的静态工作点由于某种原因而稍有偏移时,这种缓慢的微小变化就会逐级放大,致使放大器的输出端产生较大的漂移电压,有时甚至将信号电压淹没,使电路无法正常工作。这种输入电压为零,而输出电压不为零的现象称为零点漂移现象,简称零漂。在直接耦合放大电路中若不能解决零漂问题,则其不能成为实用电路。

零点漂移现象产生的原因是电源电压的波动、元件的老化和半导体器件对温度的敏感性等等,而在所有的原因中唯有半导体器件参数受温度的影响是人不可克服的,故又称零漂为温漂。

在集成运放中,利用相邻元器件参数一致性好的特点构成差分放大电路,从而有效地抑制温漂。

6.3.2 基本差分放大电路

1. 电路组成及其静态分析

图 6.3.1 所示为典型的差分放大电路,它的电路结构具有对称性;而且电路参数具有理想对称性,即 $R_{b1}=R_{b2}=R_b$,$R_{c1}=R_{c2}=R_c$,晶体管 T_1 和 T_2 的特性在不同温度下完全相同;为了设置合适的静态工作点,电路采用 $+V_{CC}$ 和 $-V_{EE}$ 两路电源供电;由于电路中射极电阻像个尾巴,故称之为长尾电路。差分放大电路又称差动放大电路,所谓"差动"就是输入有"差别",输出才有"变动"的意思。即电路仅对两个输入信号之差($u_{Id}=u_{I1}-u_{I2}$)进行放大。

根据图 6.3.1(b)所示电路可知,静态时 $u_{I1}=u_{I2}=0$,由于电路对称,$U_{BEQ1}=U_{BEQ2}=U_{BEQ}$,$I_{BQ1}=I_{BQ2}=I_{BQ}$,$I_{CQ1}=I_{CQ2}=I_{CQ}$,$I_{EQ1}=I_{EQ2}=I_{EQ}$,集电极电位 $U_{CQ1}=U_{CQ2}=U_{CQ}$;所以 $u_O=U_{CQ1}-U_{CQ2}=0$。电阻 R_e 中的电流为 $2I_{EQ}$。输入回路方程

$$V_{EE} = I_{BQ}R_b + U_{BEQ} + 2I_{EQ}R_e \tag{6.3.1}$$

通常,在电路设计时 R_b 的数值较小,甚至取值为 0,而基极电流 I_{BQ} 也很小,因而在式(6.3.1)中可将 R_b 的电压忽略不计,所以基极静态电位 U_{BQ} 近似为 0,静态发射极和基极电流分别为

$$\boxed{I_{EQ} \approx \frac{V_{EE} - U_{BEQ}}{2R_e} \approx I_{CQ}} \tag{6.3.2}$$

$$I_{BQ} \approx \frac{I_{EQ}}{1+\beta} \tag{6.3.3}$$

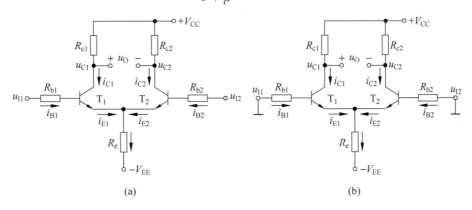

图 6.3.1 长尾式差分放大电路
(a)差分放大电路 (b)静态工作点的分析

$U_{EQ} \approx -U_{BEQ}$,管压降

$$U_{CEQ} = U_{CQ} - U_{EQ} \approx V_{CC} - I_{CQ}R_c + U_{BEQ} \tag{6.3.4}$$

由式(6.3.2)可知,差分放大电路是靠选择合适的射极电源和射极电阻来确定差分管的静态电流的,由于 V_{EE} 和 R_e 参数稳定,所以差分放大电路的静态工作点比较稳定。

2. 差分放大电路在共模信号作用下的分析

在图 6.3.1(a)所示电路中,若两个输入端所加信号电压大小相等、方向相同,则称之为共模信号,用 u_{Ic} 表示,如图 6.3.2 所示。

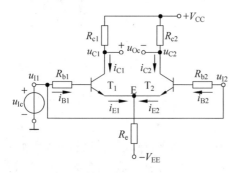

图 6.3.2　差分放大电路加共模信号

当差分放大电路加共模信号时,$u_{I1} = u_{I2} = u_{Ic}$,由于参数理想对称,$\Delta i_{B1} = \Delta i_{B2}$,$\Delta i_{C1} = \Delta i_{C2}$,$\Delta u_{C1} = \Delta u_{C2}$;所以 $u_O = u_{C1} - u_{C2} = (U_{CQ1} + \Delta u_{C1}) - (U_{CQ2} + \Delta u_{C2}) = 0$。可见,在参数理想对称时,差分放大电路对共模信号无放大作用。

实际上,任何差分放大电路都不可能真正理想对称。为了衡量电路对共模信号的抑制作用,特别引入参数"共模放大倍数 A_c"。

$$A_c = \frac{\Delta u_{Oc}}{\Delta u_{Ic}} \tag{6.3.5}$$

$|A_c|$ 越小,说明电路的对称性越好,理想情况下,$A_c = 0$。

环境温度变化时两只差分管参数的变化相同,集电极静态电流的变化相等($\Delta I_{CQ1} = \Delta I_{CQ2}$),集电极静态电位的变化也相等($\Delta U_{CQ1} = \Delta U_{CQ2}$),因而输出电压的变化为 0,所以可将温度变化等效成共模信号。

设共模信号使基极电流 i_{B1}、i_{B2} 增大,集电极电流 $i_{C1}(i_{E1})$、$i_{C2}(i_{E2})$ 将随之增大,集电极电位 u_{C1}、u_{C2} 降低,射极电位 u_E 必然升高,其变化量 $\Delta u_E = 2\Delta i_E R_e$;$u_E$ 的升高使 u_{BE1}、u_{BE2} 减小;于是 i_{B1}、i_{B2} 减小,i_{C1}、i_{C2} 随之减小,u_{C1}、u_{C2} 升高,u_{C1}、u_{C2} 的变化减小。可见,射极电阻 R_e 将电路输出回路电流 i_{E1}、i_{E2} 的变化转换成射极电位的变化,来影响差分管输入回路的电压 u_{BE1}、u_{BE2},使得集电极电位的变化减小。当共模信号使基极电流 i_{B1}、i_{B2} 减小时,电路中的变化将与上述过程相反。

将输出量通过一定方式引回到输入回路来影响输入量称为反馈,反馈结果使输出量的变化减小的称为负反馈。由于 R_e 对共模信号引入负反馈,故称之为**共模负反馈电阻**。因为反馈引起的射极电位的变化 $\Delta u_E = 2\Delta i_E R_e$,所以对于差分放大电路的每一边电路,等效的反馈电阻为 $2R_e$。在可能的情况下,R_e 阻值越大,共模负反馈越强,在共模信号作用时集电极电位的变化将越小。

3. 差分放大电路在差模信号作用下的分析

若在差分放大电路的两个输入端之间加输入电压 u_{Id},如图 6.3.3(a)所示,则由于电路的对称性,$u_{I1} = -u_{I2} = u_{Id}/2$,信号源的中点相当于公共端,如图中所标注。这种**电压大小相等、方向相反的信号称为差模信号**。

放大电路输入差模信号时的放大倍数称为差模放大倍数,记作 A_d。设 u_{Od} 为输入差模信号时的输出电压,则

$$A_d = \frac{\Delta u_{Od}}{\Delta u_{Id}} \tag{6.3.6}$$

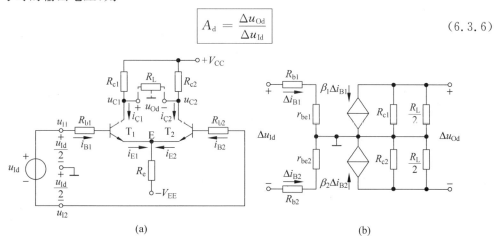

图 6.3.3 差分放大电路加差模信号
(a) 加差模信号 (b) 差模等效电路

由于 $\Delta u_{I1} = -\Delta u_{I2} = \Delta u_{Id}/2$,因而晶体管 T_1 和 T_2 各极电流的变化大小相等,方向相反,即 $\Delta i_{B1} = -\Delta i_{B2} = \Delta i_B$,$\Delta i_{C1} = -\Delta i_{C2} = \Delta i_C$,$\Delta i_{E1} = -\Delta i_{E2} = \Delta i_E$,$\Delta i_{Re} = \Delta i_{E1} + \Delta i_{E2} = 0$,故流过电阻 R_e 的电流保持不变,R_e 两端的电压也就不变,因而 e 点的交流电位可视为"地";由于负载电阻的中点电位不变,也可视为"地"。因此,输入差模信号时的交流等效电路如图 6.3.3(b)所示。由图可知,电路以地端为中心上下完全对称,输入电压

$$\Delta u_{Id} = 2\Delta i_B(R_b + r_{be})$$

输出电压

$$\Delta u_{Od} = -2\Delta i_C\left(R_c \mathbin{/\mkern-5mu/} \frac{R_L}{2}\right) = -2\beta\Delta i_B\left(R_c \mathbin{/\mkern-5mu/} \frac{R_L}{2}\right)$$

因而差模放大倍数为

$$A_d = \frac{\Delta u_{Od}}{\Delta u_{Id}} = -\frac{\beta R'_L}{R_b + r_{be}}\left(R_c \mathbin{/\mkern-5mu/} \frac{R_L}{2}\right) \tag{6.3.7}$$

可见,基本差分放大电路的差模放大倍数 A_d 与单管共射放大电路的放大倍数相等,即差分放大电路是通过牺牲一个管子的放大倍数来换取低温漂的。

输入电阻是从电路的两个输入端看进去的等效电阻,由图 6.3.3(b)可得

$$R_i = 2(R_b + r_{be}) \tag{6.3.8}$$

电路的输出电阻是从两个输出端看进去的等效内阻,为

$$R_o = 2R_c \tag{6.3.9}$$

例 6.3.1 在图 6.3.1 所示电路中,已知 $\beta_1 = \beta_2 = 150$, $r_{bb'} = 300\Omega$, $U_{BEQ} = 0.7V$, $R_{b1} = R_{b2} = 0$, $R_{c1} = R_{c2} = 20k\Omega$, $R_e = 30k\Omega$, $V_{CC} = -V_{EE} = 12V$。试求解:

(1) 静态工作点;
(2) 若在输出端加上负载 $R_L = 20k\Omega$,试求差模放大倍数 A_d、R_i 和 R_o。

解 (1) 根据式(6.3.2)、式(6.3.3)和式(6.3.4)估算 Q 点。

$$I_{CQ} \approx I_{EQ} = (V_{EE} - U_{BEQ})/(2R_e) \approx 0.188 \text{mA}$$

$$I_{BQ} \approx I_{CQ}/\beta \approx 1.25 \mu A$$

$$U_{CEQ} \approx V_{CC} - I_{CQ}R_c + U_{BEQ} \approx 8.94 V$$

(2) 差分管 b-e 间的等效电阻

$$r_{be} = r_{bb'} + (1+\beta)(26/I_{EQ}) \approx 21 k\Omega$$

根据式(6.3.7)、式(6.3.8)和式(6.3.9)求解差模动态参数。

$$A_d = \frac{\Delta u_{Od}}{\Delta u_{Id}} = -\frac{\beta\left(R_c \mathbin{/\mkern-5mu/} \dfrac{R_L}{2}\right)}{R_b + r_{be}} \approx -\frac{150 \times \dfrac{20 \times 10}{20+10}}{0+21} \approx -47$$

$$R_i = 2(R_b + r_{be}) \approx 42 k\Omega$$

$$R_o = 2R_c = 40 k\Omega$$

对差分放大电路,共模信号是抑制的对象,共模放大倍数 A_c 的数值越小越好;而差模信号是放大的对象,A_d 的数值越大越好。为了综合考查两方面的性能,引入参数"共模抑制比",记作 K_{CMR}。

$$K_{CMR} = \left|\frac{A_d}{A_c}\right| \tag{6.3.10}$$

K_{CMR} 越大,放大电路的性能越优良。理想情况下,$K_{CMR} = \infty$。

6.3.3 具有恒流源的差分放大电路

在长尾式差分放大电路中,R_e 越大,共模负反馈越强,在共模信号作用下每个差分管集电极电位的变化就越小。但 R_e 的增大是有限的,这是因为一方面在集成电路中难于制作大电阻;另一方面,在差分管静态电流不变的情况下,R_e 越大,所需的 V_{EE} 将越高,而若 V_{EE} 太大,则不合理。例如,设 $I_{CQ} = 0.5 \text{mA}$,若 $R_e = 10k\Omega$,则 $V_{EE} = I_{Re}R_e + U_{BEQ} \approx 10.7V$;

若 $R_e=100\text{k}\Omega$,则 $V_{EE}\approx 100.7\text{V}$,而通常 V_{CC} 仅为十几伏,显然如此大的 V_{EE} 要求晶体管的 c-e 间的耐压很高,这不合理。为此,需要在 V_{EE} 较小的情况下,既能设置合适的静态电流、又能对于共模信号呈现很大等效电阻的电路来取代射极电阻 R_e,恒流源具有这种特点。具有恒流源的差分放大电路如图 6.3.4(a)所示,由于理想恒流源内阻趋于无穷,所以可以认为当输入共模信号时,每只管子集电极电流和电位的变化为零。图(b)是实际电路之一。

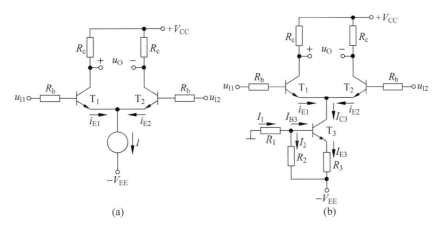

图 6.3.4 具有恒流源的差分放大电路
(a) 射极接恒流源 (b) 实际电路

在图(b)所示电路中,在一定的条件下,T_3、R_1、R_2、R_3 就可以构成恒流源。若电阻 R_2 中的电流 I_2 远远大于 T_3 管的基极电流 I_{B3},则 $I_1\approx I_2$,R_2 上的电压

$$U_{R_2}\approx \frac{R_2}{R_1+R_2}\cdot V_{EE}$$

T_3 管的集电极电流

$$I_{C3}\approx I_{E3}=\frac{U_{R_2}-U_{BE3}}{R_3} \tag{6.3.11}$$

若 T_3 管 b-e 间电压在环境温度变化时所产生的变化为 ΔU_{BE3},则考虑温度变化,式(6.3.11)变换为

$$I_{C3}\approx I_{E3}=\frac{U_{R_2}-(U_{BE3}+\Delta U_{BE3})}{R_3}=\frac{(U_{R_2}-U_{BE3})-\Delta U_{BE3}}{R_3} \tag{6.3.12}$$

若 $U_{R_2}-U_{BE3}\gg |\Delta U_{BE3}|$,则 T_3 管的集电极电流 I_{C3} 在环境温度变化时基本不变,故可将其看成为恒流。

在集成运放中所采用的恒流源,将在 6.5 节讲述。

6.3.4 差分放大电路的四种接法

在实际应用中,为使信号免受干扰和负载安全工作,差分放大电路的输入端和输出端常需要有接地点。根据输入端与输出端接"地"情况的不同,差分放大电路有四种不同接法:双端输入双端输出、双端输入单端输出、单端输入双端输出、单端输入单端输出。前面分析的基本差分放大电路为双端输入双端输出接法,下面就单端输入和单端输出方式加以说明。

1. 单端输入双端输出电路

在图 6.3.4(a)所示双端输入双端输出差分放大电路中,若将其中一个输入端接地,则构成单端输入双端输出电路,如图 6.3.5(a)所示。为了便于理解单端输入电路的特点,可作如下等效变换:在加信号一端等效成两个极性相同的 $u_I/2$ 信号串联,在接地一端等效成两个极性相反的 $u_I/2$ 信号串联,如图(b)所示。可以看出,两端各有 $+u_I/2$ 的共模信号输入,且各有 $\pm u_I/2$ 的差模信号输入,即电路的差模信号为 u_I。因此,单端输入电路在输入差模信号 u_I 的同时不可避免地输入 $u_I/2$ 的共模信号,根据叠加原理,在 u_I 作用下,输出电压

$$\Delta u_O = A_d \cdot \Delta u_{Id} + A_c \cdot \Delta u_{Ic} = A_d \cdot \Delta u_I + A_c \cdot \frac{\Delta u_I}{2} \tag{6.3.13}$$

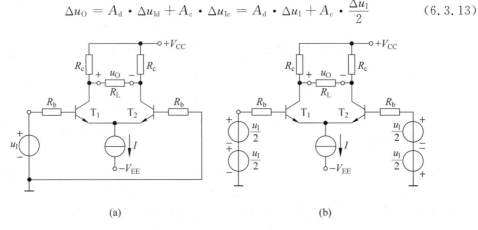

图 6.3.5 单端输入双端输出差分放大电路
(a) 电路 (b) 对输入信号进行等效变换

在理想情况下共模电压放大倍数 $A_c = 0$,差模电压放大倍数与基本差分放大电路的相同,所以

$$\Delta u_O = -\frac{\beta\left(R_c \mathbin{/\mkern-6mu/} \dfrac{R_L}{2}\right)}{R_b + r_{be}} \cdot \Delta u_I \tag{6.3.14}$$

电路的输入电阻和输出电阻也分别与双端输入双端输出的一样。

2. 双端输入单端输出电路

在图 6.3.4(a) 所示双端输入双端输出差分放大电路中,若仅从 T_1 管的集电极对地输出,则构成双端输入单端输出电路,如图 6.3.6(a) 所示。由于 T_2 管的动态电流不需要转换成电压输出,故在实用电路中常将集电极电阻去掉,而将集电极直接接电源。

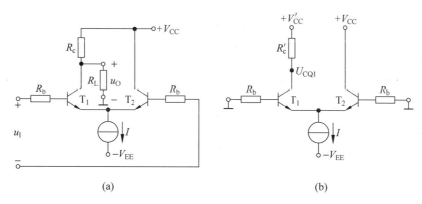

图 6.3.6 双端输入单端输出差分放大电路
(a) 电路 (b) 静态分析

(1) 静态分析

图(b)所示为图(a)的直流通路,其中 V'_{CC} 和 R'_L 是利用戴维南定理进行等效变换得出的等效电源和电阻,它们分别为

$$\begin{cases} V'_{CC} = \dfrac{R_L}{R_c + R_L} \cdot V_{CC} & (6.3.15a) \\ R'_L = R_c \mathbin{/\mkern-6mu/} R_L & (6.3.15b) \end{cases}$$

由于输入回路参数的对称性,仍有 $I_{BQ1} = I_{BQ2} = I_{BQ}$,$I_{CQ1} = I_{CQ2} = I_{CQ}$,$I_{EQ1} = I_{EQ2} = I_{EQ} = I/2$;但输出回路不对称,故 T_1 管和 T_2 管的集电极静态电位 $U_{CQ1} \neq U_{CQ2}$,它们分别为

$$U_{CQ1} = V'_{CC} - I_{CQ} R'_L = V'_{CC} - \frac{I}{2} \cdot R'_L \tag{6.3.16}$$

$$U_{CQ2} = V_{CC} \tag{6.3.17}$$

(2) 动态分析

图 6.3.6(a) 所示电路在输入差模信号时的等效电路如图 6.3.7 所示。由于差分管的射极电位可视为"地",而 T_2 管的集电极接电源,也可视为"地",所以在等效电路中 T_2

管输出回路被短路。输出只取自 T_1 管的集电极电压变化量,故差模放大倍数

$$A_d = \frac{\Delta u_{Od}}{\Delta u_{Id}} = -\frac{1}{2} \cdot \frac{\beta(R_c // R_L)}{R_b + r_{be}} \qquad (6.3.18)$$

在空载情况下仅为双端输出时的一半。

输入电阻和输出电阻分别为

$$R_i = 2(R_b + r_{be}) \qquad (6.3.19)$$

$$R_o = R_c \qquad (6.3.20)$$

因为图 6.3.6(a)所示电路是具有恒流源的差分放大电路,可以认为共模负反馈电阻无穷大,所以共模放大倍数等于 0,共模抑制比为无穷大。

如果将 T_1 管的集电极接电源,从 T_2 管的集电极输出,则差模放大倍数

$$A_d = \frac{1}{2} \cdot \frac{\beta(R_c // R_L)}{R_b + r_{be}} \qquad (6.3.21)$$

与式(6.3.18)相比,只有符号不同,说明输出与输入同相。

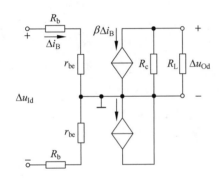

图 6.3.7　差模等效电路图

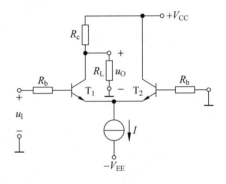

图 6.3.8　单端输入单端输出差分放大电路

根据上述方法读者可自行分析图 6.3.8 所示单端输入单端输出电路。

例 6.3.2　图 6.3.6(a)所示电路中,已知恒流源电流 $I = 1\text{mA}$,T_1 和 T_2 的 β 均为 100,$R_b = 1\text{k}\Omega$,$R_c = 10\text{k}\Omega$,$R_L = 10\text{k}\Omega$,$V_{CC} = 12\text{V}$,$U_{BEQ} = 0.7\text{V}$,$r_{bb'} = 200\Omega$。试求解:

(1) 静态时 T_1 管的管压降;

(2) 差模电压放大倍数 A_d;

(3) 当 u_I 为 10mV 直流信号时,若用直流电压表测量,则 $u_O = ?$

解　(1) 根据式(6.3.15),静态时 T_1 管一边的等效电源和电阻分别为

$$V'_{CC} = \frac{R_L}{R_c + R_L} \cdot V_{CC} = \left(\frac{10}{10+10} \times 12\right)\text{V} = 6\text{V}$$

$$R'_L = R_c // R_L = \left(\frac{10 \times 10}{10+10}\right)\text{k}\Omega = 5\text{k}\Omega$$

差分管的集电极电流 $I_{CQ} \approx I_{EQ} = I/2 = 0.5\text{mA}$,所以 T_1 管集电极静态电位

$$U_{CQ} = V'_{CC} - I_{CQ}R'_L = 6 - 0.5 \times 5 = 3.5\text{V}$$

取 $U_{BEQ} \approx 0.7\text{V}$，$T_1$ 管的管压降

$$U_{CEQ1} \approx U_{CQ} + U_{BEQ} \approx 4.2\text{V}$$

(2) b-c 间的等效电阻

$$r_{be} = r_{bb'} + (1+\beta)\,26/I_{EQ} = 5.45\text{k}\Omega$$

$$A_d = -\frac{\beta(R_c /\!/ R_L)}{2(R_b + r_{be})} = -\frac{100 \times 5}{2(1+5.45)} \approx -39$$

(3) 根据上面分析，已知静态时 u_O 等于 T_1 管集电极静态电位 $U_{CQ1} = 3.5\text{V}$，差模放大倍数 $A_d \approx -39$。所以当 $u_I = 10\text{mV}$ 时

$$u_O = U_{CQ1} + A_d u_I \approx (3.5 - 39 \times 0.01)\text{V} = 3.11\text{V}$$

3. 四种接法的比较

综上所述，在电路参数理想对称的情况下，四种接法差分放大电路比较如下：

(1) 静态时，不管哪种接法，两只差分管的基极、集电极和发射极电流均分别相等；双端输出时两只差分管的管压降也相等，而单端输出时两只差分管的管压降不等。

(2) 不管哪种接法，差分放大电路的输入电阻均相等；双端输出时的输出电阻为 $2R_c$，而单端输出时的输出电阻为 R_c；双端输出时的差模放大倍数为 $-\dfrac{\beta\left(R_c /\!/ \frac{1}{2}R_L\right)}{R_b + r_{be}}$，而单端输出时的差模放大倍数为 $-\dfrac{1}{2} \cdot \dfrac{\beta(R_c /\!/ R_L)}{R_b + r_{be}}$，空载时前者是后者的 2 倍；双端输出时的共模放大倍数为 0，而单端输出方式只有在恒流源电路中共模放大倍数才为 0。

(3) 单端输入方式在输入差模信号的同时伴随着共模信号。

因此，差分放大电路静态和动态参数的差别仅决定于输出方式。使用单端输入或单端输出方式的电路时，应考虑采用具有恒流源的差分电路，以增强其抑制共模信号的能力。

在实用电路中，若差分电路的两边电路参数有微小差别，则可采用如图 6.3.9 所示电路，调整电位器的滑动端，使之在差模信号为 0 时输出电压为 0。当电位器的滑动端在中点时，其差模放大倍数和输入电阻为

$$A_d = -\frac{\beta R_c}{R_b + r_{be} + \frac{1}{2}(1+\beta)R_w}$$

(6.3.22a)

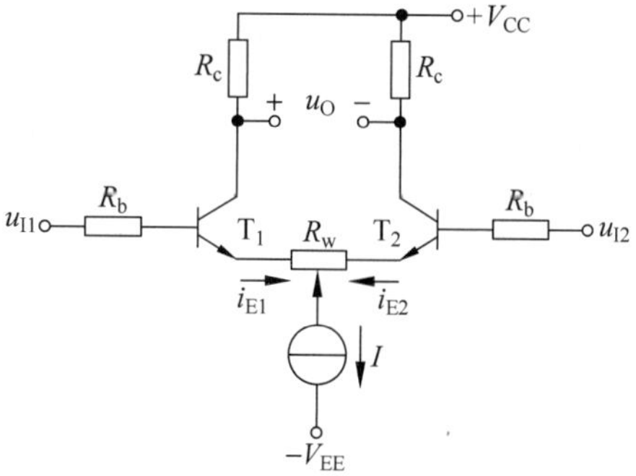

图 6.3.9　电路采用电位器调零

$$R_i = 2(R_b + r_{be}) + (1+\beta)R_w \tag{6.3.22b}$$

若要输入电阻趋于无穷大,则应考虑采用场效应管作差分管。

例 6.3.3 在图 6.3.4(a)所示电路中,已知静态工作点合适,且 $u_{I1} = 10\text{mV}$, $u_{I2} = 20\text{mV}$。试问电路输入的差模信号为多少? 共模信号为多少?

解 在小信号作用下,可利用叠加原理来求解电路。即首先令 u_{I1} 和 u_{I2} 分别作用于电路,求出差模信号和共模信号的大小,然后将结果相加。

根据前面对单端输入电路的分析可知,若 $u_{I1} = 10\text{mV}$, $u_{I2} = 0$,则差模信号 $u_{Id1} = u_{I1} = 10\text{mV}$,共模信号 $u_{Ic1} = u_{I1}/2 = 5\text{mV}$;若 $u_{I1} = 0$, $u_{I2} = 20\text{mV}$,则差模信号 $u_{Id2} = -u_{I2} = -20\text{mV}$,共模信号 $u_{Ic2} = u_{I2}/2 = 10\text{mV}$;所以,该电路输入的差模信号和共模信号分别为

$$u_{Id} = u_{Id1} + u_{Id2} = (10-20)\text{mV} = -10\text{mV}$$

$$u_{Ic} = u_{Ic1} + u_{Ic2} = (5+10)\text{mV} = 15\text{mV}$$

从以上分析可得出一般结论,当差分放大电路的两个输入端分别对地输入信号为 u_{I1} 和 u_{I2} 时,差分放大电路输入的差模信号和共模信号分别为

$$\begin{cases} u_{Id} = u_{I1} - u_{I2} & (6.3.23a) \\ u_{Ic} = \dfrac{u_{I1} + u_{I2}}{2} & (6.3.23b) \end{cases}$$

6.4 功率放大电路

与实用的多级放大电路一样,集成运放的输出级要驱动负载。能够为负载提供足够大功率的放大电路称为功率放大电路,从这个意义上讲,任何多级放大电路的最后一级均为功率放大电路。虽然,集成运放芯片的功耗很小,一般只有几十毫瓦,使之输出功率也很小;但是,其输出级的电路结构、工作原理和同类大功率放大电路完全相同。所以本节将结合集成运放中常用的互补输出级就功率放大电路(简称功放)的一般问题加以介绍。

6.4.1 功率放大电路概述

1. 功率放大电路的主要参数

对于功率放大电路,通常人们不关心其电压放大倍数或电流放大倍数,而着重研究其最大输出功率 P_{om} 和效率 η。

(1) 最大输出功率

功率放大电路在输入正弦波信号且基本不失真的情况下,负载上能够获得的最大交流功率称为最大输出功率 P_{om}。若最大不失真输出电压(有效值)为 U_{om},负载电阻为 R_L,则最大输出功率

$$P_{om} = \frac{U_{om}^2}{R_L} \tag{6.4.1}$$

(2) 效率

最大输出功率 P_{om} 与此时直流电源所提供的平均功率 P_V 之比称为效率 η，即

$$\eta = \frac{P_{om}}{P_V} \tag{6.4.2}$$

P_V 等于直流电源输出电流的平均值与电源电压之积。

2. 功率放大电路的特点、功放管的工作状态和选择

对功率放大电路的基本要求是在供电电源（即直流电源）一定的情况下，使负载获得尽可能大的交流电压和电流，即获得尽可能大的交流功率，并且获得尽可能高的效率。电源提供的功率除了消耗在负载上外，其余部分基本消耗在放大管上，因而，在组成功率放大电路时，应使得放大管（简称功放管）消耗的功率尽可能小。为此，通常使功放管在静态时工作在临界导通状态，甚至工作在截止状态，使其直流功耗趋于零。可见，这与前面所述的各种放大电路中放大管静态时的工作状态完全不同；从另一角度看，前面所述的各种放大电路均不适于作功放。根据放大管在输入正弦波信号时导通情况可将其分为甲类、乙类、甲乙类等工作状态。在信号整个周期中管子均导通的称为甲类工作状态，仅在信号半个周期导通的称为乙类工作状态，导通时间大于半个周期的称为甲乙类工作状态。本章所介绍的功放中的晶体管多工作在乙类或甲乙类状态。

在功放中，应依据功放管工作时所流过的最大集电极电流 i_{Cmax}、所承受的最大管压降 u_{CEmax} 和所消耗的最大功率 P_{Tmax} 来选择功放管，即主要考虑极限参数来选择功放管。若晶体管的最大集电极电流、集电极最大耗散功率和最大管压降分别为 I_{CM}、P_{CM} 和 $U_{(BR)CEO}$[①]，则

$$\begin{cases} i_{Cmax} < I_{CM} & (6.4.3a) \\ u_{CEmax} < U_{(BR)CEO} & (6.4.3b) \\ P_{Tmax} < P_{CM} & (6.4.3c) \end{cases}$$

此外，还应根据手册安装合适的散热器。应当指出，若不按手册安装足够尺寸的散热器，管子将不能达到手册中给定的极限参数。

3. 功率放大电路的分类

传统的功率放大电路多采用变压器耦合方式，目前应用较多的是无输出电容的功率放大电路（OCL[②] 电路）和无输出变压器的功率放大电路（OTL[③] 电路），此外还有桥式推

[①] 晶体管的极限参数见 4.1 节。

[②] OCL 为 Output Capacitorless 的缩写。

[③] OTL 为 Output Transformerless 的缩写。

挽电路(BTL[①]电路)。为了提高带负载能力,除了变压器耦合功放外,OCL 电路、OTL 电路和 BTL 电路均采用射极输出的方式,即共集接法。

6.4.2 OCL 电路

为了克服单管共集放大电路中放大管直流功耗大的缺点,OCL 电路采用双电源供电、互补方式,如图 6.4.1(a)所示,常作为集成运放的输出级,称为互补输出级。由图可知,OCL 电路是直接耦合功率放大电路,虽然它的两只管子一只为 NPN 型,另一只为 PNP 型,但是它们却具有完全对称的特性。

1. 工作原理

为使问题简单化,设晶体管 T_1 的输入特性如图 6.4.1(b)中实线所示,T_2 管的输入特性与之对称。

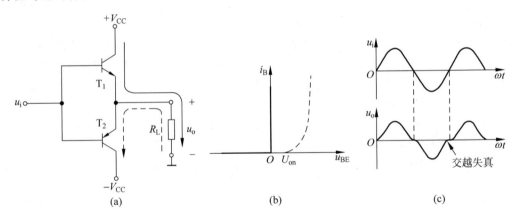

图 6.4.1 OCL 电路
(a) 电路 (b) 晶体管理想输入特性 (c) 交越失真

静态时,$u_i=0$,由于 T_1、T_2 对称,$u_o=0$,$u_{BE1}=u_{BE2}=0$,电路的静态功耗为零。

当输入正弦波电压信号 u_i 后,正半周 T_1 导通、T_2 截止,$+V_{CC}$ 供电,电流从 $+V_{CC}$ 经 T_1 的 c-e、R_L 至地,u_o 跟随 u_i 变化,其最大峰值可接近 $+V_{CC}$;负半周 T_2 导通、T_1 截止,$-V_{CC}$ 供电,电流从地经 T_2 的 c-e、R_L 至 $-V_{CC}$,$u_o=u_i$,u_o 仍跟随 u_i 变化,其最大峰值可接近 $-V_{CC}$。因此在信号 u_i 变化的整个周期内,u_o 均跟随 u_i 变化,由于两只管子特性对称,输出电压正负对称。

---

① BTL 为 Balanced Transformerless 的缩写。

综上所述，OCL 电路在信号的正负半周 T_1、T_2 管交替工作(称为互补)，两路电源交替供电，输出电压双向跟随。由于每只管子均在信号的半周处于导通状态，故工作在乙类状态，也称图 6.4.1(a)所示电路为乙类互补电路。

2. 消除交越失真的 OCL 电路

实际上，由于功放管的输入特性如图 6.4.1(b)中虚线所示，所以在图 6.4.1(a)所示电路中，若输入信号的幅值小于晶体管的开启电压 U_{on}，则 T_1 和 T_2 均工作在截止状态。此时输出电压为 0，而不能跟随输入电压变化，产生了失真，如图 6.4.1(c)所示，称为交越失真。消除失真的有效方法是为放大电路设置合适的静态工作点。可以想象，若静态时两只管子均工作在临界导通状态，即 $|U_{BEQ}|=|U_{on}|$，则当信号输入时至少有一只功放管导通，输出电压就可不失真地跟随输入电压变化了。

消除交越失真的 OCL 电路如图 6.4.2(a)所示，静态时 T_1 和 T_2 的基极间的电压等于两只二极管的导通电压，即

$$U_{B1B2} = U_{BE1} + U_{BE2} = U_{D1} + U_{D2}$$

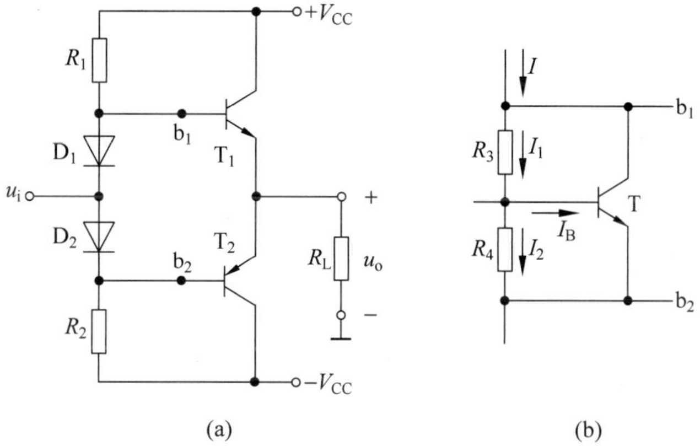

图 6.4.2 消除交越失真的 OCL 电路
(a) 典型电路 (b) U_{BE} 倍增电路

因而使得 T_1 和 T_2 管处于临界导通状态，通常有很小的集电极电流，故也称它们工作在微导通状态。由于晶体管的导通时间超过半个周期，故处于甲乙类工作状态。由于二极管的动态电阻很小[①]，故可以认为其动态电压为 0，T_1 和 T_2 管的基极动态电位近似相等，即 $u_{b1} \approx u_{b2} \approx u_i$。

在集成运放中，还常采用图 6.4.2(b)所示 U_{BE} 倍增电路取代图(a)中的两只二极管，

---

① 见 3.2 节的有关分析。

来消除交越失真。在图(b)中,设计时应满足 $I_2 \gg I_B$,故

$$I_1 \approx I_2 = \frac{U_{BE}}{R_4}$$

因此,T 的管压降,即 T_1 和 T_2 管基极之间的静态电压为

$$U_{B1B2} = U_{CE} \approx (R_3 + R_4)I_1 = \left(1 + \frac{R_3}{R_4}\right)U_{BE} \tag{6.4.4}$$

由于 T 管压降 U_{CE} 为 U_{BE} 的倍数,故称为 U_{BE} 倍增电路。只要合理选择 R_3 和 R_4 的比值,就可以为 T_1 和 T_2 提供合适的静态电压。另外,在 U_{BE} 倍增电路中,T 管发射结压降具有与 T_1 和 T_2 发射结压降几乎相同的温度系数,因而具有温度补偿的作用。

3. 复合管

在实用功率放大电路中,负载电流常达到几安,甚至几十安、上百安,而前级放大电路只能提供几毫安电流,为了提高功放管的电流放大系数,常用多个晶体管组成复合管,如图 6.4.3 所示。

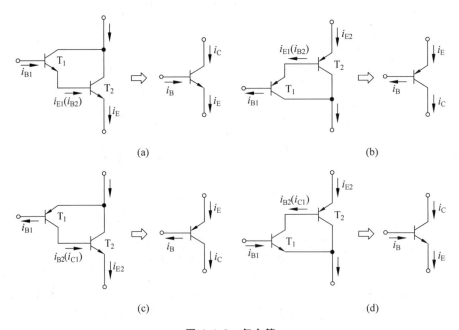

图 6.4.3 复合管
(a) 两只 NPN 管构成 NPN 型管　(b) 两只 PNP 管构成 PNP 型管
(c) 两只不同类型管构成 PNP 型管　(d) 两只不同类型管构成 NPN 型管

从图(a)可知,在外加电压合适的情况下,T_1 管的发射极电流为 T_2 管的基极电流,复合后等效成右图所示的 NPN 型管,该管的集电极电流

$$i_C = i_{C1} + i_{C2}$$
$$= \beta_1 i_{B1} + (1+\beta_1)\beta_2 i_{B1}$$
$$= (\beta_1 + \beta_2 + \beta_1\beta_2) i_{B1}$$
$$= (\beta_1 + \beta_2 + \beta_1\beta_2) i_B$$

通常可认为 $\beta_1\beta_2 \gg \beta_1 + \beta_2$，所以复合管的电流放大系数

$$\beta = \frac{\Delta i_C}{\Delta i_B} \approx \beta_1\beta_2 \tag{6.4.5}$$

按上述方法分析图(b)所示电路可以得出同样结论。

从图(c)可知，在外加电压合适的情况下，T_1 管的集电极电流为 T_2 管的基极电流，复合后等效成右图所示的 PNP 型管，该管的集电极电流

$$i_C = i_{E2} = (1+\beta_2) i_{C1} = \beta_1(1+\beta_2) i_{B1} = (\beta_1 + \beta_1\beta_2) i_B$$

若 $\beta_1\beta_2 \gg \beta_1$，则复合管的电流放大系数如式(6.4.5)所示。按上述方法分析图(d)所示电路可以得出同样结论。与图(a)和(b)所示电路不同的是，图(c)和(d)所示电路采用不同类型管子复合，复合后管子的类型与 T_1 管相同。

综上所述，采用复合管增大了电流放大系数，减小了前级的驱动电流，并且可用不同类型的管子构成所需类型的管子。实用电路中还可将场效应管和晶体三极管复合，等效成场效应管。

4. 准互补输出级

图 6.4.4(a)所示为两级放大电路，第一级是共射放大电路，T_1 为放大管，恒流源 I 一方面为 T_1 设置静态电流，另一方面作为等效的集电极负载；第二级是采用复合管的互补输出级，T_3 和 T_4 组成复合管取代图 6.4.2(a)中的 T_1 管，T_5 和 T_6 组成复合管取代图 6.4.2(a)中的 T_2 管，R_2、R_3 和 T_2 为 U_{BE} 倍增电路，用来消除交越失真。

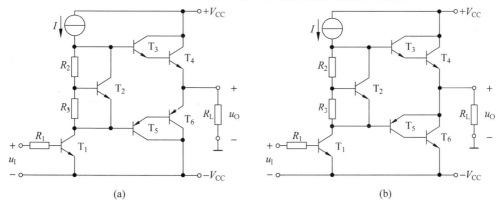

图 6.4.4　利用复合管的功率放大电路
（a）互补输出级　（b）准互补输出级

在输出功率较大的功放中,大功率管 T_4 和 T_6 由于管子类型不同而难于完全对称;在集成运放中,由于 PNP 型管与 NPN 型管的制造工艺不同而难于完全对称。故在实用电路中常用 PNP 型与 NPN 型管复合成 PNP 型管来取代图 6.4.2(a)中的 T_2 管,如图 6.4.4(b)所示,称之为准互补输出级。这样,使得接负载的两只功放管同为 NPN 型管,可使两个等效的功放管特性基本对称。

5. 互补电路的输出功率及效率

在图 6.4.2(a)所示电路中,设晶体管的静态电流可忽略不计,晶体管饱和管压降的数值为 $|U_{CES}|$,则负载电阻上能够获得的交流电压的峰值为 $(V_{CC}-|U_{CES}|)$,因而最大不失真输出电压

$$U_{om} = \frac{V_{CC}-|U_{CES}|}{\sqrt{2}}$$

所以最大输出功率

$$\boxed{P_{om} = \frac{U_{om}^2}{R_L} = \frac{(V_{CC}-|U_{CES}|)^2}{2R_L}} \tag{6.4.6}$$

理想情况下,即 $U_{CES}=0$ 时

$$P_{om} = \frac{V_{CC}^2}{2R_L}\bigg|_{U_{CES}=0} \tag{6.4.7}$$

在输出功率最大时,集电极电流最大,直流电源的输出电流也最大,因而在忽略晶体管基极电流的情况下直流电源 $+V_{CC}$ 的最大输出电流

$$i_{Vmax} = i_{Cmax} = \frac{V_{CC}-|U_{CES}|}{R_L}$$

在半个周期内提供的平均电流为 $\frac{i_{Cmax}}{\pi}$,因此两个电源所提供的总功率

$$P_V = 2V_{CC}\frac{i_{Cmax}}{\pi} = 2V_{CC} \cdot \frac{V_{CC}-|U_{CES}|}{\pi R_L} \tag{6.4.8}$$

根据式(6.4.6)和式(6.4.8)可得效率

$$\boxed{\eta = \frac{P_{om}}{P_V} = \frac{\pi}{4} \cdot \frac{V_{CC}-|U_{CES}|}{V_{CC}}} \tag{6.4.9}$$

若晶体管饱和管压降 $U_{CES}=0$,则

$$\eta = \frac{\pi}{4} \approx 78.5\% \tag{6.4.10}$$

可见,功率放大电路的效率总是低于 78.5% 的。由于大功放管的饱和管压降 U_{CES} 常为 2~3V,故常不可忽略。

6. 功放管的选择

在功率放大电路中,为了在选择功放管的极限参数时留有一定余地,通常设功放管的饱和管压降 U_{CES} 为 0。因此,在图 6.4.2(a)所示电路中,功放管最大集电极电流为

$$i_{Cmax} = \frac{V_{CC}}{R_L}\bigg|_{U_{CES}=0} \tag{6.4.11}$$

当 T_1 管导通且输出电压最大,即 $u_{Omax} = V_{CC}$ 时,T_2 管承受最大管压降,为

$$|u_{CEmax}| = 2V_{CC}\,|_{U_{CES}=0} \tag{6.4.12}$$

同理,T_1 管承受最大管压降也为 $2V_{CC}$。

当输出电压幅度最大时,虽然功放管电流最大但管压降最小,故管耗不是最大;当输出电压为零时,虽然功放管管压降最大但集电极电流最小,故功耗也不是最大。因而必定在输出电压幅值为一特定值时管耗最大。所以,可以列出管耗和输出电压幅值的关系式,通过求导并令导数为零的方法求出管耗最大时的输出电压幅值。由此可得当输出幅度为最大幅度的 $\frac{2}{\pi} V_{CC}$ 时,管耗最大,此时每一只管子的最大功耗约为

$$\boxed{P_{Tmax} = \frac{V_{CC}^2}{\pi^2 R_L}} \tag{6.4.13}$$

因此,根据式(6.4.7)和式(6.4.13),在忽略饱和管压降的情况下,管子的最大功耗与最大输出功率之间的关系为

$$\boxed{P_{Tmax} \approx 0.2 P_{om}\,|_{U_{CES}=0}} \tag{6.4.14}$$

由以上分析可知,选择功放管时其极限参数应满足:

(1) 集电极最大允许耗散功率 $P_{CM} > 0.2 P_{om}|_{U_{CES}=0}$;

(2) c-e 间击穿电压 $|U_{(BR)CEO}| > 2V_{CC}$;

(3) 最大集电极电流 $I_{CM} > \dfrac{V_{CC}}{R_L}$。

功放管消耗的功率主要表现为管子的结温升高。散热条件越好,越能发挥管子的潜力,增加功放管的输出功率,因而必须为功放管配备合适尺寸的散热器。

例 6.4.1 在图 6.4.2(a)所示电路中,已知 $V_{CC}=15V$,T_1 和 T_2 管的饱和管压降 $|U_{CES}|=3V$,$R_L=8\Omega$。试问:

(1) 电路的最大输出功率、效率和每只管子的最大功耗各为多少?

(2) 若要求负载电阻可能获得的最大功率为 12W,则电源电压至少选取多少?

解 (1) 根据式(6.4.6)和式(6.4.9),最大输出功率为

$$P_{om} = \frac{(V_{CC} - |U_{CES}|)^2}{2R_L} = \left[\frac{(15-3)^2}{2 \times 8}\right]W = 9W$$

故效率为

$$\eta = \frac{\pi}{4} \cdot \frac{V_{CC} - U_{CES}}{V_{CC}} = \frac{\pi}{4} \cdot \frac{15-3}{15} = 62.8\%$$

根据式(6.4.13),每个晶体管的最大管耗为

$$P_{Tmax} = \frac{V_{CC}^2}{\pi^2 R_L} = \frac{15^2}{\pi^2 \times 8} \approx 2.85\text{W}$$

最大输出功率、效率和每只管子的最大管耗分别为 9W、62.8% 和 2.85W。

(2) 根据式(6.4.6)

$$V_{CCmin} = \sqrt{2R_L P_{om}} + U_{CES} = (\sqrt{2 \times 8 \times 12} + 3)\text{V} \approx 17\text{V}$$

电源电压至少取 17V。

6.4.3 其它类型的功率放大电路

OCL 电路采用直接耦合方式,因而低频特性好。但是它必须用两路电源供电,因而为整个电路的设计带来不便。本节介绍两种单电源供电的功率放大电路。

1. OTL 电路

OTL 电路与 OCL 电路一样,均采用射极输出形式,且均为互补电路,只是其输出与负载电阻用电容耦合,如图 6.4.5(a)所示。

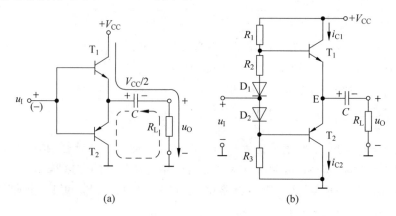

图 6.4.5 OTL 电路
(a) 基本电路 (b) 消除交越失真的 OTL 电路

设 T_1 和 T_2 特性理想对称,且开启电压 $U_{on}=0$。静态时,功放管的基极电位和射极电位均为 $V_{CC}/2$,两只管子均截止。可见,OTL 电路的输入应加 $V_{CC}/2$ 的直流电压。

当输入正弦波信号 u_i 时,在正半周,T_1 管导通,T_2 管截止,电流从 $+V_{CC}$ 经 T_1 的 c-e、

耦合电容 C、负载电阻 R_L 至"地",输出电压 u_o 跟随 u_i 变化,C 充电;在 u_i 的负半周,T_2 管导通,T_1 管截止,电流从电容 C 的"+"经 T_2 的 e-c、"地"、R_L 至 C 的"−",u_o 仍然跟随 u_i 变化,C 放电。只有电容 C 足够大,才能认为充放电过程中 C 上电压几乎不变,即对于交流信号相当于短路,输出电压 u_o 的波形也才正负对称。此时,最大输出电压的峰值电压为 $\left(\dfrac{V_{CC}}{2} - |U_{CES}|\right)$,最大输出功率

$$P_{om} = \dfrac{U_{om}^2}{R_L} = \dfrac{\left(\dfrac{V_{CC}}{2} - |U_{CES}|\right)^2}{2R_L} \tag{6.4.15}$$

依照 OCL 互补电路的分析方法,可得到 OTL 电路的效率、功放管的最大功耗等参数,它们只需将对应式中的 V_{CC} 用 $V_{CC}/2$ 即可。

为了消除交越失真,可采用图 6.4.5(b)所示 OTL 甲乙类互补电路。图中电阻可作为静态电流的微调电阻,其阻值应远远小于 R_1、R_3。

2. BTL 电路

OTL 电路低频特性的好坏取决于耦合电容容量的大小,大容量电容均为电解电容;当容量大到一定程度时,因其极板面积大且卷成筒状放入外壳中而产生电感效应和漏阻,使其不是纯电容;因此,在实用电路中,耦合电容最大为一二千微法。如果这样大的容量不能满足低频特性的要求,仍要选择直接耦合方式。BTL 电路采用单电源且输出采用直接耦合方式与负载相接,如图 6.4.6 所示。其输入和输出均没有接地点,为双端输入、双端输出形式。

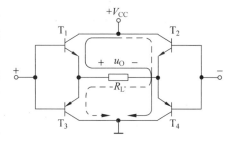

图 6.4.6 BTL 电路

在图 6.4.6 所示电路中,$T_1 \sim T_4$ 管均具有同样的特性,开启电压 $U_{on} = 0$。静态时,四只管子的基极和发射极的电位均为 $V_{CC}/2$,且均处于截止状态。当输入为正弦波时,在正半周,T_1 和 T_3 管的基极为"+",T_2 和 T_4 管的基极为"−",T_1 和 T_4 管导通,T_2 和 T_3 管截止,电流从 $+V_{CC}$ 经 T_1 管、R_L、T_4 至"地",如图中实线所示,输出电压 u_o 跟随 u_i 变化;在负半周,T_2 和 T_4 管的基极为"+",T_1 和 T_3 管的基极为"−",T_2 和 T_3 管导通,T_1 和 T_4 管截止,电流从 $+V_{CC}$ 经 T_2 管、R_L、T_3 至"地",如图中虚线所示,u_o 仍然跟随 u_i 变化,因而负载电阻获得正弦波。

设 $T_1 \sim T_4$ 管的饱和管压降为 $|U_{CES}|$,则最大输出电压的峰值为 $(V_{CC} - 2|U_{CES}|)$,故最大输出功率为

$$P_{om} = \dfrac{(V_{CC} - 2|U_{CES}|)^2}{2R_L} \tag{6.4.16}$$

效率为

$$\eta = \frac{P_{om}}{P_V} = \frac{\pi}{4} \cdot \frac{V_{CC} - 2|U_{CES}|}{V_{CC}} \tag{6.4.17}$$

比较式(6.4.9)和式(6.4.17)可知,在最大输出功率和功放管饱和管压降均相同的情况下,BTL 电路的效率低于 OCL 电路。

OCL、OTL 和 BTL 电路均有集成电路,OTL 电路的耦合电容需外接。在实用电路中,若要求最大输出功率很大,则仍采用传统的变压器耦合功率放大电路,本节不再赘述。

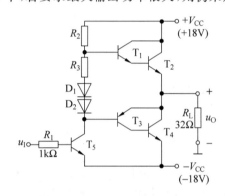

图 6.4.7 例 6.4.2 电路图

例 6.4.2 电路如图 6.4.7 所示,试说明电路分别产生如下故障时将产生什么现象。

(1) R_2 开路;(2) R_2 短路;(3) R_3 开路;(4) R_3 短路。

解 (1) 若 R_2 开路,则 T_1 和 T_2 管均始终工作在截止状态,且 T_5、T_3 和 T_4 管组成了复合管,T_3 管的基极电流等于 T_5 管的集电极电流,T_4 管的基极电流等于 T_3 管的集电极电流,整个复合管的电流放大系数约为 $\beta_5\beta_3\beta_4$,非常大,T_5 管的基极电流因决定于前级电路而基本不变。所以,最可能出现的现象是复合管饱和,电路不能正常放大,输出电压等于

$$u_O = -V_{CC} + (|U_{CES3}| + U_{BE4})$$

式中,$|U_{CES3}|$ 为 T_3 管的饱和管压降,U_{BE4} 为 T_4 管的 b-e 间电压。

(2) 若 R_2 短路,则输出电压被箝位在 $(V_{CC} - U_{BE1} - U_{BE2})$。

(3) 若 R_3 开路,则静态时 T_1 和 T_3 管的基极电流等于 T_5 管的集电极电流,T_2 和 T_4 管的集电极电流很大,且在管子特性对称情况下它们的管压降的数值均为 V_{CC},因而它们的直流功耗非常大,以至于因结温升过高而烧坏。

(4) 若 R_3 短路,则 $U_{BE1} + U_{BE2} + U_{BE3} = U_{D1} + U_{D2}$,使得 T_1、T_2 和 T_3 管在静态不能工作在临界放大状态,因而造成电路有较小的交越失真。

6.5 集成运放中的电流源

在集成运放中,除了在差分放大电路中用恒流源代替射极电阻 R_e 以提高抑制共模信号的能力外,还采用各种电流源(恒流源)作为偏置电路来设置各级放大电路的静态电流,或者作为有源负载取代大阻值电阻以增强放大能力。本节重点介绍几种常用的电流源及其典型应用。

6.5.1 基本电流源电路

1. 镜像电流源

图 6.5.1 所示为镜像电流源。因为 T_0 管和 T_1 管具有完全相同的特性,$\beta_0=\beta_1$;且它们的基极与基极相接,射极与射极相接,使 $U_{BE0}=U_{BE1}$,$I_{B0}=I_{B1}$,所以就像照镜子一样,T_1 管的集电极电流永远和 T_0 管的相等,因此该电路称为镜像电流源。

由于 T_0 管的 b、c 极相连,T_0 管处于临界放大状态,电阻 R 中电流 I_R 为基准电流,表达式为

$$I_R = \frac{V_{CC}-U_{BE}}{R} \tag{6.5.1}$$

且 $I_R=I_{C0}+I_{B0}+I_{B1}=I_{C1}+2I_{B1}=\left(1+\dfrac{2}{\beta}\right)I_{C1}$,所以

$$I_{C1}=\frac{\beta}{\beta+2}\cdot I_R \tag{6.5.2}$$

若 $\beta\gg 2$,则 $I_{C1}\approx I_R$。因此只要电源 V_{CC} 和电阻 R 确定,则 I_{C1} 就确定。

在镜像电流源中,若温度升高使 I_{C1} 增大,与此同时 I_{C0} 也增大,则 R 的压降增大,从而使 $U_{BE0}(U_{BE1})$ 减小,I_{B1} 随之减小,I_{C1} 必然减小;当温度降低时,各物理量与上述变化相反。可见,T_0 的发射结对 T_1 具有温度补偿作用,可有效地抑制 I_{C1} 的温漂,使之在温度变化时基本稳定。

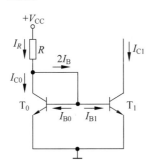

图 6.5.1 镜像电流源

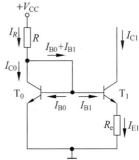

图 6.5.2 微电流源

2. 微电流源

集成运放输入级(差分放大电路)的静态电流只有几十微安,甚至更小。因此,用镜像电流源作为差分管发射极的恒流源时,势必要求 R 的取值很大,以至于无法集成化。微电流源可以在电源电压不高、电阻取值不大的情况下获得微弱电流,其电路如图 6.5.2 所示。显然,T_1 管的集电极电流

$$I_{C1} \approx I_{E1} = \frac{U_{BE0} - U_{BE1}}{R_e} \tag{6.5.3}$$

式中 $(U_{BE0} - U_{BE1})$ 的最大值只有几十毫伏，因而 R_e 只要几千欧，就可得到几十微安的 I_{C1}。由于晶体管发射极电流与 b-e 间电压关系为

$$I_E \approx I_S e^{\frac{U_{BE}}{U_T}}$$

$$U_{BE} \approx U_T \ln \frac{I_E}{I_S}$$

且两只管子的特性完全相同，所以

$$U_{BE0} - U_{BE1} \approx U_T \ln \frac{I_{E0}}{I_{E1}} \approx U_T \ln \frac{I_{C0}}{I_{C1}}$$

当 $\beta \gg 2$ 时，$I_{C0} \approx I_R = \frac{V_{CC} - U_{BE0}}{R}$，所以式(6.5.3)可变换为

$$I_{C1} \approx \frac{U_T}{R_e} \ln \frac{I_R}{I_{C1}} \tag{6.5.4}$$

上式在 R_e 已知的情况下对 I_{C1} 而言是超越方程，可用图解法或累试法求解。

例 6.5.1 在图 6.5.2 所示微电流源中，已知 $I_R = 1\mathrm{mA}$，$U_T = 26\mathrm{mV}$。若要求 $I_{C1} = 20\mu\mathrm{A}$，则 R_e 的阻值应取多少？

解 根据式(6.5.4)可得

$$R_e \approx \frac{U_T}{I_{C1}} \ln \frac{I_R}{I_{C1}} = \frac{26}{0.02} \cdot \ln \frac{1}{0.02} \approx 5090\Omega = 5.09\mathrm{k}\Omega$$

可见，在设计电路时，根据基准电流 I_R 和 I_{C1} 的数值，由式(6.5.4)就可确定 R_e 的阻值，其过程很简单。

3. 比例电流源

比例电流源可以改变镜像电流源中 $I_{C1} \approx I_R$ 的关系，而使 I_{C1} 大于或小于 I_R，其电路如图 6.5.3 所示。从电路可知

$$U_{BE0} + I_{E0} R_{e0} = U_{BE1} + I_{E1} R_{e1}$$

只要 β 足够大，即可认为 $I_R \approx I_{E1}$、$I_{C2} \approx I_{E2}$。由于 $U_{BE1} \approx U_{BE2}$，因而上式可化为

$$\frac{I_{C1}}{I_R} \approx \frac{R_{e0}}{R_{e1}} \tag{6.5.5}$$

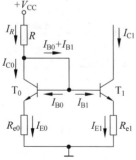

图 6.5.3 比例电流源

式(6.5.5)表明，改变 R_{e0} 和 R_{e1} 的比值即可改变 I_{C1} 与 I_R 的比例关系，因此称为比例电流源。

6.5.2 多路电流源

集成运放是多级放大电路,每一级都应设置合适的静态电流,故需要一个多路的电流源。

以 I_R 为基准电流的双极型晶体管组成的多路电流源如图 6.5.4 所示,可以近似认为 $I_{E0}R_{e0} \approx I_{E1}R_{e1} \approx I_{E2}R_{e2} \approx I_{E3}R_{e3}$。若 β 足够大,则

$$I_{C0}R_{e0} \approx I_{C1}R_{e1} \approx I_{C2}R_{e2} \approx I_{C3}R_{e3} \quad (6.5.6)$$

当 I_{E0} 确定后,各级只要选择合适的电阻,就可以得到所需的电流。

由单极型晶体管(即场效应管)同样可以构成镜像电流源、比例电流源和多路电流源等。常见的多路电流源如图 6.5.5 所示,$T_0 \sim T_3$ 均为 N 沟道增强型 MOS 管,它们的开启电压等参数相等,在 $U_{GS0}=U_{GS1}=U_{GS2}=U_{GS3}$ 时,它们的漏极电流 I_D 正比于沟道的宽长比。设宽长比 $W/L=S$,且 $T_0 \sim T_3$ 的宽长比分别为 $S_0 \sim S_3$,则

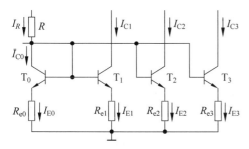

图 6.5.4 由双极型晶体管组成的多路电流源

$$\frac{I_{D1}}{I_{D0}} = \frac{S_1}{S_0}, \quad \frac{I_{D2}}{I_{D0}} = \frac{S_2}{S_0}, \quad \frac{I_{D3}}{I_{D0}} = \frac{S_3}{S_0} \quad (6.5.7)$$

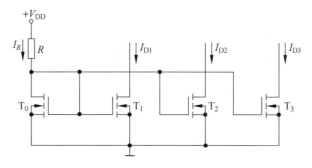

图 6.5.5 由单极型晶体管组成的多路电流源

式(6.5.7)表明,改变场效应管的几何尺寸就可获得各种数值的电流。

除了上述两种多路电流源外,常见的还有由多集电极晶体管构成的多路电流源,这里不再赘述。

6.5.3 改进型电流源

在 6.5.1 节中所述基本电流源中,式(6.5.2)、式(6.5.4)和式(6.5.5)均在晶体管基极电流可忽略的情况下才成立,即只有晶体管的电流放大系数足够大时才成立。而在集成运放中若用横向 PNP 型管作电流源,则将因其电流放大系数只有几倍而使得上述各式不能成立,或者说上述各式的误差很大。为此,常在基本电流源的基础上加以改进,来减少晶体管基极电流的影响,提高输出电流和基准电流的传输精度。

图 6.5.6 所示电路是在基本镜像电流源的基础上加一个射极输出器,T_0、T_1 和 T_2 具有完全相同的特性,因而 $\beta_0 = \beta_1 = \beta_2 = \beta$。由于 $U_{BE0} = U_{BE1}$,$I_{B0} = I_{B1}$,$I_{C0} = I_{C1}$。基准电流

$$I_R = \frac{V_{CC} - U_{BE0}}{R}$$

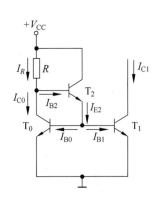

图 6.5.6 加射极输出器的电流源

与式(6.5.1)相同。输出电流 I_{C1} 与基准电流 I_R 的关系为

$$I_{C1} = I_R - I_{B2} = I_R - \frac{I_{E2}}{1+\beta} = I_R - \frac{2I_{B1}}{1+\beta} = I_R - \frac{2I_{C1}}{\beta(1+\beta)}$$

整理可得

$$I_{C1} = \frac{I_R}{1 + \dfrac{2}{\beta(1+\beta)}} \tag{6.5.8}$$

若 $\beta(1+\beta) \gg 2$,则 $I_{C1} \approx I_R$。设 $\beta = 8$,则由式(6.5.2)可知,在图 6.5.1 所示电路中,$I_{C1} = 0.8 I_R$;由式(6.5.8)可知,在图 6.5.6 所示电路中,$I_{C1} \approx 0.973 I_R$。可见,加射极输出器后,提高了输出电流 I_{C1} 和基准电流 I_R 的传输精度。用同样的思路可以构成微电流源、多路电流源等。

6.5.4 以电流源作为有源负载的放大电路

在集成电路中,电流源除了用于设置各级放大电路的静态电流外,还常作为放大电路的有源负载,取代大阻值的电阻。

1. 有源负载共射放大电路

在共射放大电路中,集电极电阻阻值越大,电压放大倍数的数值越大,输出电阻也越大,从而使得负载获得的动态电流也就越大。以电流源取代集电极电阻,可使集电极动态电流几乎全部流向负载。图 6.5.7(a)所示为以电流源作为有源负载的共射放大电路,T_1 管为放大管,T_2 和 T_3 管构成的镜像电流源一方面为 T_1 管设置静态电流,另一方面作为

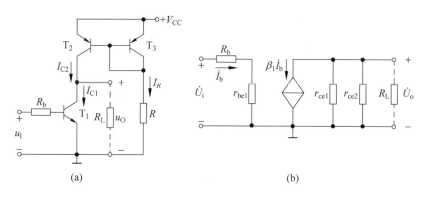

图 6.5.7 有源负载共射放大电路
(a) 电路 (b) 交流等效电路

有源负载。

静态时,根据式(6.5.2),若 $\beta \gg 2$,则 T_1 管的集电极电流为

$$I_{CQ1} \approx I_R = \frac{V_{CC} - U_{EB3}}{R} \tag{6.5.9}$$

应当指出,电路输入端的 u_1 应含有直流成分,为 T_1 管提供合适的静态基极电流 I_{BQ1},且 $I_{BQ1} = I_{CQ1}/\beta$,而不能与镜像电流源所提供的电流产生冲突。

图(b)是图(a)的交流等效电路,r_{ce1} 和 r_{ce2} 分别为 T_1 和 T_2 管 c-e 间的动态电阻,即 h 参数中的 $1/h_{22}$。该电路的电压放大倍数

$$\dot{A}_u = -\frac{\beta(r_{ce1} \ /\!/ \ r_{ce2} \ /\!/ \ R_L)}{r_{be1}} \tag{6.5.10}$$

当 $r_{ce1} /\!/ r_{ce2} \gg R_L$ 时,

$$\dot{A}_u \approx -\frac{\beta R_L}{r_{be1}} \tag{6.5.11}$$

表明集电极动态电流几乎全部流向负载电阻。

2. 有源负载差分放大电路

以电流源作为有源负载的差分放大电路如图 6.5.8 所示,T_1 和 T_2 管为放大管,T_3 和 T_4 管组成的镜像电流源取代集电极电阻作为有源负载。

静态时,T_1 和 T_2 管的集电极电流 $I_{CQ1} = I_{CQ2} = I/2$。根据式(6.5.2),若 $\beta \gg 2$,则 $I_{C4} = I_{C3} \approx I_{C1} = I_{C2}$。因此输出电流 $i_O = i_{C4} - i_{C2} \approx 0$。

有差模信号输入时,$\Delta i_{C1} = -\Delta i_{C2}$,$\Delta i_{C3} \approx \Delta i_{C1}$,

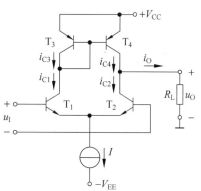

图 6.5.8 有源负载差分放大电路

$\Delta i_{C4} = \Delta i_{C3}$（镜像关系），所以 $\Delta i_O = \Delta i_{C4} - \Delta i_{C2} \approx \Delta i_{C1} - \Delta i_{C2} = 2\Delta i_{C1}$。可见，负载电阻上的动态电流是 T_1 管集电极电流变化量的两倍，因而在单端输出的条件下获得了相当于双端输出的放大倍数。差模放大倍数为

$$A_d = \frac{\Delta u_O}{\Delta u_I} = \frac{\Delta i_O (r_{ce2} /\!/ r_{ce4} /\!/ R_L)}{2r_{be1}} \approx -\frac{\beta(r_{ce2} /\!/ r_{ce4} /\!/ R_L)}{r_{be1}} \tag{6.5.12}$$

当 $r_{ce1} /\!/ r_{ce2} \gg R_L$ 时，

$$A_d \approx -\frac{\beta R_L}{r_{be1}} \tag{6.5.13}$$

6.6 集成运放原理电路

集成运放电路由如图 6.2.2(a)所示的四部分组成。在 6.3～6.5 节中分别讲述了组成集成运放的基本电路：差分放大电路、准互补输出级和电流源电路。本节将分析集成运放的原理电路。

6.6.1 分析方法

由于集成电路在制作过程中并不因电路复杂而造成工艺复杂，因而实际的集成运放电路均为比较复杂的电路，以达到性能优良的目的。然而，尽管电路复杂，但就通用型集成运放而言，几代产品的电路结构基本没变，均由输入级、中间级、输出级和偏置电路四个部分组成。

在分析模拟电子电路时，通常按下列步骤：

(1) **化整为零**，即将复杂电路合理"分块"。对于集成运放电路，则应首先根据偏置电路的特点找出电流源电路，然后根据信号传递方向找出放大电路的输入级、中间级、输出级。

(2) **分析原理**，即分析每一电路的工作原理。对于集成运放电路，则应分析偏置电路的构成，各级放大电路属于哪种基本放大电路及性能特点，如输入级差分放大电路的输入输出方式和提高差模放大倍数的方法，中间级共射放大电路增强放大能力的措施，准互补输出级消除交越失真的方法，等等。

(3) **通观整体、研究性能**，即分析各部分电路的相互联系，以及整个电路的性能特点。对于集成运放电路，则应说明它所具有的高性能及其原因。

6.6.2 原理电路分析

图 6.6.1 为简化的集成运放电路原理图，图中虚线将其划分成四个组成部分。

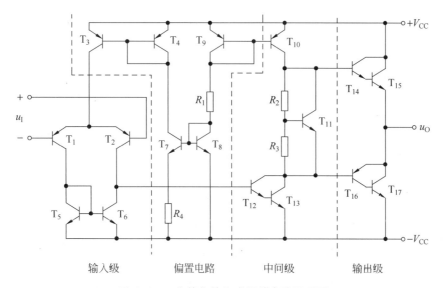

图 6.6.1　为简化的集成运放电路原理图

1. 偏置电路

在集成运放电路中,若只有一个回路的电流能直接估算出来,则其多为电流源的基准电流,而与之产生关系的各部分电路将组成多路电流源,就是偏置电路。

在图 6.6.1 所示电路中,从 $+V_{CC}$ 经 T_9 管的 e-b、R_1、T_8 管的 b-e 到 $-V_{CC}$ 所产生的电流为基准电流 I_R

$$I_R = \frac{2V_{CC} - U_{EB9} - U_{BE8}}{R_1}$$

T_7 与 T_8 管构成微电流源,根据式(6.6.4)求出 I_{C7}。T_4 与 T_3 管构成镜像电流源,使得 $I_{C3} = I_{C4}$,I_{C3} 为第一级提供静态电流。根据式(6.6.2),在 T_4 与 T_3 管的电流放大系数远远大于 2 时,可以认为 $I_{C3} \approx I_{C7}$。T_9 与 T_{10} 管构成镜像电流源,使得 $I_{C10} = I_{C9}$,I_{C10} 为第二、三级提供静态电流,在 T_9 与 T_{10} 管的电流放大系数远远大于 2 时,可以认为 $I_{C10} \approx I_R$。T_7、T_8、T_3、T_4、T_9、T_{10} 管构成了图 6.6.1 所示电路的偏置电路,如图 6.6.2 所示。

2. 放大电路

若将 I_{C3}、I_{C10} 用它们所等效的电流源取代,则图 6.6.1 所示电路可简化成图 6.6.3 所示电路,此图更利于对放大部分的分析。

根据信号电压的传递方向可知,在输入级,信号从 T_1 和 T_2 管的基极输入,从 T_2 管的集电极输出,因而第一级是双端输入、单端输出的差分放大电路。它以 PNP 型管 T_1 和 T_2 为差分管,以 T_5 和 T_6 管组成的镜像电流源作为有源负载。与图 6.5.8 比较可知,这

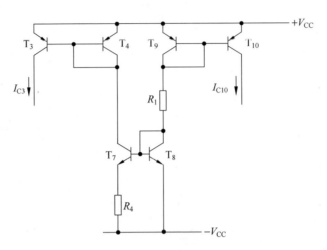

图 6.6.2 集成运放的偏置电路

种电路的差模放大倍数近似等于双端输出电路的差模放大倍数。由于差分管的发射极接电流源,所以即使是单端输出,也有极强的抑制共模信号的能力。

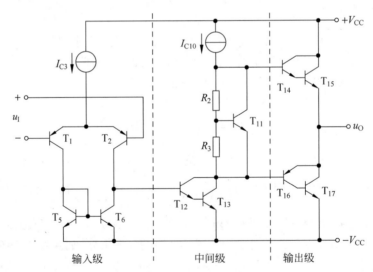

图 6.6.3 集成运放的放大电路

在中间级,信号从 T_{12} 和 T_{13} 组成的复合管的基极输入,集电极输出,故为共射放大电路。由于它用复合管作为放大管,且以电流源作为有源负载,所以具有很强的放大能力。

输出级是典型的准互补输出级,T_{14} 和 T_{15}、T_{16} 和 T_{17} 分别组成复合管作为放大管,R_2、R_3 和 T_{11} 组成 U_{BE} 倍增电路用来消除交越失真。

当加差模信号时,若极性如图 6.6.3 所标注,则可判断出输出电压的极性如下(括号内为电位的极性):

$$u_{B2}(+)、u_{B1}(-) \to u_{C2}(-)[u_{B12}(-)] \to u_{C12,13}(+) \to u_O(+)$$

可见,T_2 管的基极是集成运放的同相输入端,T_1 管的基极是集成运放的反相输入端。

从外部看,图 6.6.1 所示电路可等效为一个差模增益高、抑制共模信号能力强、带负载能力强、最大不失真输出电压接近电源电压的双端输入单端输出的差分放大电路。

实际的集成运放要比图 6.6.1 所示电路复杂。它们在增大输入电阻、展宽频带、增大差模增益等方面采取了更多的措施,几代产品中输入级的变化最大,但是该电路反映出集成运放在结构上的基本特点,上述分析方法也是集成运放电路的一般分析方法,所以上述分析具有普遍意义。

理想的集成运放的低频等效电路见 2.2 节中的图 2.2.4 所示。

6.7 集成运放的主要技术指标和集成运放的种类

6.7.1 集成运放的主要技术指标

1. 开环差模电压增益 A_{od}

A_{od} 表示运放在无反馈情况下的差模电压放大倍数,描述集成运放工作在线性区时输出电压与差模输入电压之比,即

$$A_{od} = \frac{\Delta u_O}{\Delta(u_P - u_N)} \qquad (6.7.1)$$

通常用 $20\lg|A_{od}|$ 表示,其单位为分贝(dB),称为差模增益。有的通用型运放的 A_{od} 可达十万倍,即差模增益达 100dB。

2. 差模输入电阻 r_{id}

r_{id} 反映了运放输入端向差模输入信号源索取的电流大小,对于电压放大电路,r_{id} 越大越好。通用型运放的可达 1MΩ 以上。

3. 共模抑制比 K_{CMR}

K_{CMR} 是指运放开环差模放大倍数 A_{od} 与共模放大倍数 A_{oc} 之比的绝对值,通常用下式表示

$$K_{CMR} = 20\lg\left|\frac{A_{od}}{A_{oc}}\right| \qquad (6.7.2)$$

单位为分贝(dB)。共模抑制比综合反映了运放对差模信号的放大能力和对共模信号的

抑制能力,通过它和差模增益可得共模放大倍数。

4. 最大共模输入电压 $U_{\text{Ic(max)}}$

$U_{\text{Ic(max)}}$ 是指运放正常放大差模信号的条件下所能加的最大共模电压,超过此值时共模抑制比将明显下降,甚至不能工作。$U_{\text{Ic(max)}}$ 与运放输入级的电路结构密切相关。

5. 最大差模输入电压 $U_{\text{Id(max)}}$

$U_{\text{Id(max)}}$ 是输入差模电压的极限参数,当差模输入电压超过 $U_{\text{Id(max)}}$ 时,将导致输入级差放管加反向电压的 PN 结击穿,造成输入级的损坏。

6. 输入偏置电流 I_{IB}

I_{IB} 是指运放输入端差放管的基极偏置电流的平均值,即

$$I_{\text{IB}} = \frac{1}{2}(I_{\text{B1}} + I_{\text{B2}}) \tag{6.7.3}$$

I_{IB} 相当于 I_{B1} 与 I_{B2} 中的共模成分,将影响运放的温漂。

7. 输入失调电流 I_{IO} 和输入失调电压 U_{IO}

I_{IO} 是指运放输入端差放管基极偏置电流之差的绝对值,即

$$I_{\text{IO}} = |I_{\text{B1}} - I_{\text{B2}}| \tag{6.7.4}$$

由于信号源内阻的存在,I_{IO} 会转换为一个输入电压,使放大器静态时输出电压不为零。而 U_{IO} 是指为使静态输出电压为零而在输入端所加的补偿电压。I_{IO} 与 U_{IO} 越小表明电路输入级对称性越好。

8. 输入失调电流温漂 $\dfrac{dI_{\text{IO}}}{dT(\text{℃})}$ 与输入失调电压温漂 $\dfrac{dU_{\text{IO}}}{dT(\text{℃})}$

这两个参数分别是指在规定的温度范围内 I_{IO} 和 U_{IO} 的温度系数,是衡量运放温漂的重要指标。

9. 上限截止频率 f_{H} 与单位增益带宽 f_{c}

f_{H} 是指使运放差模增益下降 3dB 时的信号频率。由于集成运放中的晶体管很多,结电容也就很多,故 f_{H} 一般很低,通用型运放只有十几到几百 Hz。

f_{c} 是指 A_{od} 下降到 1(即差模增益下降到 0dB)时,与之对应的信号频率。由于增益带宽积近似为常量,所以 f_{H} 与 f_{c} 之间的近似关系为

$$f_{\text{c}} = f_{\text{H}} A_{\text{od}} \tag{6.7.5}$$

因此 f_{c} 一般很大。

10. 转换速率 SR

SR 是运放在输入为大信号作用时输出电压对时间的最大变化速率,即

$$SR = \frac{du_o}{dt}\Big|_{\max} \tag{6.7.6}$$

SR 越大表明运放的高频性能越好。

通用型集成运放的主要参数的数值可参阅表 6.7.1。

表 6.7.1 通用型运放的性能指标

参数/单位	数值范围	理想参数
A_{od}/dB	65～100	∞
r_{id}/MΩ	0.5～2	∞
U_{IO}/mV	2～5	0
I_{IO}/μA	0.2～2	0
I_{IB}/μA	0.3～7	0
K_{CMR}/dB	70～90	∞
单位增益带宽/MHz	0.5～2	∞
SR/V/μs	0.5～0.7	∞
功耗/mW	80～120	

在近似分析集成运放应用电路时,常认为运放具有理想特性,即认为 A_{od}、r_{id}、K_{CMR}、f_H、SR 均为无穷大,而 r_{od} 和所有失调因素及其温漂均为 0。按理想运放分析电路虽然可以得到简明直观的结论,但实际电路因受上述各参数的影响,而使得实测结果与分析结果之间产生差别。因此,为了获得更准确和更精确的分析,可借助各种 EDA 软件,详细研究各参数对电路的影响。

6.7.2 集成运放的种类

随着电子工业的飞速发展,集成运放经历了四代更新,其性能越来越趋于理想化。从电路结构上,除了有晶体管电路外,还有 CMOS 电路、BiCMOS 电路等。而且,还制造出某方面性能特别优秀的专用集成运放,以适应多方面的需求。下面按性能不同简单介绍几种专用集成运放及其适用场合。

1. 高精度型

高精度集成运放具有低失调、低温漂、低噪声和高增益等特点。其开环差模增益和共模抑制比均大于 100dB,失调电压和失调电流比通用性小两个数量级,因而也称之为低漂

移集成运放。适用于对微弱信号的精密检测和运算,常用于高精度仪器设备中。

国产的 F5037,失调电压和失调电流分别仅为 $10\mu V$ 和 $7nA$,开环差模增益高达 105dB。

2. 高阻型

具有高输入电阻的运放称为高阻型集成运放,它们的输入级均采用场效应管或超 β 管(其 β 可达千倍以上),输入电阻可达 $10^{12}\Omega$ 以上。适用于测量放大电路、采样-保持电路等。

国产的 F3130,输入级采用 MOS 管,r_{id} 高达 $10^{12}\Omega$,I_{IB} 仅为 5pA。

3. 高速型

高速型集成运放具有转换速率高、单位增益带宽高的特点。产品种类很多,转换速率从几十伏/微秒到几千伏/微秒,单位增益带宽多在 10MHz 以上。适用于 A/D 和 D/A 转换器、锁相环和视频放大器等电路。

国产的 F3554 为超高速集成运放,转换速率高达 $1000V/\mu s$,单位增益带宽高达 1.7GHz。

4. 低功耗型

低功耗型集成运放具有静态功耗低、工作电源电压低等特点,其它方面的性能与通用型运放的相当。它们的电源电压为几伏,功耗只有几毫瓦,甚至更小。适用于能源有限的情况,如空间技术、军事科学和工业中的遥感遥测等领域。

如型号为 TLC2252 的微功耗高性能运放的功耗仅为 $180\mu W$,工作电源为 5V,开环差模增益为 100dB,差模输入电阻为 $10^{12}\Omega$。

5. 高电压型

高电压型集成运放具有输出电压高或输出功率大的特点,通常需要高电源电压供电。适用于有上述要求的场合。

除通用型和上述特殊型集成运放外,还有为完成特定功能的集成运放,如仪表用放大器、隔离放大器、缓冲放大器、对数/指数放大器等等;具有可控性的集成运放,如利用外加电压控制增益的可变开环差模增益集成运放、通过选通端选择被放大信号通道的多通道集成运放等等。而且随着新技术、新工艺的发展,还会有更多产品出现。

EDA 技术的发展对电子电路的分析、设计和实现产生了革命性的影响,人们越来越多地自己设计专用芯片。可编程模拟器件的产生,使得人们可以在一个芯片上通过编程的方法来实现对多路模拟信号的各种处理,如放大、滤波、电压比较等等。可以预测,这类器件还会进一步发展,功能越来越强,性能越来越好。

6.8 集成运放的使用注意事项

6.8.1 集成运放的选用

了解集成运放基本性能指标的物理意义是正确选用和使用集成运放的基础。在组成集成运放应用电路时,首先应查阅手册,根据所应用的场合选定某一种或几种型号的芯片,并通过厂家提供的详细资料,进一步了解其性能特点、封装方式以及每个芯片中含有的集成运放的个数。不同型号的芯片,在一个芯片上可能有一个、两个或四个集成运放。应当指出,在无特殊需要的情况下,一般应选用通用型运放,以获得满意的性能价格比。

6.8.2 集成运放的静态调试

通常,在使用集成运放前要粗测集成运放的好坏。可以用万用表的电阻中档("×100Ω"或"×1kΩ"档,避免电压或电流过大)对照管脚图测试有无短路和断路现象,然后将其接入电路。

由于失调电压和失调电流的存在,集成运放输入为零时输出往往不为零。对于内部没有自动稳零措施的运放,则需根据产品说明外加调零电路,使之输入为零时输出为零。调零电路中的电位器应为精密电阻。

对于单电源供电的集成运放,应加偏置电路,设置合适的静态输出电压。通常,在集成运放两个输入端静态电位为二分之一电源电压时,输出电压等于二分之一电源电压,以便能放大正、负两个方向的变化信号,且使两个方向的最大输出电压基本相同。

若电路产生自激振荡,即在输入信号为零时输出有一定频率、一定幅值的交流信号,则应在集成运放的电源端加去耦电容[①]。有的集成运放还需根据产品说明外加消振电容[②]。

如果还需要详细测试所关心的其它性能指标,可参阅有关文献。

6.8.3 集成运放的保护电路

集成运放在使用中常因输入信号过大、电源电压极性接反或过高、输出端直接接"地"或接电源等原因而损坏。这些原因中有的使PN结击穿,有的使输出级功耗过大。因此,为使运放安全工作,可从三个方面进行保护。

[①] "去耦"是去掉连接,是为了消除多个电路共用一个电源而产生的相互影响。一般用一大容量和一小容量电容并联在电源的两极。

[②] 消振电容应为小容量电容,可参阅7.5节。

1. 输入保护

一般情况下,运放工作在开环(即未引反馈)状态时,易因差模输入电压过大而损坏;在闭环(即引入反馈)状态时,易因共模输入电压过大而损坏。

图 6.8.1(a)所示是防止差模电压过大的保护电路,由于二极管的作用,集成运放的最大差模输入电压幅值被限制在二极管的导通电压 $\pm U_D$。图(b)所示是防止共模电压过大的保护电路,通过 $\pm V$ 和二极管的作用,集成运放的最大共模输入电压被限制在 $\pm(V+U_D)$。

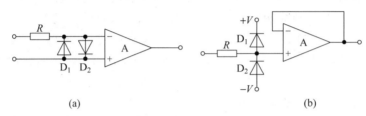

图 6.8.1 输入保护措施
(a) 防止差模电压过大的保护电路 (b) 防止共模电压过大的保护电路

2. 输出保护

当集成运放输出端对地或对电源短路时,如果没有保护措施,集成运放内部输出级的管子将会因电流过大而损坏。图 6.8.2 所示为输出端保护电路,限流电阻 R 与稳压管 D_Z 构成的限幅电路一方面将负载与集成运放输出端隔离开来,限制了运放的输出电流;另一方面也限制了输出电压的幅值,稳压管为双向稳压管,故输出电压最大幅值等于稳压管的稳定电压 $\pm U_Z$。当然,任何保护措施都是有限度的,若将图示电路的输出端直接接电源,则稳压管会损坏,使电路的输出电阻大大提高,影响了电路的性能。

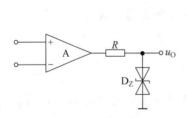

图 6.8.2 输出保护电路

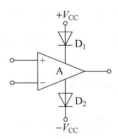

图 6.8.3 电源端保护

3. 电源端保护

为了防止因电源极性接反而损坏集成运放,可利用二极管单向导电性,将其串联在电源端实现保护,如图 6.8.3 所示。

习 题

6.1 判断下列说法的正、误,在括号内画"√"表示正确,画"×"表示错误。

(1) 阻容耦合多级放大电路的 Q 点相互独立( ),它只能放大交流信号( )。

(2) 直接耦合多级放大电路的 Q 点相互影响( ),它只能放大直流信号( )。

(3) 双端输出的差分放大电路是靠两个晶体管参数的对称性来抑制温漂的。( )

(4) 双端输入的差分放大电路与单端输入的差分放大电路的差别在于,后者的输入信号中既有差模信号又有共模信号。( )

(5) 互补电路产生交越失真的原因是晶体管的不对称性。( )

(6) 功率放大电路中,输出功率越大,功放管的功耗越大。( )

6.2 选择正确的答案填空。

(1) 直接耦合放大电路存在零点漂移的原因是_____。

    A. 电阻阻值有误差   B. 晶体管参数的分散性

    C. 晶体管参数受温度影响   D. 电源电压不稳定

(2) 集成放大电路采用直接耦合方式的原因是_____。

    A. 便于设计   B. 便于集成   C. 便于放大直流信号

(3) 选用差分放大电路作为多级放大电路的第一级的原因是_____。

    A. 克服温漂   B. 提高输入电阻   C. 提高放大倍数

(4) 差分放大电路的差模信号是两个输入端信号的_____,共模信号是两个输入端信号的_____。

    A. 差   B. 和   C. 平均值

(5) 在单端输出的差分放大电路中,用恒流源取代发射极电阻 R_e 能够使_____。

    A. 差模放大倍数数值增大

    B. 抑制共模信号能力增强

    C. 共模放大倍数数值增大

(6) 互补输出级采用共集接法是为了使_____。

    A. 电压放大倍数增大

    B. 最大不失真输出电压大

    C. 带负载能力强

(7) 功率放大电路的最大输出功率是在输入电压为正弦波时,输出基本不失真情况下,负载上可能获得的最大_____。

    A. 交流功率   B. 直流功率   C. 平均功率

(8) 功率放大电路的转换效率是指_____。

A. 最大输出功率与晶体管所消耗的功率之比

　　B. 最大输出功率与电源提供的平均功率之比

　　C. 晶体管所消耗的功率与电源提供的平均功率之比

(9) 功率放大电路与电压放大电路的共同之处是_____。

　　A. 都放大电压　　　B. 都放大电流　　　C. 都放大功率

(10) 分析功率放大电路时,应利用功放管的_____。

　　A. 特性曲线　　　B. h 参数等效模型　　　C. 高频等效模型

6.3 图 P6.3 所示两个两级放大电路中,设所有电容对于交流信号均可视为短路。

(1) 判断两个放大电路级间分别采用了何种耦合方式;

(2) 判断图中各晶体管或者场效应管分别组成哪种基本接法的放大电路;

(3) 设图中两个电路的静态工作点合适,分别画出它们的交流等效电路,并写出 $\dot{A}_u$、R_i、R_o 的表达式。

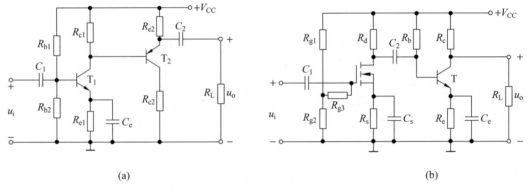

图　P6.3

6.4 基本放大电路如图 P6.4(a)、(b)所示,图(a)方框内为共射放大电路Ⅰ,图(b)方框内为共集放大电路Ⅱ,其空载电压放大倍数 $\dot{A}_{uo}$ 及输入电阻 R_i、输出电阻 R_o 如图中所示。由电路Ⅰ、Ⅱ组成的多级放大电路如图(c)、(d)、(e)所示,它们均正常工作。试说明通常情况下图(c)、(d)、(e)所示电路中

(1) 哪些电路的输入电阻比较大;

(2) 哪些电路的输出电阻比较小;

(3) 哪个电路的 $\dot{A}_{us} = |\dot{U}_o/\dot{U}_s|$ 最大。

6.5 已知某放大电路的幅频特性如图 P6.5 所示,填空:

(1) 该电路是_____级放大电路,最可能采用了_____耦合方式;

(2) 每级放大电路的下限截止频率分别为 $f_{L1} =$ _____,$f_{L2} =$ _____;上限

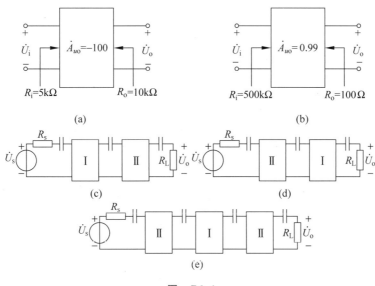

图 P6.4

截止频率分别为 $f_{H1}=$ _____ ,$f_{H2}=$ _____ ;

(3) 中频电压放大倍数 $|\dot{A}_{usm}|=$ _____ 。

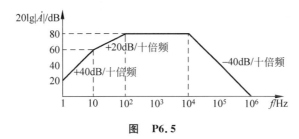

图 P6.5

6.6 电路如图 P6.6 所示,晶体管 $\beta_1=\beta_2=200$, $r_{bb'}=100\Omega$, $r_{be1}=2.04\text{k}\Omega$, $r_{be2}=1.25\text{k}\Omega$。试定性分析下列问题,并简述理由。

(1) 哪一个电容决定电路的下限截止频率;

(2) 若 T_1 和 T_2 静态时发射极电流相等,且 $r_{bb'}$ 和 C'_π 相等,则哪一级的上限截止频率低。

6.7 图 P6.7 所示电路参数理想对称, $\beta_1=\beta_2=150$, $r_{bb'1}=r_{bb'2}=200\Omega$, $U_{BE1}=U_{BE2}=0.7\text{V}$。

(1) 求静态时两个晶体管的 I_{CQ} 和 U_{CEQ};

(2) 求差模电压放大倍数 A_d 和共模电压放大倍数 A_c;

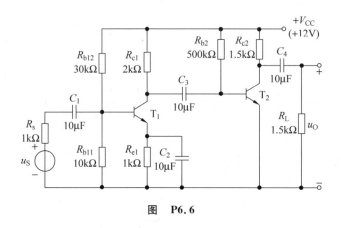

图 P6.6

(3) 当 $u_{Id}=10\mathrm{mV}$ 时求输出电压 u_O 的值。

6.8 电路如图 P6.8 所示，T_1 管和 T_2 管的 β 均为 200，$r_{bb'}$ 均为 300Ω，U_{BE} 均为 0.7V，输入直流信号 $u_{I1}=10\mathrm{mV}$，$u_{I2}=30\mathrm{mV}$。

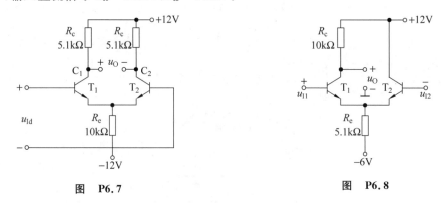

图 P6.7　　　　　　　　　　图 P6.8

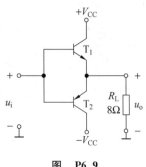

图 P6.9

(1) 求解静态时 T_1 管和 T_2 管的集电极电流和集电极电位；

(2) 求解共模输入电压 u_{IC} 和差模输入电压 u_{Id}；

(3) 估算差模电压放大倍数 A_d 和共模电压放大倍数 A_c；

(4) 求解输出动态电压 Δu_O 和用直流表测出的 u_O 的数值。

6.9 已知电路如图 P6.9 所示，T_1 和 T_2 管的饱和管压降 $|U_{CES}|=2\mathrm{V}$，$U_{BE}=0$，$V_{CC}=15\mathrm{V}$，输入电压 u_i 为正弦波。选择正确答案填入空内。

(1) 静态时,晶体管发射极电位 U_{EQ} _____。
    A. >0V　　　　　　　B. =0V　　　　　　　C. <0V
(2) 最大输出功率 P_{OM} _____。
    A. ≈11W　　　　　　B. ≈14W　　　　　　C. ≈20W
(3) 电路的转换效率 η _____。
    A. <78.5%　　　　　B. =78.5%　　　　　C. >78.5%
(4) 为使电路能输出最大功率,输入电压峰值应为 _____。
    A. 15V　　　　　　　B. 13V　　　　　　　C. 2V
(5) 正常工作时,三极管可能承受的最大管压降 $|U_{CEmax}|$ 为 _____。
    A. 30V　　　　　　　B. 28V　　　　　　　C. 4V
(6) 若开启电压 U_{on} 为 0.5V,则输出电压将出现 _____。
    A. 饱和失真　　　　　B. 截止失真　　　　　C. 交越失真

6.10 在图 P6.10 所示电路中,已知 T_1 和 T_2 管的饱和管压降 $|U_{CES}|=3V$,输入电压足够大,且当 $u_i=0V$ 时,u_o 应为 $0V$。求解:

(1) 最大不失真输出电压的有效值;
(2) 负载电阻 R_L 上电流的最大值;
(3) 最大输出功率 P_{om} 和效率 η;
(4) 说明电阻 R_2 和二极管 D_1、D_2 的作用;
(5) 若电路仍产生交越失真,则应调节哪个电阻,如何调节?

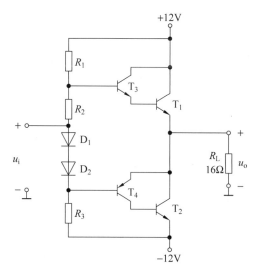

图 **P6.10**

6.11 图 P6.11 中哪些接法可以构成复合管？说明它们等效管的类型（如 NPN 型、PNP 型、N 沟道结型……）并标出等效管的管脚(b、c、c、d、g、s)。

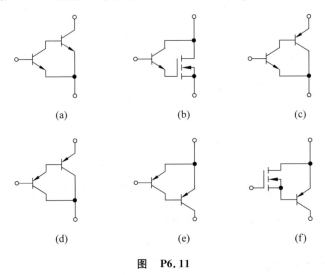

图 P6.11

6.12 电流源电路如图 P6.12 所示，已知所有晶体管的特性均相同，U_{BE} 均为 0.7V。
(1) 分析 T_1 和 T_2、T_3 和 T_4 分别组成何种电流源电路；
(2) 求 I_R、I_{C2}；
(3) 为使 $I_{C4}=2mA$，求 R_3 的阻值。

6.13 在图 P6.13 所示电路中，已知所有晶体管的特性均相同，U_{BE} 均为 0.7V。求 R_{e2} 和 R_{e3} 的阻值。

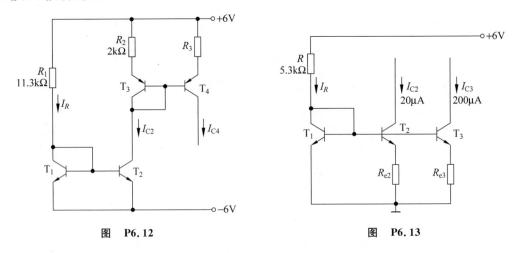

图 P6.12   图 P6.13

6.14 图 P6.14 所示电路具有理想的对称性。设各晶体管 β 均相同。

(1) 说明电路中各晶体管的作用；

(2) 若输入差模电压时产生的输入电流为 Δi_1，求解电路电流放大倍数 $A_i = \Delta i_O / \Delta i_1$ 的近似表达式。

6.15 图 P6.15 所示为简化的集成运放电路原理图，试分析：

(1) 两个输入端中哪个是同相输入端，哪个是反相输入端；

(2) T_3 与 T_4 的作用；

(3) T_{12} 与 T_{13} 的作用；

(4) T_{15} 与 T_{16} 的作用；

(5) T_{17} 的作用。

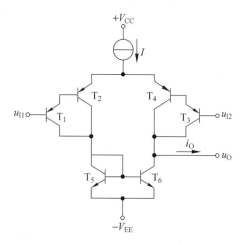

图 P6.14

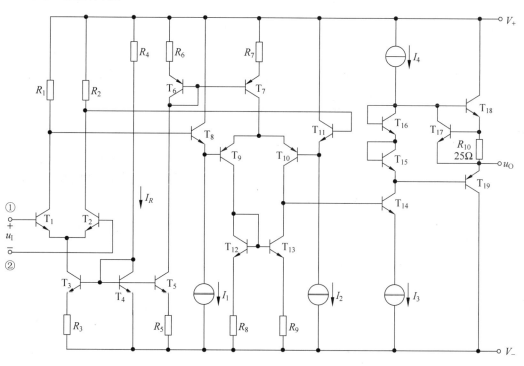

图 P6.15

第 7 章 放大电路中的反馈

本章基本内容

【基本概念】 反馈，正反馈和负反馈，交流反馈和直流反馈，电压负反馈和电流负反馈，串联负反馈和并联负反馈，负反馈放大电路的方框图，反馈系数和负反馈放大电路的放大倍数。

【基本电路】 四种组态交流负反馈放大电路的方框图，用集成运放组成的四种组态的负反馈放大电路。

【基本方法】 电路是否引入反馈的判断方法，反馈极性的判断方法，直流反馈和交流反馈的判断方法，负反馈组态的判断方法；反馈系数的求解方法，深度负反馈条件下电压放大倍数的求解方法；根据需求引入反馈的方法；负反馈放大电路稳定性的判断方法，消除自激振荡的方法。

7.1 反馈的基本概念及判断方法

在实用放大电路中，为了改善各方面的性能，总是要引入不同形式的反馈。因此，掌握反馈的基本概念及其判断方法是研究实用电路的基础。本节将就反馈的概念、各种组态交流负反馈的特点和反馈的性质的判断方法等问题一一加以阐述。

7.1.1 反馈的基本概念

1. 什么是反馈

反馈又称为"回授"。在放大电路中，将输出量（输出电压或电流）的一部分或全部，通过一定的方式引回到输入回路来影响输入量（输入电压或电流），称为反馈。

根据反馈放大电路各部分电路的主要功能，可将其分成为基本放大电路和反馈网络两部分，如图 7.1.1 所示。**整个放大电路的输入信号称为输入量，输出信号称为输出量；反馈网络的输入信号是电路的输出量，其输出信号称为反馈量；基本放大电路的输入信号称为净输入量**，它是输入量和反馈量叠加的结果。

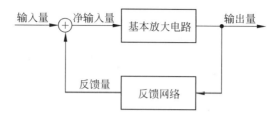

图 7.1.1　反馈放大电路的方框图

2. 反馈的极性

根据反馈的效果可将反馈分为正反馈和负反馈。引入反馈后使得放大电路的净输入量增大的称为正反馈,使得净输入量减小的称为负反馈。净输入量的变化必然带来输出量的相应变化。因此,反馈的结果使得输出量的变化增大的称为正反馈,使得输出量的变化减小的称为负反馈。

3. 直流反馈和交流反馈

反馈量为直流量的称为直流反馈,反馈量为交流量的称为交流反馈。或者说,在直流通路中引入的反馈为直流反馈,在交流通路中引入的反馈为交流反馈。

例如,图 7.1.2 所示共射放大电路的直流通路如图(b)所示。图中,R_f 和 R_e 将集电

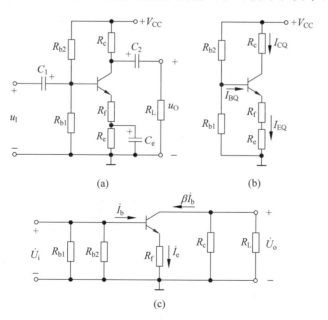

图 7.1.2　放大电路中的直流反馈和交流反馈
（a）共射放大电路　（b）直流通路　（c）交流通路

极静态电流 I_{CQ} 的变化转换为电压的变化来影响晶体管 b-e 间的电压,使基极静态电流 I_{BQ} 与 I_{CQ} 变化方向相反,稳定了静态工作点,因而起直流负反馈作用。交流通路如图(c)所示。图中,电阻 R_e 被旁路电容 C_e 短路,因此只有 R_f 起反馈作用,它将动态的集电极电流转换成动态电压来影响晶体管输入回路的动态电压和电流。

由以上分析可知,在分析电路的反馈时,要特别注意耦合电容和旁路电容等大容量电容对直流通路和交流通路的影响。本章重点研究交流反馈,因此,不管是否画出交流通路,所研究的均为反馈对动态参数的影响。

4. 局部反馈和级间反馈

通常,在多级放大电路中每级电路各自的反馈称为本级反馈或局部反馈,而从多级放大电路的输出引回输入的反馈称为级间反馈,本章的重点是研究级间反馈。

7.1.2 反馈的判断方法

1. 有无反馈的判断

在放大电路中,若其输出回路与输入回路有由电阻、电容等元件构成的通路,则说明电路中引入了反馈,否则无反馈。

例 7.1.1 分别判断图 7.1.3 所示各电路是否引入了反馈。

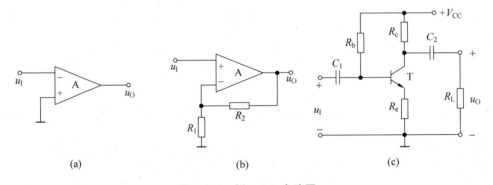

图 7.1.3 例 7.1.1 电路图

解 通常,可以通过观察电路输出回路和输入回路有无直接的"联系"来判断电路中有无反馈。

在图 7.1.3(a)所示电路中,没有"联系"集成运放的输出端(也是整个电路输出端)和输入端的通路,故没有引入反馈。

在图(b)所示电路中,电阻 R_2 将集成运放的输出端(也是整个电路输出端)和反相输入端"联系"起来,构成反馈通路,使输出电压影响集成运放的输入电压,故引入了反馈。

在图(c)所示电路中,电阻 R_e 既在输入回路,又在输出回路,将输出回路的电流变化转换成电压的变化来影响晶体管 b-e 间电压,故引入了反馈。

2. 直流反馈和交流反馈的判断

根据直流反馈和交流反馈的基本概念,即可得到判断结果。

例 7.1.2 判断图 7.1.4 所示各电路中引入的是直流反馈还是交流反馈。设图中各电容对交流信号均可视为短路。

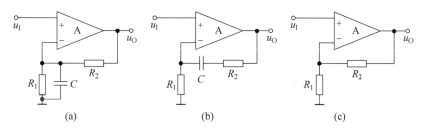

图 7.1.4　例 7.1.2 电路图

解　在放大电路的直流通路中引入的反馈为直流反馈,而在交流通路中引入的反馈为交流反馈。

图 7.1.4(a)所示电路的直流通路如图 7.1.5(a)所示,R_2 形成反馈通路,故电路引入了直流反馈。交流通路如图 7.1.5(b)所示,R_1 被 C 短路,使得 R_2 成为电路的负载,故电路中没有交流反馈。

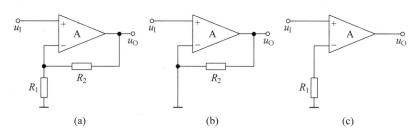

图 7.1.5　例 7.1.2 答案电路图

图 7.1.4(b)所示电路的直流通路如图 7.1.5(c)所示,由于 C 在直流通路中开路,使输出回路与输入回路没有反馈通路,故电路中没有直流反馈。交流通路如图 7.1.5(a)所示,由于 C 短路,R_2 成为反馈通路,故电路中引入了交流反馈。

图 7.1.4(c)所示电路的直流通路和交流通路均与原电路相同,R_2 构成反馈通路,故电路中既引入了直流反馈,又引入了交流反馈。

3. 反馈极性的判断

电路中引入的是正反馈还是负反馈,称为反馈的极性。瞬时极性法是判断反馈极性的基本方法。具体做法是:首先设定输入信号的瞬时极性,然后以此为依据逐级判断放大电路各相关点的电位或电流的极性,从而得出输出信号的极性;再根据输出信号的极性判断出反馈信号的极性。若反馈信号使基本放大电路的净输入信号增大,则说明电路中引入了正反馈;若反馈信号使基本放大电路的净输入信号减小,则说明电路中引入了负反馈。

例 7.1.3 判断图 7.1.6 所示各电路中引入的交流反馈的极性。

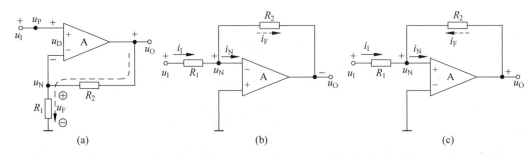

图 7.1.6 例 7.1.3 电路图

解 在图 7.1.6(a)所示电路中,设输入电压 u_I 的极性对"地"为"+",则因 u_I 作用于集成运放的同相输入端,输出电压 u_O 的极性对"地"也为"+";u_O 作用于电阻 R_2 和 R_1 所组成的反馈网络,产生电流,从而在 R_1 上获得反馈电压 u_F,其极性为上"+"下"−",即反相输入端的电位对"地"为"+"。电路中有关电位和电流的方向如图中所标注。因此,集成运放的净输入电压 $u_D(u_P-u_N)$ 的数值减小,说明电路引入了负反馈。

特别应当指出的是,反馈量是仅仅决定于输出量的物理量,而与输入量无关。在图 7.1.6(a)所示电路中,u_F 不是 R_1 上的实际电压,而只是 u_O 作用的结果。因而,**在分析反馈极性时,可将输出量看成为作用于反馈网络的独立源。**

在图 7.1.6(b)所示电路中,设输入电压 u_I 的极性对"地"为"+",输入电流流入电路,集成运放的反相输入端极性对"地"为"+",因而输出电压 u_O 的极性对"地"为"−"。u_O 作用于反馈网络 R_2 上产生的反馈电流的方向如图所标注。集成运放净输入电流的数值减小,说明电路引入了负反馈。

图 7.1.6(c)所示电路与图(b)所示电路的区别在于反馈引到集成运放的同相输入端,因而 u_O 与 u_I 极性相同,使得 R_2 上产生的反馈电流的方向如图所标注。这导致集成运放净输入电流的数值增大,故电路引入了正反馈。

7.1.3 交流负反馈的四种组态

在放大电路中最常引入的是各种级间负反馈。若将图 7.1.1 所示方框图中负反馈放大电路的基本放大电路和反馈网络均看成两端口网络，则根据两个网络的连接方式可将交流负反馈分为四种组态，也称为四种形式。

1. 电压反馈和电流反馈、串联反馈和并联反馈的概念

按基本放大电路的输出端口和反馈网络的输入端口的连接方式不同分为电压反馈和电流反馈，以放大电路的输出电压作为反馈网络的输入信号的称为电压反馈，以放大电路的输出电流作为反馈网络的输入信号的称为电流反馈。按基本放大电路的输入端口和反馈网络的输出端口的连接方式不同分为串联反馈和并联反馈，若反馈网络的输出（即反馈量）为电压，即反馈量与输入量以电压的形式相叠加，则称为串联反馈；若反馈网络的输出（即反馈量）为电流，即反馈量与输入量以电流的形式相叠加，则称为并联反馈。因此，交流负反馈的四种组态为电压串联负反馈、电压并联负反馈、电流串联负反馈和电流并联负反馈。

2. 四种组态负反馈放大电路的方框图

电压串联、电压并联、电流串联和电流并联负反馈放大电路的方框图如图 7.1.7 所示，在输入端电流或电压的极性表明输入量、反馈量和净输入量的叠加关系。

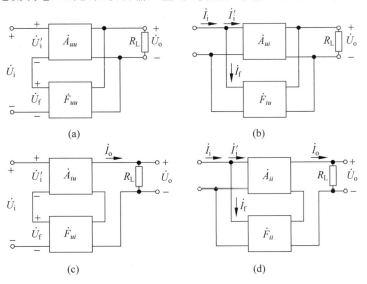

图 7.1.7 四种组态负反馈放大电路的方框图
(a) 电压串联负反馈　(b) 电压并联负反馈　(c) 电流串联负反馈　(d) 电流并联负反馈

由图 7.1.7 可知,不管引入哪种组态的负反馈,在输入端输入量 $\dot{X}_i$、反馈量 $\dot{X}_f$、净输入量 $\dot{X}_i'$ 的关系均为

$$\dot{X}_i = \dot{X}_i' + \dot{X}_f \tag{7.1.1}$$

即在串联负反馈电路中净输入电压

$$\dot{U}_i' = \dot{U}_i - \dot{U}_f \tag{7.1.2}$$

在并联负反馈电路中净输入电流

$$\dot{I}_i' = \dot{I}_i - \dot{I}_f \tag{7.1.3}$$

反馈的结果均使得净输入量减小。

由图 7.1.7(a)和(c)所示电路可知,若输入信号源为恒流源,则基本放大电路的输入电流将不因引入反馈而发生变化,因而净输入电压也不因引入反馈而发生变化,即反馈将不起作用,所以串联负反馈适用于信号源为恒压源或信号源内阻较小的场合。由图 7.1.7(b)和(d)所示电路可知,若输入信号源为恒压源,则基本放大电路的输入电压将不因引入反馈而发生变化,因而净输入电流也不因引入反馈而发生变化,即反馈将不起作用,所以并联负反馈适用于信号源为恒流源或信号源内阻较大的场合。在实验室中各种信号发生器多为电压源,故测试并联负反馈电路时,应在放大电路的输入端串联电阻,以模拟信号源内阻,且阻值应足够大。

由于负反馈的结果使输出量的变化减小,即稳定输出量,所以电压负反馈稳定输出电压,而电流负反馈稳定输出电流。从另一角度看,引入电压负反馈减小输出电阻,理想情况下使电路的输出电阻趋于零;而引入电流负反馈增大输出电阻,理想情况下使电路的输出电阻趋于无穷大。

不同反馈组态放大电路的输入量、反馈量、净输入量和输出量的量纲不完全一样,如表 7.1.1 所示。

表 7.1.1 四种交流负反馈方式的各物理量

负反馈形式	输入量	反馈量	净输入	输出量
电压串联	$\dot{U}_i$	$\dot{U}_f$	$\dot{U}_i'$	$\dot{U}_o$
电压并联	$\dot{I}_i$	$\dot{I}_f$	$\dot{I}_i'$	$\dot{U}_o$
电流串联	$\dot{U}_i$	$\dot{U}_f$	$\dot{U}_i'$	$\dot{I}_o$
电流并联	$\dot{I}_i$	$\dot{I}_f$	$\dot{I}_i'$	$\dot{I}_o$

3. 负反馈放大电路反馈组态的判断

因为负反馈放大电路中不是引入电压反馈就是引入电流反馈,所以令输出电压为零,

若反馈量随之为零,则说明电路引入了电压反馈;若反馈量依然存在,则说明电路引入了电流反馈。

根据基本概念,输入量、反馈量和净输入量以电压相叠加(即$\dot{U}_i = \dot{U}_i' + \dot{U}_f$)则为串联反馈,以电流相叠加(即$\dot{I}_i = \dot{I}_i' + \dot{I}_f$)则为并联反馈。

例 7.1.4 判断图 7.1.8 所示各电路分别引入了哪种组态的交流负反馈。

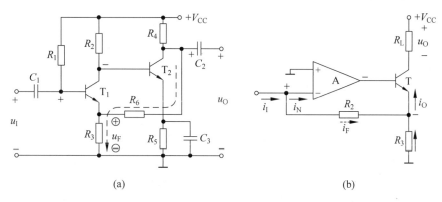

图 7.1.8 例 7.1.4 电路图

解 首先判断出图示两电路均引入了交流负反馈,电路有关电位和电流的极性如图中所标注。

在图 7.1.8(a)所示电路中,由于 T_1 管 b-e 间电压因反馈而减小,故引入了串联反馈。若令输出电压 u_O 为零,即将输出端对地短路,则电阻 R_6 将与 R_3 并联,反馈电压 u_F 不复存在,故电路引入了电压负反馈。

在图 7.1.8(b)所示电路中,由于集成运放净输入电流 i_N 因反馈而减小,故引入了并联反馈。若令输出电压 u_O 为零,即将负载电阻短路,则电阻 R_2 与 R_3 对输出电流 i_O 的分流关系不变,反馈电流 i_F 依然存在,故电路引入了电流负反馈。应当指出,集成运放输出级的电流仅受控于输入信号。

综上所述,图 7.1.8(a)所示电路引入了电压串联负反馈,图(b)所示电路引入了电流并联负反馈。

4. 由集成运放组成的四种组态的负反馈放大电路

集成运放具有优良的指标参数,实际应用时,常常由它来构成各种负反馈放大电路。图 7.1.9 所示为由集成运放组成的四种组态的负反馈放大电路。根据前面所讲的判断方法可得,图 7.1.9(a)所示为电压串联负反馈电路,图(b)所示为电压并联负反馈电路,图(c)所示为电流串联负反馈电路,图(d)所示为电流并联负反馈电路。

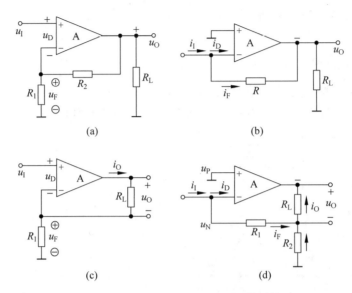

图 7.1.9 由集成运放组成的反馈放大电路

(a) 电压串联负反馈电路 (b) 电压并联负反馈电路 (c) 电流串联负反馈电路 (d) 电流并联负反馈电路

7.2 负反馈放大电路的方框图及一般表达式

负反馈放大电路不但有四种组态,而且每一种组态的电路也多种多样。为了便于研究负反馈放大电路的共同规律,可以利用一个方框图来描述所有的电路。本节介绍负反馈放大电路的方框图及一般表达式。

7.2.1 负反馈放大电路的方框图

综合图 7.1.7 所示四种组态负反馈放大电路方框图,可以得出负反馈放大电路的方框图,如图 7.2.1 所示。上一方框为负反馈放大电路的基本放大电路,下一方框为反馈网络,图中连线的箭头表示信号流通的方向。方框图中信号是单向流通的,即输入信号 $\dot{X}_\text{i}$ 只通过基本放大电路传递到输出,而输出信号 $\dot{X}_\text{o}$ 只通过反馈网络传递到输入;换言之,$\dot{X}_\text{i}$ 不通过反馈网络传递到输出,而 $\dot{X}_\text{o}$ 也不通过基本放大电路传递到输入。输入端的"$\oplus$"表示输入量

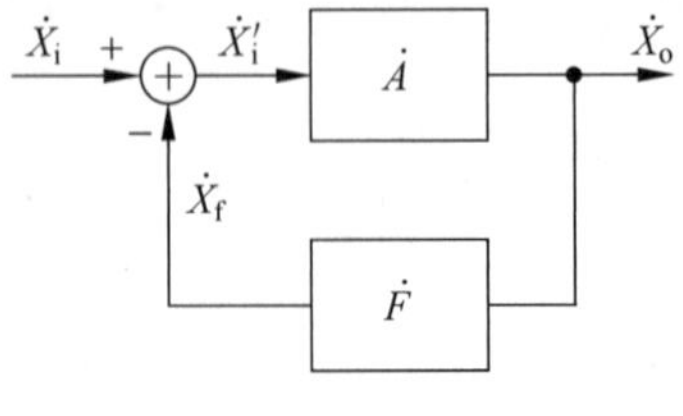

图 7.2.1 负反馈放大电路的方框图

$\dot{X}_i$、反馈量$\dot{X}_f$在此叠加,"+""-"号表示它们与净输入量$\dot{X}'_i$的叠加关系为

$$\dot{X}'_i = \dot{X}_i - \dot{X}_f \tag{7.2.1}$$

在信号的中频段,$\dot{X}_i$、$\dot{X}_f$和$\dot{X}'_i$均为实数,因而

$$|\dot{X}'_i| = |\dot{X}_i| - |\dot{X}_f| \tag{7.2.2}$$

负反馈放大电路的基本放大电路是在断开反馈且考虑了反馈网络的负载效应的情况下所构成的放大电路[①],其放大倍数为输出量与净输入量之比,即

$$\dot{A} = \frac{\dot{X}_o}{\dot{X}'_i} \tag{7.2.3}$$

反馈网络是指影响反馈量与输出量关系的所有元器件所构成的网络。反馈系数为反馈量与输出量之比,即

$$\dot{F} = \frac{\dot{X}_f}{\dot{X}_o} \tag{7.2.4}$$

负反馈放大电路的放大倍数(也称闭环放大倍数)为输出量与输入量之比,即

$$\dot{A}_f = \frac{\dot{X}_o}{\dot{X}_i} \tag{7.2.5}$$

根据式(7.2.3)和式(7.2.4)可得

$$\boxed{\dot{A}\dot{F} = \frac{\dot{X}_f}{\dot{X}'_i}} \tag{7.2.6}$$

$\dot{A}\dot{F}$称为电路的环路放大倍数。

7.2.2 负反馈放大电路的一般表达式

根据式(7.2.3)~式(7.2.6),可得负反馈放大电路的放大倍数

$$\dot{A}_f = \frac{\dot{X}_o}{\dot{X}_i} = \frac{\dot{X}_o}{\dot{X}'_i + \dot{X}_f} = \frac{\dot{A}\dot{X}'_i}{\dot{X}'_i + \dot{A}\dot{F}\dot{X}'_i}$$

因而$\dot{A}_f$的一般表达式为

$$\boxed{\dot{A}_f = \frac{\dot{A}}{1 + \dot{A}\dot{F}}} \tag{7.2.7}$$

---

① 可参阅童诗白、华成英主编的《模拟电子技术基础(第三版)》第六章。

在中频段，$\dot{A}_f$、$\dot{A}$ 和 $\dot{F}$ 均为实数，因而式(7.2.7)可写成为

$$A_f = \frac{A}{1+AF} \qquad (7.2.8)$$

当电路引入负反馈时，$AF>0$，表明引入负反馈后电路的放大倍数等于基本放大电路放大倍数的 $1/(1+AF)$，而且 A、F 和 A_f 的符号均相同。

在电路引入了深度负反馈的情况下，即 $\dot{A}\dot{F} \gg 1$ 的情况下，有

$$\boxed{\dot{A}_f \approx \frac{1}{\dot{F}}} \qquad (7.2.9)$$

表明放大倍数几乎仅仅决定于反馈网络，而与基本放大电路无关。由于反馈网络常为无源网络，受环境温度的影响极小，因而放大倍数获得很高的稳定性。从深度负反馈的条件可知，反馈网络的参数确定后，基本放大电路的放大能力愈强，即 $\dot{A}$ 的数值愈大，反馈愈深，$\dot{A}_f$ 与 $1/\dot{F}$ 的近似程度愈好。

倘若在分析中发现 $\dot{A}\dot{F}<0$，即 $1+\dot{A}\dot{F}<1$，则 $|\dot{A}_f|$ 大于 $|\dot{A}|$，说明电路中引入了正反馈；而若 $\dot{A}\dot{F}=-1$，使 $1+\dot{A}\dot{F}=0$，则说明电路在输入量为零时就有输出，故电路产生了自激振荡。

应当指出，通常所说的负反馈放大电路是指中频段的反馈极性。当信号频率进入低频段或高频段时，由于附加相移的产生，负反馈放大电路可能在某一特定频率产生正反馈过程，甚至自激振荡，变得不稳定。在这种情况下，需要消除振荡，电路才能正常工作。

7.2.3 四种组态负反馈放大电路放大倍数和反馈系数的量纲

通过图 7.1.7 和表 7.1.1 可知，不同组态负反馈电路的输入量、反馈量、净输入量和输出量的量纲各不相同，因此它们的 $\dot{A}$、$\dot{F}$ 和 $\dot{A}_f$ 的表达式和量纲也就各不相同，它可能是通常意义的电压、电流放大倍数，也可能表示电流-电压转换关系（电阻量纲）或电压-电流转换关系（电导量纲），如表 7.2.1 所示。不同的反馈组态电路放大倍数的物理意义不同。也可以说它们分别实现了不同的控制关系，即电压串联负反馈电路实现了输入电压对输出电压的控制，电压并联负反馈电路实现了输入电流对输出电压的控制，电流串联负反馈电路实现了输入电压对输出电流的控制，电流并联负反馈电路实现了输入电流对输出电流的控制，如表中"功能"一栏所述。

表 7.2.1 四种组态负反馈放大电路的比较

反馈组态	$\dot{A}$（量纲）	$\dot{F}$（量纲）	$\dot{A}_\mathrm{f}$（量纲）	功　能
电压串联	$\dot{A}_{uu}=\dfrac{\dot{U}_\mathrm{o}}{\dot{U}'_\mathrm{i}}$ （无）	$\dot{F}_{uu}=\dfrac{\dot{U}_\mathrm{f}}{\dot{U}_\mathrm{o}}$ （无）	$\dot{A}_{uuf}=\dfrac{\dot{U}_\mathrm{o}}{\dot{U}_\mathrm{i}}$ （无）	$\dot{U}_\mathrm{i}$控制$\dot{U}_\mathrm{o}$ 电压放大
电流串联	$\dot{A}_{iu}=\dfrac{\dot{I}_\mathrm{o}}{\dot{U}'_\mathrm{i}}$ （电导）	$\dot{F}_{ui}=\dfrac{\dot{U}_\mathrm{f}}{\dot{I}_\mathrm{o}}$ （电阻）	$\dot{A}_{iuf}=\dfrac{\dot{I}_\mathrm{o}}{\dot{U}_\mathrm{i}}$ （电导）	$\dot{U}_\mathrm{i}$控制$\dot{I}_\mathrm{o}$ 电压转换成电流
电压并联	$\dot{A}_{ui}=\dfrac{\dot{U}_\mathrm{o}}{\dot{I}'_\mathrm{i}}$ （电阻）	$\dot{F}_{iu}=\dfrac{\dot{I}_\mathrm{f}}{\dot{U}_\mathrm{o}}$ （电导）	$\dot{A}_{uif}=\dfrac{\dot{U}_\mathrm{o}}{\dot{I}_\mathrm{i}}$ （电阻）	$\dot{I}_\mathrm{i}$控制$\dot{U}_\mathrm{o}$ 电流转换成电压
电流并联	$\dot{A}_{ii}=\dfrac{\dot{I}_\mathrm{o}}{\dot{I}'_\mathrm{i}}$ （无）	$\dot{F}_{ii}=\dfrac{\dot{I}_\mathrm{f}}{\dot{I}_\mathrm{o}}$ （无）	$\dot{A}_{iif}=\dfrac{\dot{I}_\mathrm{o}}{\dot{I}_\mathrm{i}}$ （无）	$\dot{I}_\mathrm{i}$控制$\dot{I}_\mathrm{o}$ 电流放大

7.3　深度负反馈放大电路放大倍数的分析

实用的放大电路中多引入深度负反馈，因此分析负反馈放大电路的重点是从电路中分离出反馈网络，并求出反馈系数$\dot{F}$。为了便于研究和测试，人们还常常需要求出不同组态负反馈放大电路的电压放大倍数。本节将重点研究具有深度负反馈放大电路的放大倍数的估算方法。

7.3.1　深度负反馈的实质

从7.2节中可知，在深度负反馈条件下（即$|\dot{A}\dot{F}|\gg 1$），负反馈放大电路的一般表达式为

$$\dot{A}_\mathrm{f} \approx \frac{1}{\dot{F}}$$

根据$\dot{A}_\mathrm{f}$和$\dot{F}$的定义

$$\dot{A}_\mathrm{f} = \frac{\dot{X}_\mathrm{o}}{\dot{X}_\mathrm{i}} \approx \frac{1}{\dot{F}} = \frac{\dot{X}_\mathrm{o}}{\dot{X}_\mathrm{f}}$$

说明 $\dot{X}_i \approx \dot{X}_f$。可见,深度负反馈的实质是在近似分析中可以忽略净输入量。但不同组态,可忽略的净输入量也将不同。当电路引入深度串联负反馈时,则

$$\dot{U}_i \approx \dot{U}_f \tag{7.3.1}$$

认为净输入电压 $\dot{U}_i'$ 可忽略不计。当电路引入深度并联负反馈时,则

$$\dot{I}_i \approx \dot{I}_f \tag{7.3.2}$$

认为净输入电流 $\dot{I}_i'$ 可忽略不计。在上述近似条件下,可以求出放大倍数。

7.3.2 深度负反馈条件下电压放大倍数的分析

串联负反馈放大电路的电压放大倍数用 $\dot{A}_{uf}$ 或 $\dot{A}_{uf}$ 表示,其值等于输出电压 $\dot{U}_o$ 与输入电压 $\dot{U}_i$ 之比;而由于并联负反馈放大电路所加信号源为有内阻 R_s 的电压源 $\dot{U}_s$,故其电压放大倍数用 $\dot{A}_{uusf}$ 或 $\dot{A}_{usf}$ 表示,等于输出电压 $\dot{U}_o$ 与信号源电压 $\dot{U}_s$ 之比。

1. 电压串联负反馈电路

由于电路引入了深度串联负反馈,$\dot{U}_i \approx \dot{U}_f$。根据表 7.2.1 可知,电压放大倍数

$$\dot{A}_{uf} = \frac{\dot{U}_o}{\dot{U}_i} \approx \frac{\dot{U}_o}{\dot{U}_f} = \frac{1}{F_{uu}} \tag{7.3.3}$$

在深度负反馈放大电路中,准确地寻找出负反馈放大电路的反馈网络,求出反馈系数,是求解放大倍数和电压放大倍数的基础。

在图 7.3.1(a)所示电压串联负反馈电路中,输出电压 $\dot{U}_o$ 加在 R_2 和 R_1 上产生电流,该电流在 R_1 上的压降就是反馈电压,因而其反馈网络如图(b)方框中所示。反馈系数为

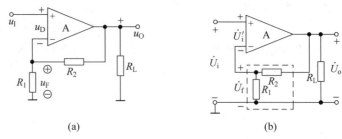

图 7.3.1 电压串联负反馈放大电路及其反馈网络
(a) 电路 (b) 反馈网络的分析

$$\dot{F}_{uu} = \frac{\dot{U}_f}{\dot{U}_o} = \frac{R_1}{R_1 + R_2} \tag{7.3.4}$$

电压放大倍数

$$\dot{A}_{uf} = \frac{\dot{U}_o}{\dot{U}_i} \approx \frac{\dot{U}_o}{\dot{U}_f} = \frac{1}{\dot{F}_{uu}} = 1 + \frac{R_2}{R_1} \tag{7.3.5}$$

2. 电压并联负反馈电路

通常,并联负反馈电路的信号源均不是恒流源,即内阻不是无穷大。故在电路的输入端,内阻为 R_s 的电流源 $\dot{I}_s$、基本放大电路和反馈网络的连接如图 7.3.2(a) 所示。根据诺顿定理,可将信号源转换成内阻为 R_s 的电压源 $\dot{U}_s$,如图(b)所示。由于信号源内阻较大,故可以认为放大电路的输入电流 $\dot{I}_i \approx \dot{I}_s$;且由于并联负反馈电路的输入电阻远小于 R_s,故可以认为 $\dot{U}_s$ 几乎全部降落在 R_s;又由于深度并联负反馈条件下 $\dot{I}_i \approx \dot{I}_f$,所以

$$\dot{U}_s \approx \dot{I}_i R_s \approx \dot{I}_f R_s \tag{7.3.6}$$

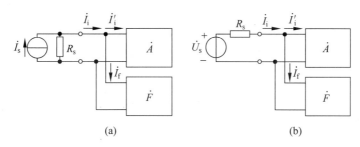

图 7.3.2　并联负反馈的信号源

(a) 有内阻的电流源　(b) 有内阻的电压源

在深度负反馈条件下

$$\dot{A}_{uif} = \frac{\dot{U}_o}{\dot{I}_i} \approx \frac{\dot{U}_o}{\dot{I}_f} = \frac{1}{\dot{F}_{iu}} \tag{7.3.7}$$

根据式(7.3.6),可得电压放大倍数

$$\boxed{\dot{A}_{usf} = \frac{\dot{U}_o}{\dot{U}_s} \approx \frac{\dot{U}_o}{\dot{I}_f R_s} = \frac{1}{\dot{F}_{iu}} \cdot \frac{1}{R_s}} \tag{7.3.8}$$

在图 7.3.3(a)所示电压并联负反馈电路中,输出电压在电阻 R_2 上产生的电流为反馈电流,因而反馈网络如图(b)方框中所示。反馈系数

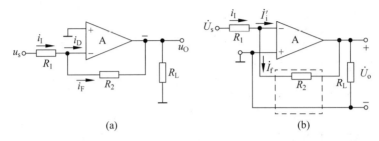

图 7.3.3 电压并联负反馈放大电路及其反馈网络
(a) 电路 (b) 反馈网络的分析

$$\dot{F}_{iu} = \frac{\dot{I}_f}{\dot{U}_o} = \frac{-\dot{U}_o/R_2}{\dot{U}_o} = -\frac{1}{R_2} \qquad (7.3.9)$$

电阻 R_1 相当于信号源 $\dot{U}_s$ 的内阻,根据式(7.3.8)可得电压放大倍数

$$\dot{A}_{usf} = \frac{\dot{U}_o}{\dot{U}_s} \approx \frac{1}{\dot{F}_{iu}} \cdot \frac{1}{R_1} = -\frac{R_2}{R_1} \qquad (7.3.10)$$

从式(7.3.3)和式(7.3.5)、式(7.3.8)和式(7.3.10)可以看出,深度电压负反馈电路的电压放大倍数与负载电阻无关,说明在一定程度可将电路的输出看成为恒压源。

3. 电流串联负反馈电路

由于电路引入了串联负反馈,$\dot{U}_i \approx \dot{U}_f$;由于引入了电流负反馈,输出电压为

$$\dot{U}_o = \dot{I}_o R'_L \qquad (7.3.11)$$

R'_L 为输出端所接的总负载。深度负反馈条件下

$$\dot{A}_{iu} = \frac{\dot{I}_o}{\dot{U}_i} \approx \frac{\dot{I}_o}{\dot{U}_f} = \frac{1}{\dot{F}_{ui}} \qquad (7.3.12)$$

电压放大倍数

$$\boxed{\dot{A}_{uf} = \frac{\dot{U}_o}{\dot{U}_i} \approx \frac{\dot{I}_o R'_L}{\dot{U}_f} = \frac{1}{\dot{F}_{ui}} \cdot R'_L} \qquad (7.3.13)$$

在图 7.3.4(a)所示电流串联负反馈电路中,输出电流在电阻 R 上产生的电压为反馈电压,因而反馈网络如图(b)方框中所示。反馈系数

$$\dot{F}_{ui} = \frac{\dot{U}_f}{\dot{I}_o} = \frac{\dot{I}_o R}{\dot{I}_o} = R \qquad (7.3.14)$$

根据式(7.3.13),可得电压放大倍数

$$\dot{A}_{uf} = \frac{\dot{U}_o}{\dot{U}_i} \approx \frac{1}{\dot{F}_{ui}} \cdot R'_L = \frac{R_L}{R} \tag{7.3.15}$$

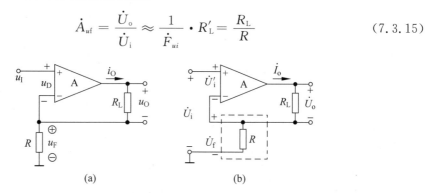

图 7.3.4 电流串联负反馈放大电路及其反馈网络
(a) 电路　(b) 反馈网络的分析

4. 电流并联负反馈

在深度电流并联负反馈电路中,放大倍数

$$\dot{A}_{ii} = \frac{\dot{I}_o}{\dot{I}_i} \approx \frac{\dot{I}_o}{\dot{I}_f} = \frac{1}{\dot{F}_{ii}} \tag{7.3.16}$$

根据前面的分析可知,信号源电压如式(7.3.6)所示,输出电压如式(7.3.11)所示,因而电压放大倍数

$$\boxed{\dot{A}_{usf} = \frac{\dot{U}_o}{\dot{U}_s} \approx \frac{\dot{I}_o R'_L}{\dot{I}_f R_s} = \frac{1}{\dot{F}_{ii}} \cdot \frac{R'_L}{R_s}} \tag{7.3.17}$$

在图 7.3.5(a)所示电流并联负反馈电路中,输出电流在电阻 R_1 和 R_2 分流,R_1 中的电流为反馈电流,因而反馈网络如图(b)方框中所示。反馈系数

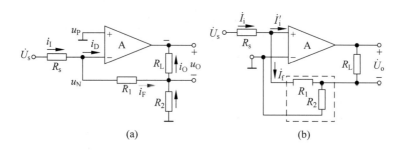

图 7.3.5 电流并联负反馈放大电路及其反馈网络
(a) 电路　(b) 反馈网络的分析

$$\dot{F}_{ii} = \frac{\dot{I}_f}{\dot{I}_o} = \frac{-\frac{R_2}{R_1+R_2} \cdot \dot{I}_o}{\dot{I}_o} = -\frac{R_2}{R_1+R_2} \qquad (7.3.18)$$

因本电路中用瞬时极性法判断出输出电流与输出电压符号相反,故式中加负号。根据式(7.3.17),可得电压放大倍数

$$\dot{A}_{usf} = \frac{\dot{U}_o}{\dot{U}_s} \approx \frac{1}{\dot{F}_{ii}} \cdot \frac{R'_L}{R_s} = -\left(1 + \frac{R_1}{R_2}\right) \cdot \frac{R_L}{R_s} \qquad (7.3.19)$$

从式(7.3.13)和式(7.3.15)、式(7.3.17)和式(7.3.19)可以看出,深度电流负反馈电路的电压放大倍数与负载电阻成线性关系,说明在一定程度上可将输出看成为恒流源。

在负反馈放大电路中,根据式(7.2.7)可判断出 $\dot{A}$、$\dot{F}$ 和 $\dot{A}_f$ 符号相同;而式(7.3.3)、式(7.3.8)、式(7.3.13)和式(7.3.17)表明 $\dot{A}_{uf}$ 或 $\dot{A}_{usf}$ 与 $\dot{F}$ 符号相同,所以 $\dot{A}$、$\dot{F}$、$\dot{A}_f$ 和 $\dot{A}_{uf}$ 或 $\dot{A}_{usf}$ 符号相同。实际上,只要利用瞬时极性法判断出输出电压与输入电压(或信号源电压)的相位关系,也就得到上述各物理量的符号了。

综上所述,求解深度负反馈放大电路放大倍数的一般步骤是:

(1) 判断反馈组态;

(2) 确定反馈网络,求解反馈系数 $\dot{F}$;

(3) 利用 $\dot{F}$ 求解 $\dot{A}_f$、$\dot{A}_{uf}$(或 $\dot{A}_{usf}$)。

由以上分析可知,正确判断交流负反馈的组态是正确估算放大倍数的前提,而正确确定反馈网络是正确估算放大倍数的保证。

例 7.3.1 分析图 7.3.6 所示电路中引入了哪种组态的交流负反馈,并估算深度负反馈条件下的电压放大倍数。

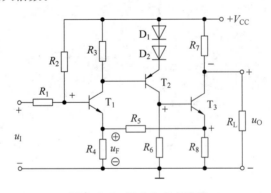

图 7.3.6 例 7.3.1 电路图

解 图 7.3.6 所示电路是三级共射放大电路，R_5 将电路的输出回路和输入回路连接起来，引入了反馈，反馈网络由 R_4、R_5 和 R_8 组成。根据反馈的判断方法可得，电路引入了电流串联负反馈，电路有关部分的瞬时极性如图中所标注。输出电压与输入电压反相，故 $\dot F$ 和 $\dot A_{uf}$ 的符号为"−"。图示电路的输出电流为晶体管 T_3 的集电极动态电流，约为发射极动态电流，该电流通过 R_4 和 R_5、R_8 两个支路分流，并在 R_4 上获得反馈电压。因而，反馈系数

$$\dot F_{ui} = \frac{\dot U_f}{\dot I_o} \approx -\frac{\frac{R_8}{R_4+R_5+R_8} \dot I_e \cdot R_4}{\dot I_e} = -\frac{R_4 R_8}{R_4+R_5+R_8}$$

根据式（7.3.13），电压放大倍数

$$\dot A_{uf} = \frac{\dot U_o}{\dot U_i} \approx \frac{1}{\dot F_{ui}} \cdot R'_L = -\frac{R_4+R_5+R_8}{R_4 R_8} \cdot (R_7 /\!/ R_L)$$

应当指出，在分立元件电路中，输出电流常常不是负载电阻上的电流，而是输出级晶体管的集电极电流或发射极电流。

7.3.3 理想运放组成的负反馈放大电路的分析

1. 理想运放引入负反馈后的工作特点

理想运放引入负反馈，如图 7.3.7 所示，特征是用无源网络连接集成运放的输出端和反相输入端。由于理想运放的差模增益和输入电阻无穷大、输出电阻为零，使得所引入的负反馈一定是深度负反馈，运放工作在线性区。根据 2.2 节的分析可知，理想运放工作在线性区具有"虚短"和"虚断"的特点，即其净输入电压和净输入电流均为零的特点，表达式为

$$u_P - u_N = 0 \quad (7.3.20)$$
$$i_P = i_N = 0 \quad (7.3.21)$$

理想运放引入负反馈后，"虚短"和"虚断"的两个特点是其它元件所没有的，是定量分析此类电路的基本出发点。

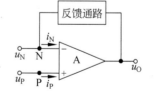

图 7.3.7 集成运放引入负反馈

2. 分析举例

例 7.3.2 电路分别如图 7.3.1(a) 和图 7.3.5(a) 所示，已知集成运放为理想运放，试分别求解两个电路的电压放大倍数。

解 图 7.3.1(a) 所示电路引入了电压串联负反馈，因而集成运放的净输入电压和净

输入电流均为零,所以

$$u_P = u_N = u_I$$

R_2 的电流等于 R_1 的电流

$$i_{R_2} = i_{R_1} = \frac{u_P}{R_1} = \frac{u_I}{R_1}$$

输出电压为 R_2 和 R_1 上电压之和,即

$$u_O = i_{R_1}(R_1+R_2) = \frac{u_I}{R_1}(R_1+R_2) = \left(1+\frac{R_2}{R_1}\right)u_I$$

电压放大倍数

$$A_{uf} = \frac{\Delta u_O}{\Delta u_I} = 1+\frac{R_2}{R_1}$$

与式(7.3.5)相同。

图 7.3.5(a)所示电路引入了电流并联负反馈,因而集成运放的净输入电压和净输入电流均为零,所以

$$u_P = u_N = 0$$

为"虚地"。

$$i_F = i_I = \frac{u_I}{R_s}$$

R_2 的电流

$$i_{R_2} = \frac{i_F R_1}{R_2} = \frac{u_I}{R_s} \cdot \frac{R_1}{R_2}$$

输出电压

$$u_O = -(i_F + i_{R_3})R_L = -\left(1+\frac{R_1}{R_2}\right) \cdot \frac{R_L}{R_s} \cdot u_I$$

电压放大倍数

$$A_{uf} = \frac{\Delta u_O}{\Delta u_I} = -\left(1+\frac{R_1}{R_2}\right) \cdot \frac{R_L}{R_s}$$

与式(7.3.19)相同。

7.4 负反馈对放大电路性能的影响

实用放大电路常常引入深度负反馈,使之放大倍数几乎仅仅决定于反馈网络,从而提高了放大倍数的稳定性。此外,交流负反馈还能改善放大电路多方面的性能,可以改变输入、输出电阻,扩展频带,减小非线性失真等。下面分别加以分析。

7.4.1 提高放大倍数的稳定性

放大电路放大倍数有足够的稳定性,才能使之成为实用电路。实际上,在未引入负反馈的放大电路中,放大倍数可能由于种种原因,特别是环境温度变化所带来的半导体器件参数的变化,而产生变化。可以想象,家用电器或电子设备在不同温度时的不同性能所带来的恶果。放大电路引入交流负反馈,将大大减小各种因素对放大倍数的影响,从而使放大倍数得到稳定。

通常用放大倍数的相对变化量来衡量其稳定性。在中频段可将式(7.2.7)写为

$$A_f = \frac{A}{1+AF} \tag{7.4.1}$$

上式对 A 求导,可以得到

$$\frac{dA_f}{dA} = \frac{1}{(1+AF)^2}, \quad 即 \ dA_f = \frac{dA}{(1+AF)^2}$$

式(7.4.1)等号两边去除上式的等号两边可得

$$\frac{dA_f}{A_f} = \frac{1}{1+AF} \cdot \frac{dA}{A} \tag{7.4.2}$$

表明闭环放大倍数的相对变化量 dA_f/A_f 只是开环放大倍数的相对变化量 dA/A 的 $1/(1+AF)$。若 $A=1000$,$F=0.1$,$dA/A=1\%$,则 $dA_f/A_f=0.01\%$。即若基本放大电路的放大倍数变化了百分之一,负反馈放大电路的放大倍数仅变化万分之一。

应当指出,负反馈放大电路是牺牲了放大倍数来换取其稳定性的,即放大倍数减小到 $1/(1+AF)$,稳定性提高到 $(1+AF)$ 倍。

7.4.2 改变输入电阻和输出电阻

1. 对输入电阻的影响

负反馈对输入电阻的影响仅取决于反馈网络与基本放大电路在输入端的连接方式。
(1) 引入串联负反馈,增大输入电阻

在图 7.4.1(a)所示串联负反馈放大电路的输入回路中,根据输入电阻的定义,基本放大电路的输入电阻 $R_i = U_i'/I_i$,而负反馈放大电路的输入电阻

$$R_{if} = \frac{U_i}{I_i} = \frac{U_i' + U_f}{I_i} = \frac{U_i' + AFU_i'}{I_i} = (1+AF)\frac{U_i'}{I_i}$$

所以

$$R_{if} = (1+AF)R_i \qquad (7.4.3)$$

可见,引入串联负反馈后,输入电阻将增大到原来的$(1+AF)$倍。

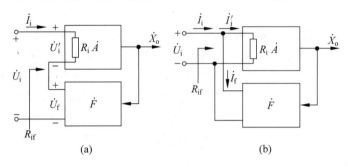

图 7.4.1　交流负反馈对输入电阻的影响
(a) 串联负反馈电路　(b) 并联负反馈电路

(2) 引入并联负反馈,减小输入电阻

在图 7.4.1(b)所示并联负反馈放大电路的输入回路中,根据输入电阻的定义,基本放大电路的 $R_i = U_i/I_i'$,而负反馈放大电路的输入电阻

$$R_{if} = \frac{U_i}{I_i} = \frac{U_i}{I_i' + I_f} = \frac{U_i}{I_i' + AFI_i'} = \frac{1}{1+AF} \cdot \frac{U_i}{I_i'}$$

所以

$$R_{if} = \frac{1}{1+AF} \cdot R_i \qquad (7.4.4)$$

可见,引入并联负反馈后,输入电阻减小到原来的 $1/(1+AF)$。

在理想情况下,即$(1+AF)$趋于无穷大时,串联负反馈放大电路的输入电阻趋于无穷大,并联负反馈放大电路的输入电阻趋于 0。

2. 对输出电阻的影响

负反馈对输出电阻的影响仅取决于反馈网络与基本放大电路在输出端的连接方式。若电路引入电压负反馈,则稳定输出电压,使之输出趋于恒压源,因而输出电阻很小。可以证明,电压负反馈放大电路的输出电阻是其基本放大电路输出电阻的 $1/(1+AF)$[1]。若电路引入电流负反馈,则稳定输出电流,使之输出趋于恒流源,因而输出电阻很大。可以证明,电流负反馈放大电路的输出电阻是其基本放大电路输出电阻的$(1+AF)$倍[2]。

在理想情况下,即$(1+AF)$趋于无穷大时,电压负反馈放大电路的输出电阻趋于 0,

---

[1] 参阅童诗白、华成英主编的《模拟电子技术基础(第三版)》6.5 节。

[2] 同[1]。

电流负反馈放大电路的输出电阻趋于无穷大。

负反馈对于输入电阻、输出电阻的影响,如表 7.4.1 所示,理想情况下的数值如括号内所示。

表 7.4.1 负反馈放大电路的输入电阻、输出电阻

反馈组态	电压串联	电压并联	电流串联	电流并联
输入电阻	增大(∞)	减小(0)	增大(∞)	减小(0)
输出电阻	减小(0)	减小(0)	增大(∞)	增大(∞)

必须指出,负反馈对输入电阻和输出电阻的影响,只限于影响反馈环内的电阻,而反馈环以外的电阻不受影响。例如,在图 7.3.6 所示电流串联负反馈电路中,输入端的 R_1 和 R_2 均在反馈环外,因而引入反馈后仅对 T_1 管基极回路等效电阻产生影响;输出端的 R_7 也在反馈环外,因而引入反馈后仅对 T_3 管输出回路等效电阻产生影响。因此,更确切地说,串联负反馈使引入反馈的支路的等效电阻增大到未加反馈的$(1+AF)$倍,而电流负反馈使引出反馈的支路的等效电阻增大到未加反馈的$(1+AF)$倍。又例如,在图 7.3.5(a)所示电流并联负反馈电路中,R_s 为信号源内阻,它也在反馈环外。

7.4.3 展宽频带

放大电路引入交流负反馈后,减小了由于各种原因,当然也包括信号频率变化所造成的放大倍数的变化。可以设想,若由于频率变化使得输出量幅值下降,则反馈量将随之相应减小,因而使得放大电路的净输入信号与中频时相比有所提高,使输出量回升,所以频带展宽。

为使问题简单化,设反馈网络为纯电阻网络,则负反馈放大电路放大倍数 $\dot{A}_\mathrm{f}$ 的幅频特性及其基本放大电路放大倍数 $\dot{A}$ 的幅频特性如图 7.4.2 所示。由于

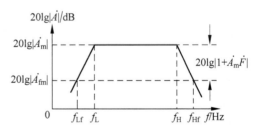

图 7.4.2 引入交流负反馈可以展宽频带

$$20\lg|\dot{A}_\mathrm{f}| = 20\lg|\dot{A}| - 20\lg|1+\dot{A}\dot{F}| \qquad (7.4.5)$$

所以 $\dot{A}_\mathrm{f}$ 的通频带比 $\dot{A}$ 的宽。若 $\dot{A}_\mathrm{f}$ 和 $\dot{A}$ 的下限频率、上限频率和通频带分别为 f_L 和 f_Lf、f_LH、f_Hf、f_BW 和 f_BWf,可以证明[①],它们的关系为

---

① 参阅童诗白、华成英主编的《模拟电子技术基础(第三版)》6.5 节。

$$\begin{cases} f_{\mathrm{Lf}} = \dfrac{f_{\mathrm{L}}}{1+AF} \\ f_{\mathrm{Hf}} = (1+AF)f_{\mathrm{H}} \\ f_{\mathrm{BWf}} = (1+AF)f_{\mathrm{BW}} \end{cases} \tag{7.4.6}$$

7.4.4 减小非线性失真

因晶体管的非线性特性使输出波形产生的失真,称为非线性失真。由图 7.4.3(a)可知,由于晶体管输入特性的非线性特性,若 b-e 间所加正弦波电压幅值较大,则基极电流的正半周幅值将大于其负半周幅值,从而使集电极电流和发射极电流失真,最终导致输出信号失真。可以想象,若 b-e 间所加正弦波电压的正半周幅值略小于负半周幅值,如图(b)所示,则可以做到基极电流基本不失真,也就一定程度上减小了输出信号的失真,甚至基本消除失真。交流负反馈正是利用这一思路减小了非线性失真的。

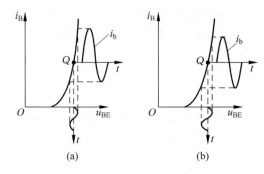

图 7.4.3 因晶体管输入特性的非线性特性所产生的失真
(a) 失真分析 (b) 消除方法

设负反馈放大电路的输出信号与输入信号同相,则反馈信号与输出信号也同相。在开环情况下,若输入信号为正弦波时输出信号产生失真,其正半周幅值大于其负半周幅值,则反馈信号必然产生同样的失真,如图 7.4.4(a)所示;而在闭环情况下,由于净输入信号等于输入信号减反馈信号,因而正半周幅值小于其负半周幅值,如图(b)所示。经过放大电路非线性的校正,使得输出电压幅值正负半周趋于对称,近似为正弦波,即减小了输出波形的非线性失真。

可以证明[①],在输出信号基波不变的情况下,负反馈放大电路输出信号的非线性失真是其开环时的 $1/(1+AF)$。

---

① 参阅童诗白、华成英主编的《模拟电子技术基础(第三版)》6.5 节。

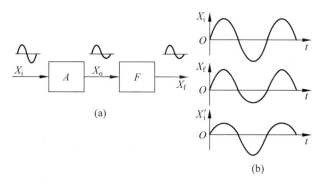

图 7.4.4 交流负反馈可减小非线性失真
(a) 开环时的波形 (b) 引入负反馈后的波形

7.4.5 引入负反馈的一般原则

实用放大电路引入负反馈的目的是为了稳定静态工作点和改善动态性能。不同组态的交流负反馈，将对放大电路的性能产生不同的影响。因此，在不同的需求下，应引入不同的反馈。引入负反馈的一般原则如下：

(1) 若要稳定静态工作点，则应引入直流负反馈；若要改善动态性能，则应引入交流负反馈。

(2) 若要稳定输出电压，则应引入电压负反馈；若要稳定输出电流，则应引入电流负反馈。换言之，从负载的需求出发，希望电路输出趋于恒压源的，应引入电压负反馈；希望电路输出趋于恒流源的，应引入电流负反馈。

(3) 若要提高输入电阻，则应引入串联负反馈；若要减小输入电阻，则应引入并联负反馈。串联负反馈和并联负反馈的效果均与信号源内阻 R_s 的大小有关。对于串联负反馈，R_s 越小，负反馈效果越明显；对于并联负反馈，则是 R_s 越大，负反馈效果越明显。换言之，信号源为近似恒压源的，应引入串联反馈；信号源为近似恒流源的，应引入并联反馈。

(4) 根据输入信号对输出信号的控制关系引入交流负反馈，若用输入电压控制输出电压，则应引入电压串联负反馈；若用输入电流控制输出电压，则应引入电压并联负反馈；若用输入电压控制输出电流，则应引入电流串联负反馈；若用输入电流控制输出电流，则应引入电流并联负反馈。

例 7.4.1 电路如图 7.4.5(a)所示，设集成运放为理想运放。回答下列问题：

(1) 为将输入电压转换成与之成稳定关系的电流信号，应在电路中引入哪种组态的交流负反馈？

(2) 画出电路图来；

(3) 若输入电压为 0～10V，与输入电压对应的输出电流为 0～5mA，$R_2=10\text{k}\Omega$，则 R_1 应取多少？

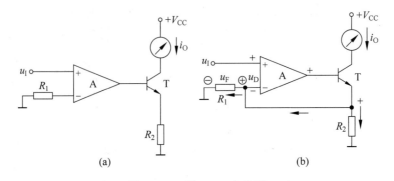

图 7.4.5　例 7.4.1 电路图
(a) 未引入反馈　(b) 引入电流串联负反馈

解　(1) 为了实现输入电压对输出电流的控制关系,应引入电流串联负反馈。

(2) 利用瞬时极性法,可以得到输入电压为"+"时各有关部分电位和电流的极性,将晶体管 T 的发射极与集成运放的反相输入端连接,在 R_1 上获得反馈电压,如图 7.4.5(b)所示。

(3) 由于集成运放为理想运放,电路又引入了交流负反馈,所以集成运放具有"虚短"和"虚断"的特点,故

$$u_F = u_I$$

$$i_O = i_{R_1} + i_{R_2} = \frac{u_I}{R_1 \ // \ R_2}$$

将 $u_I=10\text{V}$、$i_O=5\text{mA}$、$R_2=10\text{k}\Omega$ 代入,求出 $R_1=2.5\text{k}\Omega$。

7.5　负反馈放大电路的自激振荡及消除方法

在实用的放大电路中,常常引入深度负反馈,以改善多方面的性能。但是,对于某些放大电路,会因所引负反馈不当而产生自激振荡,不能正常工作。本节将介绍负反馈放大电路的自激振荡及其消除方法。

7.5.1　产生自激振荡的原因及条件

若输入信号为零,而输出端有一定频率一定幅值的交流信号,则称电路产生了自激振荡。负反馈放大电路为什么会产生自激振荡呢？

负反馈放大电路在中频段时,放大倍数$\dot{A}$和反馈系数$\dot{F}$均为实数,即不是正数就是负数,它们的相角$\varphi_A+\varphi_F=2n\pi$($n$为整数)。然而,由于耦合电容、旁路电容、晶体管结电容和其它杂散电容的存在,在低频段和高频段,$\dot{A}$的数值和相位均产生变化,即$\dot{A}$是频率的函数;若反馈网络中有电抗元件(如电容)存在,则$\dot{F}$也是频率的函数。$\dot{A}$和$\dot{F}$在低频段和高频段所产生的相移称为附加相移,分别记作$\Delta\varphi_A$和$\Delta\varphi_F$。

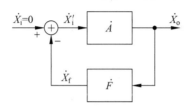

图 7.5.1 负反馈放大电路的自激振荡

若负反馈放大电路在低频段或高频段存在一个频率f_0,当$f=f_0$时,附加相移$\Delta\varphi_A+\Delta\varphi_F=\pm180°$,且环路增益$|\dot{A}\dot{F}|$足够大,则虽然输入信号为零,如图 7.5.1 所示,但在电扰动下,对于频率为f_0的信号将产生正反馈过程,即

$$|\dot{X}_o|\uparrow \to |\dot{X}_f|\uparrow \to |X'_i|\uparrow$$
$$|\dot{X}_o|\uparrow\uparrow \longleftarrow$$

$|\dot{X}_o|$不可能无限制地增大,由于晶体管的非线性特性,最终达到动态平衡,于是输出端得到频率为f_0的一定幅值的交流信号,电路产生自激振荡。

从图 7.5.1 可知,一旦电路的自激振荡达到动态平衡,输出量作用于反馈网络得到反馈量$\dot{X}_f$,而净输入量

$$\dot{X}'_i = \dot{X}_i - \dot{X}_f = 0 - \dot{X}_f = -\dot{X}_f$$

维持着输出量,即

$$\dot{X}_o = -\dot{A}\dot{X}_f = -\dot{A}\dot{F}\dot{X}_o$$

因此,负反馈放大电路产生自激振荡的平衡条件为

$$\boxed{\dot{A}\dot{F}=-1} \tag{7.5.1}$$

写成模和相角形式为

$$\begin{cases} |\dot{A}\dot{F}|=1 & \text{(7.5.2a)} \\ \varphi_A+\varphi_F=(2n+1)\pi \quad (n\text{ 为整数}) & \text{(7.5.2b)} \end{cases}$$

式(7.5.2a)为幅值平衡条件,简称幅值条件;式(7.5.2b)为相位平衡条件,简称相位条件。

由于电路从起振到动态平衡有一个正反馈过程,即输出量幅值在每一次反馈后都比原来增大,直至稳幅,所以起振条件为

$$|\dot{A}\dot{F}| > 1 \tag{7.5.3}$$

综上所述,只有负反馈放大电路存在附加相移为 $\pm\pi$ 的 f_0,且在 $f=f_0$ 时 $|\dot{A}\dot{F}|>1$,才可能产生自激振荡。即只有同时满足相位条件和起振条件电路才会产生自激振荡。

7.5.2 负反馈放大电路稳定性的判定

1. 负反馈放大电路稳定性的定性分析

设反馈网络为纯电阻网络。由于每一级放大电路在高频段的最大附加相移为 $-90°$,故对于直接耦合放大电路,一级放大电路不会产生自激振荡,因其不存在附加相移为 $-180°$ 的 f_0;两级放大电路也不会产生自激振荡,因为虽然最大附加相移可达 $-180°$,但 f_0 为无穷大,且幅值为 0,不满足幅值条件;三级放大电路有可能产生自激振荡,因为它存在附加相移为 $-180°$ 的 f_0,且在 $f=f_0$ 时有可能 $|\dot{A}\dot{F}|>1$。以此推理,放大电路的级数越多,引入负反馈后产生自激振荡的可能性越大。而且,负反馈越深,即 $|\dot{A}\dot{F}|$ 越大,电路将越容易产生自激振荡。因此,实用放大电路以三级居多,通用型集成运放就是一个三级直接耦合放大电路。

2. 负反馈放大电路稳定性的判定

判定负反馈放大电路是否稳定的一般方法是,根据环路增益的频率特性来判断电路闭环后是否稳定,即是否产生自激振荡。

从前面分析已知,使 $\dot{A}\dot{F}$ 附加相移为 $\pm\pi$ 的频率称为 f_0。现定义,使环路增益 $20\lg|\dot{A}\dot{F}|=0\text{dB}$ 的频率称为 f_c。因此,若 $f_0>f_c$,如图 7.5.2(a)所示,则当 $f=f_0$ 时 $|\dot{A}\dot{F}|<1$,不满足起振条件,电路不会产生自激振荡,即稳定;若 $f_0<f_c$,如图 7.5.2(b)所示,则当 $f=f_0$ 时 $|\dot{A}\dot{F}|>1$,满足起振条件,电路将产生自激振荡,即不稳定。

在临界状态下,即当 $f_c=f_0$ 时,电路条件稍有变化就可能产生自激振荡。为此,一般要求负反馈放大电路不但是稳定的,而且还要有一定的稳定余量,称为"稳定裕度"。定义 f_0 时对应的幅值为幅值裕度 G_m,即

$$G_m = 20\lg|\dot{A}\dot{F}|\,\|_{f=f_0} \tag{7.5.4}$$

G_m 的绝对值越大,表明电路越稳定。一般要求 $G_m \leqslant -10\text{dB}$。定义频率为 f_c 时所对应的附加相移为相位裕度 φ_m,

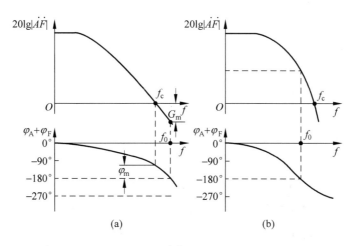

图 7.5.2 $\dot{A}\dot{F}$ 的频率特性
(a) 不产生自激振荡的情况 (b) 产生自激振荡的情况

$$\varphi_m = 180° - |\Delta\varphi(f_C)| \qquad (7.5.5)$$

φ_m 越大，表明电路越稳定。一般要求 $\varphi_m \geqslant 45°$。G_m 和 φ_m 如图 7.5.2(a) 所标注。

7.5.3 消除自激振荡的方法

消除负反馈放大电路自激振荡的根本方法是破坏产生自激振荡的条件，若通过一定的手段使电路在附加相移为 ±180° 时 $|\dot{A}\dot{F}|<1$，则不会自激；若通过一定的手段使电路根本不存在附加相移为 ±180° 的频率，则也不会自激。采用相位补偿的办法可以实现上述想法。

相位补偿法有多种，下面就上述思路介绍消除高频振荡的两种滞后补偿法。

1. 电容滞后补偿

设负反馈放大电路为三级直接耦合放大电路（如集成运放），其环路增益 $\dot{A}\dot{F}$ 的幅频特性如图 7.5.3(a) 中虚线所示。

在电路中找到决定曲线最低的拐点 f_{H1} 的那级，加补偿电容，如图(b)所示，等效电路如图(c)所示。在图(c)中，$\dot{U}_1$ 为 A_1 中频段时的输出电压，$\dot{U}_2$ 为 A_2 的输入电压；C_2 为 A_1 和 A_2 连接点与地间的总电容，包括前级的输出电容和后级的输入电容等；R 为 C_2 所在回路的等效电阻，C 为补偿电容。补偿前

$$f_{H1} = \frac{1}{2\pi RC_2}$$

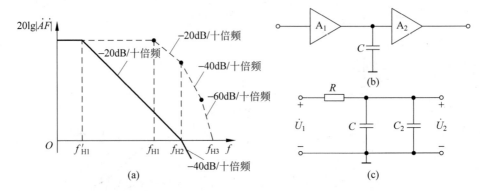

图 7.5.3 三级直接耦合负反馈放大电路的电容滞后补偿

(a) $\dot{A}\dot{F}$ 的幅频特性 (b) 电容滞后补偿 (c) 补偿后的等效电路

补偿后

$$f'_{H1} = \frac{1}{2\pi R(C_2 + C)} \tag{7.5.6}$$

若在 $f = f_{H2}$ 时 $20\lg|\dot{A}\dot{F}| = 0\text{dB}$,则补偿后 $\dot{A}\dot{F}$ 的幅频特性如图 7.5.3(a) 实线所示。因为在 $f = f_{H2}$ 时由 f'_{H1} 产生的最大相移为 $-90°$,由 f_{H2} 产生的相移为 $-45°$,总的最大相移为 $-135°$,所以 $f_0 < f_c$,电路稳定,且具有至少 $45°$ 的相位裕度。

从以上分析可知,滞后补偿是以减小带宽为代价来消除自激振荡的。因而为了使得通频带不至于变得太窄,补偿电容必须加在决定 f_{H1} 的那个回路中。

2. RC 滞后补偿

为克服电容滞后补偿后放大电路的频带明显变窄的缺点,可采用 RC 滞后补偿的方法。具体做法是:在电路中找到决定曲线最低的拐点 f_{H1} 的所在回路,接补偿电阻和电容,如图 7.5.4(a)所示。

图(a)所示电路的等效电路如图(b)所示,其中 $\dot{U}_1$ 为 A_1 中频段时的输出电压,$\dot{U}_2$ 为 A_2 的输入电压;C_2 为 A_1 和 A_2 连接点与地间的总电容,包括前级的输出电容和后级的输入电容等;R' 为 C_2 所在回路的等效电阻,RC 为补偿电路。补偿前

$$\dot{A}\dot{F} = \frac{\dot{A}_m \dot{F}_m}{\left(1 + j\dfrac{f}{f_{H1}}\right)\left(1 + j\dfrac{f}{f_{H2}}\right)\left(1 + j\dfrac{f}{f_{H3}}\right)} \tag{7.5.7}$$

$$f_{H1} = \frac{1}{2\pi R'C_2} \tag{7.5.8}$$

补偿后,若 $C \gg C_2$,则

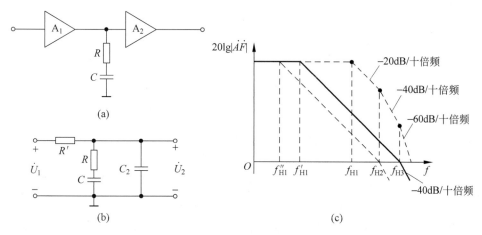

图 7.5.4 三级直接耦合负反馈放大电路的 RC 滞后补偿
(a) RC 滞后补偿 (b) 补偿后的等效电路 (c) $\dot{A}\dot{F}$ 的幅频特性

$$\frac{\dot{U}_2}{\dot{U}_1} \approx \frac{R + \dfrac{1}{j\omega C}}{R' + R + \dfrac{1}{j\omega C}} = \frac{1 + j\omega RC}{1 + j\omega(R' + R)C} = \frac{1 + j\dfrac{f}{f'_{H2}}}{1 + j\dfrac{f}{f'_{H1}}} \tag{7.5.9}$$

$$f'_{H1} \approx \frac{1}{2\pi(R' + R)C}, \quad f'_{H2} \approx \frac{1}{2\pi RC} \tag{7.5.10}$$

若 $f'_{H2} = f_{H2}$,将式(7.5.9)代入式(7.5.7),则

$$\dot{A}\dot{F} \approx \frac{\dot{A}_m \dot{F}_m}{\left(1 + j\dfrac{f}{f'_{H1}}\right)\left(1 + j\dfrac{f}{f_{H3}}\right)} \tag{7.5.11}$$

补偿后 $\dot{A}\dot{F}$ 的幅频特性如图 7.5.4(c)实线所示。因为在高频段只有两个拐点,故电路不可能产生自激振荡。图(c)实线左侧虚线是电容滞后补偿后 $\dot{A}\dot{F}$ 的幅频特性,可见 RC 滞后补偿后 $\dot{A}\dot{F}$ 的通频带较之宽。

综上所述,滞后补偿总是以带宽变窄为代价的。还可采用超前补偿的方法来消除自激振荡,理论上可以获得效果更好的补偿,这里不再赘述①。当电路产生低频振荡时,可用改变耦合电容、旁路电容的容量来消除。

例 7.5.1 已知负反馈放大电路的基本放大电路 $\dot{A}$ 的幅频特性如图 7.5.5 所示,回答下列问题:

---

① 参阅童诗白、华成英主编的《模拟电子技术基础(第三版)》6.6 节。

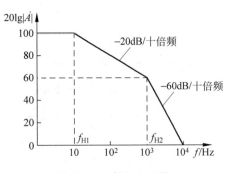

图 7.5.5　例 7.5.1 图

(1) 写出 $\dot{A}$ 的表达式,并说明电路为几级放大电路及其耦合方式;

(2) 若反馈系数 $|\dot{F}|=1$,电路稳定吗？简述理由；

(3) $20\lg|\dot{F}|$ 最大为多少电路才不会产生自激振荡？

解　(1) 根据幅频特性可知,中频增益 $20\lg|\dot{A}_m|=100$,因不知电路输出量与净输入量的相位关系,故中频放大倍数 $\dot{A}_m=\pm10^5$；电路的高频段有两个拐点,但由于当 $f>f_{H2}$ 时曲线按 $-60\mathrm{dB}/$十倍频下降,说明有两级的上限频率为 f_{H2},故放大倍数表达式为

$$\dot{A}=\frac{\pm 10^5}{\left(1+\mathrm{j}\dfrac{f}{10}\right)\left(1+\mathrm{j}\dfrac{f}{10^3}\right)^2}$$

幅频特性中没有下限频率,且高频段曲线按 $-60\mathrm{dB}/$十倍频下降,说明电路为直接耦合三级放大电路。

(2) 若反馈系数 $|\dot{F}|=1$,电路一定不稳定。因为 $20\lg|\dot{A}\dot{F}|=20\lg|\dot{A}|$,$f_c=10^4\mathrm{~Hz}$,$f_c\gg f_{H1}$ 且 $f_c\gg f_{H2}$,故 $f=f_c$ 时的附加相移近似为 $-270°$,说明 $f_c>f_0$,根据稳定性的判断方法,电路一定产生自激振荡。

(3) 因为 $f_{H2}\gg f_{H1}$,所以当 $f=f_{H2}$ 时,决定 f_{H1} 的 RC 环节所产生的附加相移近似为 $-90°$,决定 f_{H2} 的两个 RC 环节所产生的附加相移各为 $-45°$,因而 $f=f_{H2}$ 时的附加相移约为 $-180°$。只有在 $f=f_{H2}$ 时 $20\lg|\dot{A}\dot{F}|<0\mathrm{dB}$,电路才不会产生自激振荡。因为 $f=f_{H2}$ 时 $20\lg|\dot{A}|=60\mathrm{dB}$,故 $20\lg|\dot{F}|<-60\mathrm{dB}$ 电路才稳定。

7.6　放大电路中的正反馈

在实用放大电路中,除了引入四种基本组态的交流负反馈外,还常引入合适的正反馈,以改善电路的性能,本节加以简单介绍。

7.6.1　自举电路

在阻容耦合放大电路中,常在引入负反馈的同时,引入合适的正反馈,以提高输入电阻,使得电路的输入电压因此而提升,称之为"自举"。

图 7.6.1(a)所示为自举电路之一,利用反馈的分析方法可知电路引入了电压串联负反馈;同时,由于 C_2 对交流信号相当于短路,输出电压在 R_3 上产生反馈电流(如图中所标注),使晶体管的基极电流增大,故引入了正反馈。基极电流的增大提升了电路的输入电压,达到"自举"的目的。

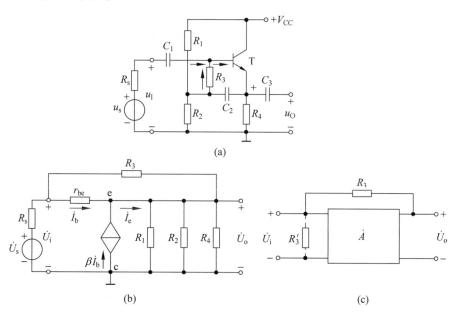

图 7.6.1　自举电路
(a) 电路　(b) 交流等效电路　(c) R_3 的等效变换

图(a)所示电路的交流等效电路如图(b)所示,可见,R_1、R_2 和 R_4 为晶体管的射极电阻,为负反馈网络;而 R_3 跨接在电路的输出端和输入端之间,为正反馈电阻。为了说明 R_3 对电路输入电阻的影响,可把电路画成图(c)所示方框图,将 R_3 等效变换到输入端为 R_3'。由于 R_3 的电流

$$\dot{I}_{R_3} = \frac{\dot{U}_i - \dot{U}_o}{R_3}$$

R_3' 的端电压为 $\dot{U}_i$,电流等于 R_3 的电流,所以

$$R_3' = \frac{\dot{U}_i}{\dot{I}_{R_3}} = \frac{\dot{U}_i}{\dfrac{\dot{U}_i - \dot{U}_o}{R_3}} = \frac{\dot{U}_i}{\dot{U}_i - \dot{U}_o} \cdot R_3 \tag{7.6.1}$$

因为电路为射极跟随器,$\dot{U}_o \approx \dot{U}_i$,所以 R_3' 远远大于 R_3,是 R_3 的几十倍甚至上百倍,从而提高了电路的输入电阻。

7.6.2 在电压-电流转换电路中的应用

图7.6.2(a)所示为实用的电压-电流转换电路。由于 A_2 构成以 u_O 为输入的电压跟随器,$u_{O2}=u_O$;A_1 引入了负反馈,实现以 u_I 和 u_{O2} 为输入的同相求和运算,所以

$$u_{O1} = \left(1 + \frac{R_2}{R_1}\right)\left(\frac{R_4}{R_3+R_4}u_I + \frac{R_3}{R_3+R_4}u_{O2}\right)$$

$$= \left(1 + \frac{R_2}{R_1}\right)\left(\frac{R_4}{R_3+R_4}u_I + \frac{R_3}{R_3+R_4}u_O\right)$$

若 $R_1=R_2=R_3=R_4=R$,则

$$u_{O1} = u_I + u_O \tag{7.6.2}$$

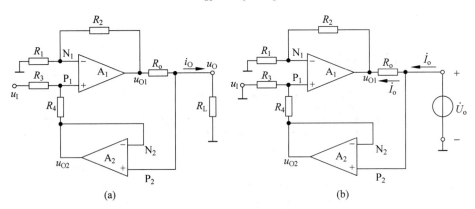

图 7.6.2 实用电压-电流转换电路

输出电流

$$i_O = \frac{u_{O1} - u_O}{R_o} = \frac{u_I}{R_o} \tag{7.6.3}$$

表明输出电流 i_O 仅受输入电压的控制。

利用瞬时极性法可以判断出,由电压跟随器引入的反馈为正反馈。设负载电阻 R_L 减小,则一方面因电路有内阻使输出电流 i_O 增大;而另一方面输出电压 u_O 的减小使 u_{O2} 减小,u_{P1} 减小,u_{O1} 减小,因为从 A_1 看进去的输出电阻为零,故 u_{O1} 减小必然导致 i_O 减小。过程简述如下:

$$\begin{array}{c} i_O \uparrow \quad i_O \downarrow \longleftarrow \\ R_L \downarrow \rightarrow u_O \downarrow \rightarrow u_{O2} \downarrow \rightarrow u_{P1} \downarrow \rightarrow u_{O1} \downarrow \end{array}$$

当 $R_1=R_2=R_3=R_4$ 时,因 R_L 减小引起的 i_O 的增大等于因正反馈作用引起的 i_O 的减小,i_O 成为 u_1 的受控源,实现了电压-电流转换。

若令 $u_1=0$,且断开 R_L,在输出端加交流电压 $\dot{U}_o$,由此产生电流 $\dot{I}_o$,如图(b)所示,则电路的输出电阻为 U_o/I_o。由于 A_2 同相输入端的电流为零,所以 R_o 的电流等于 $\dot{I}_o$。根据式(7.6.2),$\dot{U}_o=\dot{U}_{o1}$,使 $\dot{I}_o=0$,所以输出电阻

$$R_o = \frac{U_o}{I_o} = \infty \tag{7.6.4}$$

可见,当 $R_1=R_2=R_3=R_4$ 时,电路的输出可看成为恒流源。

除上述应用外,正反馈还广泛应用于正弦波振荡电路、有源滤波电路等,在后面章节中将作进一步的分析。

习 题

7.1 判断下列说法的正、误,在相应的括号内画"√"表示正确,画"×"表示错误。
(1) 在输入量不变的情况下,若引入反馈后净输入量减小,则说明引入的是负反馈。( )
(2) 电压反馈能稳定输出电压,电流反馈能稳定输出电流。( )
(3) 任何原因引起的噪声都能用交流负反馈来减小。( )
(4) 阻容耦合放大电路的耦合电容、旁路电容越多,引入负反馈后越容易产生低频自激振荡。( )
(5) 放大电路级数越多,引入负反馈后越容易产生高频自激振荡。( )
(6) 负反馈放大电路的环路放大倍数越大,则闭环放大倍数越稳定。( )

7.2 现有反馈如下,选择正确的答案填空:
A. 交流负反馈　　　　B. 直流负反馈　　　　C. 电压负反馈
D. 电流负反馈　　　　E. 串联负反馈　　　　F. 并联负反馈
(1) 为了稳定静态工作点,应引入_____。
(2) 为了展宽频带,应引入_____。
(3) 为了稳定输出电压,应引入_____。
(4) 为了稳定输出电流,应引入_____。
(5) 为了增大输入电阻,应引入_____。
(6) 为了减小输入电阻,应引入_____。
(7) 为了减小输出电阻,应引入_____。

7.3 现有反馈如下,选择正确的答案填空:

A. 电压串联负反馈　　B. 电压并联负反馈
C. 电流串联负反馈　　D. 电流并联负反馈

(1) 为了将电压信号转换成与之成比例的电流信号,应引入_____。
(2) 为了实现电流-电压转换,应引入_____。
(3) 为了减小从电压信号源索取的电流并增大带负载的能力,应引入_____。
(4) 为了实现电压-电流转换,应引入_____。

7.4 判断图 P7.4 所示各电路中是否引入了反馈,若引入了反馈,则判断该反馈是直流反馈还是交流反馈,是正反馈还是负反馈,对于多级放大电路判断是局部反馈还是级间反馈,并找出反馈网络。设所有电容对交流信号均可视为短路。

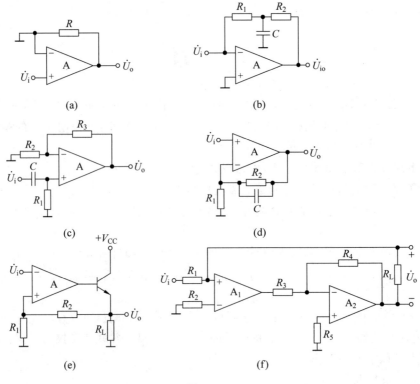

图 P7.4

7.5 电路如图 P7.5 所示,要求同题 7.4。

7.6 图 P7.6 所示各电路中的集成运放均为理想的,试判断各电路引入了何种组态的交流负反馈,并说明各电路的功能(如电压放大、电流放大、电压-电流转换等)。

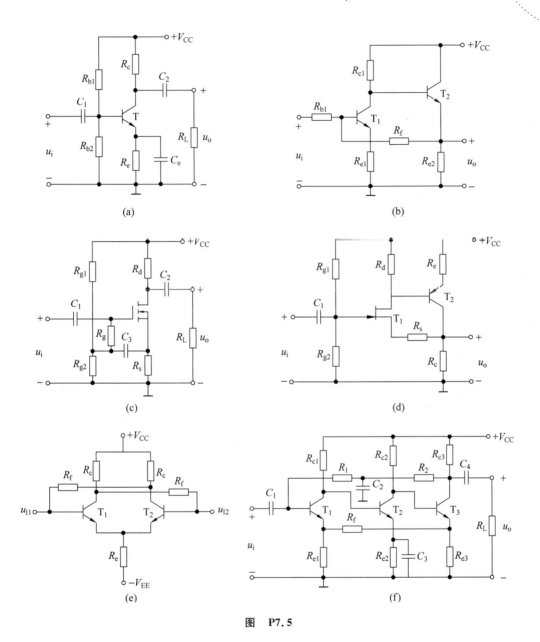

图 P7.5

7.7 求出图 P7.6 所示各电路的反馈系数,并写出 $\dot{U}_o$ 或者 $\dot{I}_o$ 的表达式。

7.8 图 P7.8 所示电路中集成运放均为理想运放。填空:

(1) 集成运放 A_1 引入反馈的极性为_____,组态为_____;集成运放 A_2 引入反馈的极性为_____,组态为_____;

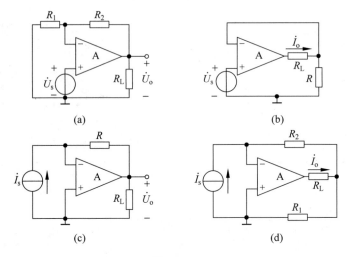

图 P7.6

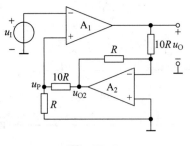

图 P7.8

(2) u_P 与 u_I 的比值 = _____，u_{O2} 与 u_I 的比值 = _____；

(3) 电路的电压放大倍数 $A_u = \Delta u_O / \Delta u_I$ = _____。

7.9 图 P7.9 所示电路中集成运放均为理想运放。判断各电路引入的反馈的极性和组态，并分别求出各电路的反馈系数和电压放大倍数的表达式。

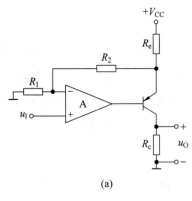
(a)

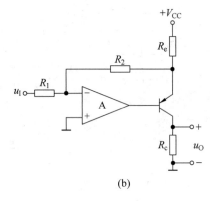
(b)

图 P7.9

7.10 电路如图 P7.10 所示，要求同题 7.9。

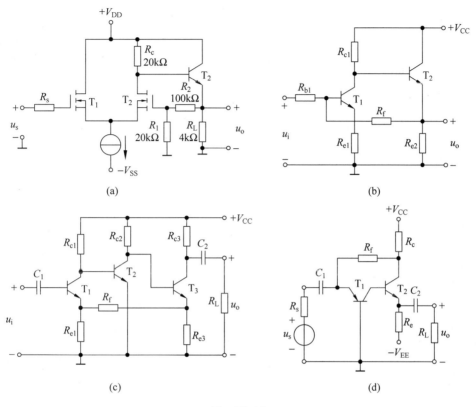

图 P7.10

7.11 电路如图 P7.11 所示,集成运放为理想运放。

(1) 为了将输入电流 I_s 转化成稳定的输出电压 U_o,应通过电阻 R_f 引入何种组态的交流负反馈？请在图中画出该反馈。

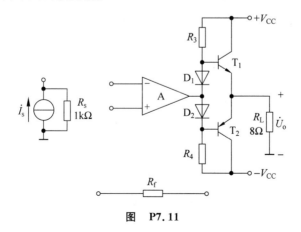

图 P7.11

(2) 若 $I_s=0\sim 5\text{mA}$ 时，U_o 对应为 $0\sim -5\text{V}$，则电阻 R_f 应为多大？

7.12 图 P7.12 所示负反馈放大电路中，已知每一级放大电路的开环放大倍数 $\dot{A}_1=\dot{A}_2=\dot{A}_3=10$。电路的闭环放大倍数 $\dot{A}_f=100$。

(1) 求反馈系数 $\dot{F}$；

(2) 若每一级放大电路的放大倍数增加 5%，求闭环放大倍数 $\dot{A}_f$。

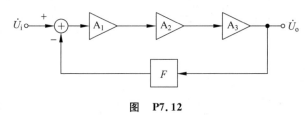

图 P7.12

7.13 已知某负反馈放大电路的开环放大倍数表达式为 $\dot{A}=\dfrac{10^4}{\left(1+\dfrac{\text{j}f}{10^5}\right)\left(1+\dfrac{\text{j}f}{10^6}\right)^2}$。引入反馈网络为纯电阻的负反馈后，为使电路能够稳定工作（即不产生自激振荡），则要求反馈系数的上限值约为多少？

7.14 图 P7.12 所示负反馈放大电路中，已知电路的 $\dot{A}\dot{F}$ 的幅频特性如图 P7.14 所示，其中放大电路 A_1、A_2、A_3 的上限截止频率 f_{H1}、f_{H2}、f_{H3} 分别如图 P7.14 所示。

(1) 判断该电路是否会产生自激振荡？简述理由。

(2) 若电路产生了自激振荡，需要进行补偿。为使补偿后的电路大约有 45°的相位稳定裕度，请在图 P7.12 中画出补偿方法，在图 P7.14 中画出补偿后的 $\dot{A}\dot{F}$ 幅频特性。

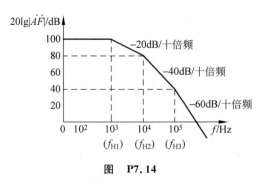

图 P7.14

7.15 试分析图 P7.5(c)所示电路是否引入了正反馈（即是否构成自举电路），如有，则找出正反馈网络并说明其作用。设电路中所有电容对交流信号均可视为短路。

第 8 章 信号的运算和滤波

本章基本内容

【基本概念】理想运放,理想模拟乘法器及相乘因子,滤波,低通、高通、带通和带阻滤波,无源滤波和有源滤波,滤波器的阶数。

【基本电路】对数、指数运算电路,乘法、除法、乘方、开方运算电路,一阶和二阶滤波电路。

【基本方法】运算电路运算关系式的求解方法,利用逆运算组成运算电路的方法,有源滤波电路种类的识别方法及幅频特性的求解方法。

8.1 运算电路

集成运放引入深度负反馈,以输入电压作为自变量,以输出电压作为函数,利用反馈网络,能够实现模拟信号之间的各种运算,例如第 2 章中所介绍的比例、加、减、积分、微分等运算电路。在运算电路中,集成运放工作在线性区,以"虚短"和"虚断"为基本出发点,即可求出输出电压和输入电压的运算关系式。

本节将进一步阐明对数运算和指数运算电路以及实现逆运算的方法。

8.1.1 对数运算和指数运算电路

若将输入信号进行对数运算,再作加减运算,最后作指数运算,就实现了信号的乘法或除法运算。对数和指数运算电路是利用 PN 结电流和结电压的关系来实现的。

1. 对数运算电路

根据 PN 结的电流方程可知,晶体管的发射极电流与 b-e 间电压的近似关系为

$$i_E \approx I_S \left(e^{\frac{u_{BE}}{U_T}} - 1 \right)$$

当晶体管工作在放大区时,$u_{BE} \gg U_T$(常温下为 26mV),故

$$i_E \approx I_S e^{\frac{u_{BE}}{U_T}} \tag{8.1.1}$$

通常,晶体管电流放大倍数 β 远大于 1 时,集电极电流与发射极电流近似相等,即 $i_C \approx i_E$。

在图 8.1.1 所示电路中,$u_P = u_N = 0$,为虚地,$i_C = i_R = u_I/R$。i_E 与 u_{BE} 的关系如式(8.1.1)所示,所以 $\frac{u_I}{R} \approx I_S e^{\frac{u_{BE}}{U_T}}$。由于输出电压 $u_O = -u_{BE}$,故

$$\boxed{u_O \approx -U_T \ln \frac{u_I}{I_S R}} \tag{8.1.2}$$

实现了对数运算。应当指出,图中 i_R 和 i_C 所标注的方向是电流的实际方向,因此 u_I 应大于零。

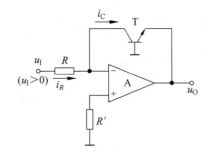
图 8.1.1 对数运算电路

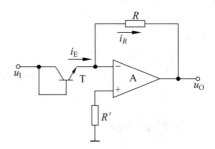
图 8.1.2 指数运算电路

2. 指数运算电路

在图 8.1.2 所示电路中,$u_P = u_N = 0$(为虚地),且 $u_I = u_{BE}$;电阻 R 中电流与晶体管发射极电流相等,即 $i_R = i_E$。因为输出电压 $u_O = -u_R$,根据式(8.1.1),所以

$$\boxed{u_O = -i_E R \approx -I_S e^{\frac{u_I}{U_T}} R} \tag{8.1.3}$$

实现了指数运算。应当指出,图 8.1.2 所示电路中 i_R 和 i_E 所标注的方向是电流的实际方向,因此 u_I 应大于零,且其变化范围应为输入特性中晶体管导通时 u_{BE} 的变化范围。

式(8.1.2)和式(8.1.3)中均含有 I_S 和 U_T,它们均受温度的影响较大,为了消除它们对运算关系的影响,实用电路要比图 8.1.1 和图 8.1.2 所示电路复杂,目前有现成的集成电路。

3. 乘除运算电路

利用对数、求和以及指数运算电路可以实现两个模拟信号的乘法运算,其方框图如图 8.1.3 所示。若将求和运算电路用求差运算电路取代,则可实现除法运算。

图 8.1.3 乘法运算电路方框图

例 8.1.1 电路如图 8.1.4 所示,已知三只晶体管具有完全相同的特性。
(1) 分别说明以四个集成运放为核心元件各组成哪种运算电路;
(2) 求解输出电压和输入电压的运算关系式。

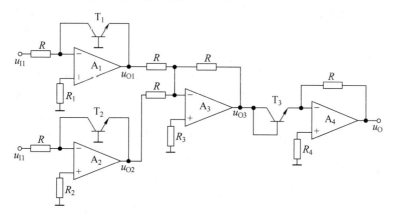

图 8.1.4 例 8.1.1 电路图

解 (1) A_1 和 A_2 均组成对数运算电路,A_3 组成反相求和运算电路,A_4 组成指数运算电路。

(2) 晶体管发射极电流方程

$$i_E \approx I_S e^{\frac{u_{BE}}{U_T}}$$

u_{O1}、u_{O2} 和 u_{O3} 为

$$u_{O1} \approx -U_T \ln \frac{u_{I1}}{I_S R}, \quad u_{O2} \approx -U_T \ln \frac{u_{I2}}{I_S R}$$

$$u_{O3} = -(u_{O1} + u_{O2}) = U_T \ln \frac{u_{I1} u_{I2}}{I_S^2 R^2}$$

输出电压

$$u_O \approx -I_S e^{\frac{u_{O3}}{U_T}} R = -\frac{u_{I1} u_{I2}}{I_S R}$$

实现了 u_{I1} 和 u_{I2} 的乘法运算。

8.1.2 实现逆运算的方法

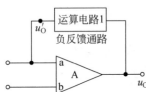

图 8.1.5 实现逆运算的方法

若将某种运算电路放在集成运放的负反馈通路中,如图 8.1.5 所示,则可实现其逆运算。若运算电路 1 实现乘法运算,则整个电路实现除法运算;若运算电路 1 实现积分运算,则整个电路实现微分运算;若运算电路 1 实现乘方运算,则整个电路实现开方运算;等等。

应当指出,a、b 哪个为"＋"哪个为"－"取决于 u_O' 与 u_O 的相位关系。若同相则 a 为"－"b 为"＋";若反相则 a 为"＋"b 为"－"。总之,要保证 A 引入深度负反馈。

在图 2.3.14 所示基本微分电路,因其对高频信号增益较大,故易受高频噪声干扰。由于电路中 RC 元件形成滞后环节,和集成运放内部滞后环节共同作用容易产生自激振荡。而且,由于输入端串接电容,当输入电压突变时,有可能造成集成运放因输入电压过高的共模电压而造成所谓"堵塞"现象,使电路不能正常工作。实用电路常在输入端串联一个阻值较小的电阻,以限制输入电流;在反馈电阻 R 上并联一个小电容,起相位补偿作用,以避免自激振荡;同时在 R 上并联具有对称特性的一对稳压二极管,以限制输出电压幅值,使集成运放内部的晶体管不至于饱和或截止,如图 8.1.6 所示。这样,该电路只能实现输出电压与输入电压近似的微分关系,因此,实用电路中可用积分运算电路来实现微分运算电路,如图 8.1.7 所示。

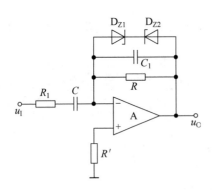

图 8.1.6 改进的微分运算电路

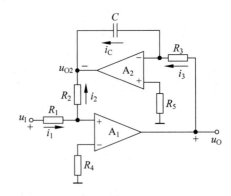

图 8.1.7 利用积分运算电路实现微分运算电路

在图 8.1.7 所示电路中,A_2、C、R_3、R_5 组成积分运算电路,则

$$u_{O2} = -\frac{1}{R_3 C} \int u_O \mathrm{d}t \tag{8.1.4}$$

为使 A_1 引入负反馈,u_{O2} 通过 R_2 接到 A_1 的同相输入端。由于 A_1 的两个输入端为"虚地",$i_{R_1} = i_{R_2}$,即

$$\frac{u_1}{R_1} = \frac{-u_{O2}}{R_2}$$

$$u_{O2} = -\frac{R_2}{R_1}u_1$$

将式(8.1.4)代入上式,得到输出电压

$$u_O = \frac{R_2 R_3 C}{R_1} \cdot \frac{\mathrm{d}u_1}{\mathrm{d}t} \tag{8.1.5}$$

在 8.2 节中将进一步学习实现逆运算方法的应用。

8.2 模拟乘法器及其在运算电路中的应用

模拟乘法器是实现两个模拟信号乘法运算的非线性电子器件,其性能优越,使用方便,价格低廉,是模拟集成电路的重要分支之一。它不但可以用来方便地实现乘法、除法、乘方和开方运算,而且在广播电视、通信、仪表和自控系统中均得到非常广泛的应用。本节主要介绍它在模拟信号运算电路中的应用。

8.2.1 模拟乘法器简介

模拟乘法器的输入电压为 u_X、u_Y,输出电压为 u_O,其符号如图 8.2.1(a)所示。u_O 与 u_X、u_Y 的运算关系为

$$u_O = k u_X u_Y \tag{8.2.1}$$

k 为相乘因子,其值可正可负,多为 $+0.1\mathrm{V}^{-1}$ 或 $-0.1\mathrm{V}^{-1}$。若 k 值大于零则为同相乘法器,若 k 值小于零则为反相乘法器。

模拟乘法器的等效电路如图 8.2.1(b)所示。图中,r_{i1} 和 r_{i2} 分别为两个输入端的输入电阻,r_o 为输出电阻。理想情况下,$r_{i1} = r_{i2} = \infty$,$r_o = 0$;k 值不随信号频率变化;$u_X = u_Y = 0$ 时

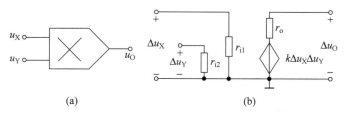

图 8.2.1 模拟乘法器

(a) 符号 (b) 等效电路

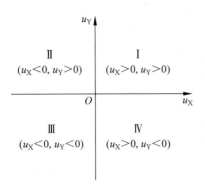

图 8.2.2　模拟乘法器的四个工作象限

$u_O = 0$；电路的失调电压、电流和噪声均为零。即无论 u_X 和 u_Y 的幅值、频率和极性如何变化，式(8.2.1)均成立。

根据 u_X 和 u_Y 正负极性的不同取值情况，在 u_X 和 u_Y 的坐标系中，模拟乘法器有不同的工作象限，如图 8.2.2 所示。如果允许两输入电压均有两种极性，则乘法器可在四个象限内工作，称为四象限乘法器，如果只允许其中一个输入电压有两种极性，而另一个输入电压限定为某一种极性，则乘法器只能在两个象限内工作，称为二象限乘法器。如果两个输入电压均被分别限定为某一极性，则乘法器只能在某一象限内工作，称为单象限乘法器。

8.2.2　变跨导型模拟乘法器的工作原理

模拟乘法器内部电路常采用以可控恒流源差分放大电路为基础来实现，其电路简单，易于集成，且工作频率较高。

1. 具有恒流源差分放大电路中晶体管的跨导

在图 8.2.3 所示差分放大电路中，T_1 和 T_2 管具有理想对称特性，静态时工作正常。设 $r_{b'e}$ 为它们的发射结电阻，$u_{b'e}$ 为发射结电压，根据晶体管跨导的定义

$$g_m = \frac{\Delta i_C}{\Delta u_{b'e}} = \frac{\beta \Delta i_B}{\Delta i_B r_{b'e}} = \frac{\beta}{r_{b'e}}$$

式中发射结电阻

$$r_{b'e} = (1+\beta)\frac{U_T}{I_{EQ}}$$

因为一般情况下 $\beta \gg 1$，所以

$$g_m \approx \frac{I_{EQ}}{U_T}$$

式中 I_{EQ} 为恒流源电流 I 的 $1/2$，因此

$$g_m \approx \frac{I}{2U_T} \tag{8.2.2}$$

2. 可控恒流源差分放大电路的乘法特性

若图 8.2.3 所示差分放大电路中晶体管 b-e 间的动态电阻 $r_{be} = r_{bb'} + r_{b'e} \approx r_{b'e}$，则电路的输入电压 $u_X \approx 2\Delta u_{b'e}$，因而集电极电流 $\Delta i_c \approx g_m \Delta u_{b'e} = g_m u_X/2$，输出电压为

$-2\Delta i_c R_c$,即

$$u_O = -g_m R_c u_X \approx -\frac{IR_c}{2U_T} \cdot u_X \qquad (8.2.3)$$

可以想象,若式(8.2.3)恒流源 I 受一外加电压 u_Y 的控制,则 u_{O1} 将是 u_X 和 u_Y 的乘法运算的结果。实现这一想法的电路如图 8.2.4 所示。

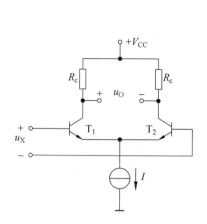
图 8.2.3 差分放大电路

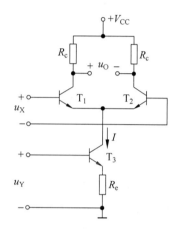
图 8.2.4 可控恒流源差分放大电路

图 8.2.4 中 T_3 管集电极电流

$$i_{C3} = I \approx \frac{u_Y - u_{BE3}}{R_e}$$

若 $u_Y \gg u_{BE3}$,则 $I \approx \dfrac{u_Y}{R_e}$,将其代入式(8.2.3),得

$$u_O \approx -\frac{R_c}{2U_T R_e} \cdot u_X u_Y = k u_X u_Y \qquad (8.2.4)$$

实现了 u_X 和 u_Y 的乘法运算。

从图 8.2.4 所示电路可以看出,u_X 的极性可正可负,而 u_Y 必须大于零,故电路为两象限模拟乘法器。此外,u_Y 越小运算精度越差;且式(8.2.4)表明 k 值与 U_T 有关,即 k 值与温度有关,等等。为得到高精度四象限模拟乘法器需解决上述问题,这里不再赘述。

8.2.3 模拟乘法器在运算电路中的应用

1. 乘方运算电路

将模拟乘法器的两个输入端并联后输入相同的信号,就可实现平方运算,如图 8.2.5(a)所示。其输出电压

$$u_O = ku_I^2 \tag{8.2.5}$$

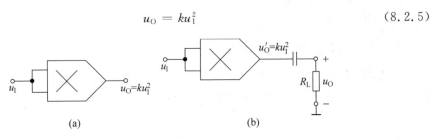

图 8.2.5 平方运算电路
(a) 基本电路　(b) 正弦波的二倍频电路

若 $u_I = \sqrt{2}U_i \sin\omega t$，则

$$u_O = 2kU_i^2 \sin^2\omega t = 2kU_i^2(1-\cos 2\omega t) \tag{8.2.6}$$

说明输出电压的频率是输入的二倍，且含有直流分量。为了获得纯交流信号，可在输出端加耦合电容后接负载电阻，如图 8.2.5(b) 所示，称之为正弦波的二倍频电路。

当多个模拟乘法器串联使用时，可以实现 u_I 的任意次方运算。图 8.2.6(a) 所示为三次方运算电路，图(b)所示为四次方运算电路。

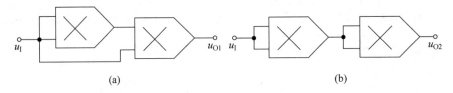

图 8.2.6 乘方运算电路
(a) 三次方运算电路　(b) 四次方运算电路

2. 除法运算电路

将模拟乘法器置于集成运放的反馈回路，并形成深度负反馈，则构成除法运算电路，如图 8.2.7 所示。模拟乘法器的输出电压

$$u_O' = ku_{I2}u_O \tag{8.2.7}$$

由于 $u_N = u_P = 0$，为虚地，$i_1 = i_2$，所以

$$\frac{u_{I1}}{R_1} = \frac{-u_O'}{R_2}$$

即

$$u_O' = -\frac{R_2}{R_1} \cdot u_{I1} \tag{8.2.8}$$

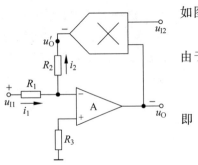

图 8.2.7 除法运算电路

将式(8.2.7)代入，整理可得

$$u_O = -\frac{R_2}{kR_1} \cdot \frac{u_{I1}}{u_{I2}} \tag{8.2.9}$$

从而实现了 u_{I1} 对 u_{I2} 的除法运算，$-\dfrac{R_2}{kR_1}$ 是其比例系数。

应当特别指出，因为在运算电路中必须引入负反馈，所以对于同相乘法器($k>0$)，u_{I2} 必须大于 0；对于反相乘法器($k<0$)，u_{I2} 必须小于 0。即 u_{I2} 与 k 同符号。

3. 平方根运算电路

与实现除法运算电路同样的思路，将乘方运算电路置于集成运放的反馈回路，并形成深度负反馈，则构成开方运算电路，如图 8.2.8 所示。图中，由于 $u_N = u_P = 0$，为虚地，$i_1 = i_2$，

$$\frac{u_I}{R_1} = \frac{-u'_O}{R_2}, \quad 即 \quad u'_O = -\frac{R_2}{R_1} \cdot u_I$$

$$u'_O = ku_O^2$$

所以

$$u_O^2 = \frac{u'_O}{k} = -\frac{R_2}{kR_1} \cdot u_I$$

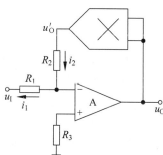

图 8.2.8 开方运算电路

若输入电压 u_I 小于零，则由于 u_I 作用于集成运放的反相输入端，输出电压 u_O 必然大于零，其表达式为

$$u_O = \sqrt{-\frac{R_2}{kR_1} \cdot u_I} \quad (u_I < 0) \tag{8.2.10}$$

为保证根号内为正数，模拟乘法器的相乘因子 k 应为正值。

若输入电压 u_I 大于零，则输出电压 u_O 必然小于零，其表达式为

$$u_O = -\sqrt{-\frac{R_2}{kR_1} \cdot u_I} \quad (u_I > 0) \tag{8.2.11}$$

为保证根号内为正数，模拟乘法器的相乘因子 k 应为负值。可见，开方运算电路中 u_I 与 k 值符号应相反。即模拟乘法器选定后，电路只能对一种极性的 u_I 实现开方运算。

例 8.2.1 图 8.2.9 所示电路为运算电路，已知模拟乘法器的 $k>0$。
(1) 标出集成运放的同相输入端(＋)和反相输入端(－)；
(2) 求出电路的运算关系式。

解 (1) 根据已知条件

$$u'_O = k^2 u_O^3$$

表明 u'_O 与 u_O 同符号。因为电路为运算电路，应引入负反馈，所以 u'_O 与 u_I 应满足式(8.2.8)，即

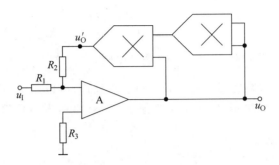

图 8.2.9　例 8.2.1 电路图

$$u'_O = -\frac{R_2}{R_1} \cdot u_I$$

表明 u'_O 与 u_I 符号相反，即 u_O 与 u_I 符号相反，故集成运放两个输入端上为"一"、下为"十"。

（2）利用上面分析所得两个式子整理可得

$$u_O = \sqrt[3]{-\frac{R_2}{k^2 R_1} \cdot u_I}$$

可见，电路实现了开三次方运算。

例 8.2.2　试求解图 8.2.10 所示电路的运算关系式。

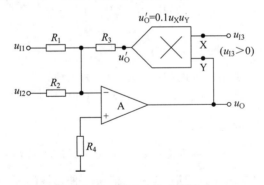

图 8.2.10　例 8.2.2 电路图

解　用瞬时极性法可以判断出电路引入了负反馈，集成运放具有"虚短"和"虚断"的特点，$u_N = u_P = 0$，为虚地，反相输入端的电流方程为

$$\frac{u_{I1}}{R_1} + \frac{u_{I2}}{R_2} = -\frac{u'_O}{R_3}$$

整理可得

$$u'_O = -R_3 \left(\frac{u_{I1}}{R_1} + \frac{u_{I2}}{R_2} \right)$$

模拟乘法器的输出电压与输入电压的关系为

$$u'_O = k u_{I3} u_O$$

即

$$k u_{I3} u_O = - R_3 \left(\frac{u_{I1}}{R_1} + \frac{u_{I2}}{R_2} \right)$$

所以图示电路的运算关系为

$$u_O = - \frac{R_3}{k u_{I3}} \left(\frac{u_{I1}}{R_1} + \frac{u_{I2}}{R_2} \right)$$

8.3 有源滤波器

对于信号频率具有选择性的电路称为滤波电路。其作用是允许一定频率范围内的信号顺利通过,而阻止或削弱(即滤除)其它频率范围的信号。有源滤波器是一种信号处理电路,组成有源滤波器的集成运放工作在线性区。

8.3.1 滤波电路基础知识

1. 滤波器的种类

根据工作信号的频率范围,滤波器可以分成下面四大类:通过低频信号,阻止高频信号的称为低通滤波器(LPF[①]);通过高频信号,阻止低频信号的称为高通滤波器(HPF[②]);通过某一频率范围的信号,阻止频率低于此范围的和高于此范围的信号通过的称为带通滤波器(BPF[③]);阻止某一频率范围的信号,通过频率低于此范围信号及高于此范围信号的称为带阻滤波器(BEF[④])。

四种滤波器的理想幅频特性分别如图 8.3.1(a)、(b)、(c)、(d)所示,每个特性曲线均分为通带和阻带两部分,通带中的电压放大倍数称为通带放大倍数 $\dot{A}_{up}$。在图(e)所示 LPF 的实际幅频特性中可以看出,在通带和阻带之间有过渡带,过渡带越窄,过渡带中电压放大倍数的下降速率越大,滤波特性越好。特性中使通带放大倍数下降到 0.707 倍的频率称为通带截止频率 f_P,如图中所标注。

在电信号的传输过程中,由于电磁干扰,使信号中除有用频率分量外,还往往混杂无

[①] 为 Low Pass Filter 的缩写。
[②] 为 High Pass Filter 的缩写。
[③] 为 Band Pass Filter 的缩写。
[④] 为 Band Elimination Pass Filter 的缩写。

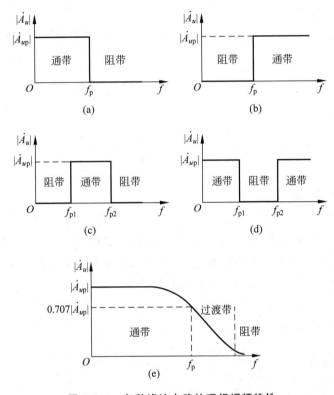

图 8.3.1 各种滤波电路的理想幅频特性
(a) LPF 的幅频特性 (b) HPF 的幅频特性 (c) BPF 的幅频特性
(d) BEF 的幅频特性 (e) LPF 的实际幅频特性

用的甚至是对电子电路工作有害的频率分量。根据有用信号的频率,可以利用有源滤波器进行信号的提取;根据无用信号的频率,可以利用有源滤波器将它们滤除。因而有源滤波器广泛应用于信号的处理。

2. 无源滤波器

由无源元件(电阻、电容、电感)组成的滤波电路称为无源滤波器;由无源元件和有源元件(双极型管、单极型管、集成运放)共同组成的滤波电路称为有源滤波器。图 8.3.2 所示为最简单的无源滤波电路,其电压放大倍数为

$$\dot{A}_u = \frac{\dot{U}_o}{\dot{U}_i} = \frac{\frac{1}{j\omega C}}{R + \frac{1}{j\omega C}} = \frac{1}{1 + j\omega RC}$$

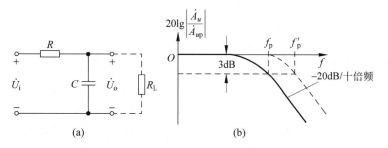

图 8.3.2　无源低通滤波电路及其幅频特性
(a) 电路　(b) 幅频特性

令 $f_p = \dfrac{1}{2\pi RC}$，则

$$\dot{A}_u = \frac{\dot{U}_o}{\dot{U}_i} = \frac{1}{1 + j\dfrac{f}{f_p}} \tag{8.3.1}$$

其模为

$$|\dot{A}_u| = \frac{1}{\sqrt{1 + \left(\dfrac{f}{f_p}\right)^2}} \tag{8.3.2}$$

式(8.3.2)表明，当频率趋于零时 $|\dot{A}_u| = 1$，即通带放大倍数 $|\dot{A}_{up}| = 1$；当 $f = f_p$ 时，$|\dot{A}_u| = \dfrac{|\dot{A}_{up}|}{\sqrt{2}} \approx 0.707 |\dot{A}_{up}|$，因而 f_p 为通带截止频率，$f < f_p$ 为通带；当 $f \gg f_p$ 时，频率每增长 10 倍，$|\dot{A}_u|$ 下降 10 倍；当频率趋于无穷大时，$|\dot{A}_u|$ 趋于零。所以，电路的对数幅频特性如图 8.3.2(b)中实线所示。从图中可以看到，频率大于 f_p 的信号被衰减了，所以它具有"低通"特性。

若图 8.3.2(a)所示电路输出端接负载电阻，如图中虚线所示，电路的电压放大倍数

$$\dot{A}_u = \frac{\dot{U}_o}{\dot{U}_i} = \frac{\dfrac{1}{j\omega C} /\!/ R_L}{R + \dfrac{1}{j\omega C} /\!/ R_L} = \frac{\dfrac{R_L}{R + R_L}}{1 + j\omega(R /\!/ R_L)C}$$

$$\dot{A}_u = \frac{\dot{U}_o}{\dot{U}_i} = \frac{1}{1 + j\dfrac{f}{f_p}}$$

$$\dot{A}_{up} = \frac{R_L}{R + R_L}, \quad f_p = \frac{1}{2\pi(R /\!/ R_L)C} \tag{8.3.3}$$

表明不但通带放大倍数会因负载电阻而减小，而且通带截止频率也因负载电阻而增大，改

变了滤波特性,如图 8.3.2(b)中虚线所示。上述分析说明无源滤波电路带负载能力差,但它无需直流电源供电,能够输出高电压大电流。

3. 有源滤波电路

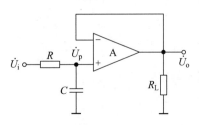

图 8.3.3 利用电压跟随器的有源低通滤波电路

可以想象,若将无源滤波电路的输出与负载电阻通过电压跟随器隔离,如图 8.3.3 所示,则负载的一定变化范围内将不会影响电路的幅频特性。此外,用比例运算电路取代电压跟随器,还可使电路具有电压放大作用。

由于集成运放所限,有源滤波电路不适于高电压大电流负载,而只适用于信号的处理。

8.3.2 低通滤波器(LPF)

若滤波电路电压增益在过渡带的下降速率为 20dB/十倍频,则电路为一阶滤波器;若下降速率为 40dB/十倍频,则电路为二阶滤波器;依此类推,若下降速率为 N20dB/十倍频,则电路为 N 阶滤波器。

1. 一阶低通滤波器

将 RC 无源低通滤波器的输出接同相比例运算电路的输入端就构成一阶有源低通滤波器,如图 8.3.4 所示。当信号频率趋于零时,集成运放同相输入端的电位 $\dot{U}_p = \dot{U}_i$,故电路的通带放大倍数等于同相比例运算电路的比例系数,即

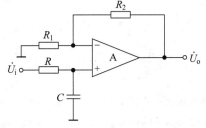

图 8.3.4 一阶有源低通滤波器

$$\dot{A}_{up} = \frac{\dot{U}_o}{\dot{U}_i} = 1 + \frac{R_f}{R_1} \tag{8.3.4}$$

电路的电压放大倍数

$$\dot{A}_u = \frac{\dot{U}_o}{\dot{U}_i} = \left(1 + \frac{R_f}{R_1}\right) \cdot \frac{\dot{U}_p}{\dot{U}_i} = \frac{\dot{A}_{up}}{1 + j\omega RC}$$

$$\dot{A}_u = \frac{\dot{U}_o}{\dot{U}_i} = \frac{\dot{A}_{up}}{1 + j\dfrac{f}{f_p}} \tag{8.3.5}$$

其中

$$f_\text{p} = f_0 = \frac{1}{2\pi RC} \tag{8.3.6}$$

当 $f=f_\text{p}$ 时,$|\dot{A}_u| = \dfrac{|\dot{A}_{up}|}{\sqrt{2}} \approx 0.707|\dot{A}_{up}|$,故 f_p 为通带截止频率。当 $f \gg f_\text{p}$ 时,$20\lg|\dot{A}_u|$ 按 $-20\text{dB}/$十倍频下降。因此 $\dot{A}_u/\dot{A}_{up}$ 的对数幅频特性如图 8.3.5 所示。

为了使低通滤波器的过渡带变窄,过渡带中 $|\dot{A}_u|$ 的下降速率加大,可利用多个 RC 环节构成多阶低通滤波器。

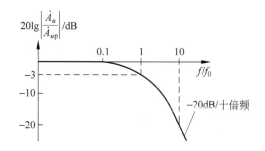

图 8.3.5 一阶 LPF $\dot{A}_u/\dot{A}_{up}$ 的对数幅频特性

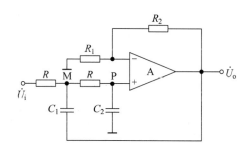

图 8.3.6 二阶压控电压源低通滤波器

2. 常用二阶低通滤波器

图 8.3.6 所示电路为一种常用的二阶低通滤波器。由于 C_1 接到集成运放的输出端,形成正反馈,使电压放大倍数在一定程度上受输出电压控制,且输出电压近似为恒压源,所以又称之为二阶压控电压源低通滤波器。当 $C_1 = C_2 = C$ 时,称 $f_0 = \dfrac{1}{2\pi RC}$ 为电路的特征频率。通常,调试该电路,使其通带截止频率与一阶低通滤波器的相同,即

$$f_\text{p} = f_0 = \frac{1}{2\pi RC} \tag{8.3.7}$$

在图 8.3.6 所示电路中,虽然由 C_1 引入了正反馈,但是,若 $f \ll f_\text{p}$,则由于 C_1 的容抗很大,反馈信号很弱,因而对电压放大倍数的影响很小;若 $f \gg f_\text{p}$,则由于 C_2 的容抗很小,使集成运放同相输入端的信号很小,输出电压必然很小,反馈作用也很弱,因而对电压放大倍数的影响也很小。所以,只要参数选择合适,就可以使 $f = f_\text{p}$ 附近的电压放大倍数因正反馈而得到提高,从而使电路更接近于理想低通滤波器。

当信号频率趋于零时,集成运放同相输入端的电位 $\dot{U}_\text{p} = \dot{U}_\text{i}$,故电路的通带放大倍数与一阶电路相同,为

$$\dot{A}_{up} = \frac{\dot{U}_o}{\dot{U}_i} = 1 + \frac{R_f}{R_1} \tag{8.3.8}$$

集成运放同相输入端电压为

$$\dot{U}_p = \frac{\dot{U}_o}{\dot{A}_{up}} \tag{8.3.9}$$

图中若 $C_1=C_2=C$,则 M 点和 P 点的电流方程分别为

$$\begin{cases} \dfrac{\dot{U}_i - \dot{U}_M}{R} + \dfrac{\dot{U}_p - \dot{U}_M}{R} = (\dot{U}_M - \dot{U}_o)j\omega C & (8.3.10a) \\ \dfrac{\dot{U}_M - \dot{U}_P}{R} = \dot{U}_P j\omega C & (8.3.10b) \end{cases}$$

将式(8.3.9)代入此方程组,整理可得

$$\dot{A}_u = \frac{\dot{U}_o}{\dot{U}_i} = \frac{\dot{A}_{up}}{1 + (3 - \dot{A}_{up})j\omega RC + (j\omega RC)^2}$$

$$= \frac{\dot{A}_{up}}{1 - \left(\dfrac{f}{f_0}\right)^2 + j\dfrac{1}{Q} \cdot \dfrac{f}{f_0}} \tag{8.3.11}$$

式中

$$Q = \frac{1}{3 - \dot{A}_{up}} \tag{8.3.12}$$

令 $f = f_0$,求出电压放大倍数的数值

$$\left|\dot{A}_u\right|_{f=f_0} = \left|Q\dot{A}_{up}\right| \tag{8.3.13}$$

表明,Q 值是 $f=f_0$ 时电压放大倍数的数值与通带电压放大倍数之比,称为等效品质因数。当 Q 取值不同时,$\left|\dot{A}_u\right|_{f=f_0}$ 将随之改变。根据式(8.3.8)、式(8.3.11)和式(8.3.13)可知,为使 $\left|\dot{A}_u\right|_{f=f_0} > \dot{A}_{up}$,应选择 $2 < \dot{A}_{up} < 3$,即 $R < R_f < 2R$,图 8.3.7 给出 Q 值不同时的对数幅频特性,当 Q 值合适时,曲线从 f_0 开始就按 -40dB/十倍频速率下降。

应当指出,当 $\dot{A}_{up}$ 的取值不合适时,如 $\dot{A}_{up} = 3$,$Q = \infty$,电路将发生自激振荡,不能正常

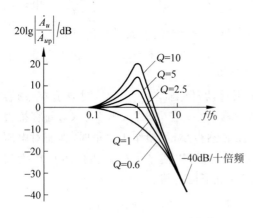

图 8.3.7 压控电压源二阶 LPF $\dot{A}_u/\dot{A}_{up}$ 的对数幅频特性

工作。

例 8.3.1 电路如图 8.3.6 所示，要求特征频率 $f_0=1\text{kHz}$，$C=0.1\mu\text{F}$，等效品质因数 $Q=1$。试求该电路中的各电阻阻值约为多少。

解 根据式(8.3.7)有

$$f_0 = \frac{1}{2\pi RC}$$

故

$$R = \frac{1}{2\pi f_0 C} = \frac{1}{2\pi \times 10^3 \times 0.1 \times 10^{-6}} \approx 1590\Omega = 1.59\text{k}\Omega$$

实际可取标准值 $1.6\text{k}\Omega$。

因为 $Q = \dfrac{1}{3-\dot{A}_{up}}$，故

$$\dot{A}_{up} = 3 - \frac{1}{Q} = 2$$

由于 $\dot{A}_{up} = 1 + \dfrac{R_f}{R_1} = 2$，因而 $R_f = R_1$。

为使集成运放两输入端电阻对称，应有 $R_f // R_1 = 2R \approx 3.18\text{k}\Omega$，所以 $R_1 = R_f \approx 6.36\text{k}\Omega$，可取标准值 $6.2\text{k}\Omega$。

综上所述，该电路中可以实际取 R 为 $1.6\text{k}\Omega$，R_1 和 R_f 为 $6.2\text{k}\Omega$。

8.3.3 高通滤波器(HPF)

高通滤波器和低通滤波器具有对偶关系，将图 8.3.4 和图 8.3.6 所示电路中的 R、C 元件位置对调，就构成一阶高通滤波器和压控电压源二阶高通滤波器电路，分别如图 8.3.8(a)和(b)所示。

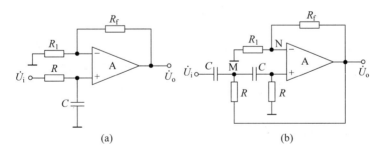

图 8.3.8 高通滤波器
(a) 一阶 HPF (b) 压控电压源二阶 HPF

利用 8.3.2 节中同样的分析方法，在图(a)所示电路中可得

$$\dot{A}_{up} = 1 + \frac{R_f}{R_1} \tag{8.3.14}$$

$$f_p = \frac{1}{2\pi RC} \tag{8.3.15}$$

$$\dot{A}_u = \frac{\dot{U}_o}{\dot{U}_i} = \frac{j\dfrac{f}{f_p}}{1 + j\dfrac{f}{f_p}} \cdot \dot{A}_{up} \tag{8.3.16}$$

因而其对数幅频特性如图 8.3.9(a)所示。

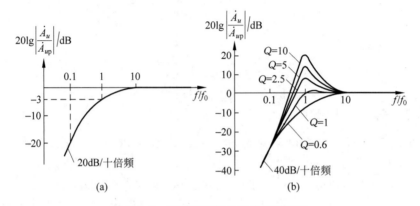

图 8.3.9 高通滤波器的对数幅频特性
(a) 一阶 HPF 的幅频特性　(b) 压控电压源二阶 HPF 的幅频特性

在图 8.3.8(b)所示电路中可求得

$$\dot{A}_u = \frac{\dot{U}_o}{\dot{U}_i} = \frac{\left(j\dfrac{f}{f_0}\right)^2}{1 - \left(\dfrac{f}{f_0}\right)^2 + j\dfrac{1}{Q} \cdot \dfrac{f}{f_0}} \cdot \dot{A}_{up} \tag{8.3.17}$$

式中的 $\dot{A}_{up}$、f_0 和 Q 分别表示二阶高通滤波器的通带电压放大倍数、特征频率和等效品质因数,如式(8.3.8)、式(8.3.7)和式(8.3.12)所示。因而其对数幅频特性如图 8.3.9(b)所示。可见,高通滤波器与低通滤波器的对数幅频特性为"镜像"关系。

8.3.4 带通滤波器(BPF)

若将低通滤波器和高通滤波器串联,并使低通滤波器的通带截止频率 f_{p2} 大于高通滤波器的通带截止频率 f_{p1},则频率在 $f_{p1} < f < f_{p2}$ 范围内的信号能通过,其余频率的信号不能通过,因而构成了带通滤波器,如图 8.3.10 所示。

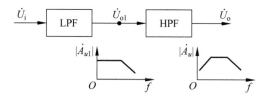

图 8.3.10 带通滤波器的组成

实用的压控电压源带通滤波器如图 8.3.11(a)所示,R_1 和 C_1 组成了低通滤波器,C_2 和 R_2 组成了高通滤波器,R_3 引入正反馈,实现输出电压(电压源)对电压放大倍数的控制。通常选取 $C_1=C_2=C$,$R_1=R$,$R_2=2R$,根据 8.3.2 节所述的分析方法可得,同相比例运算电路的比例系数

$$\dot{A}_{uf} = 1 + \frac{R_f}{R} \tag{8.3.18}$$

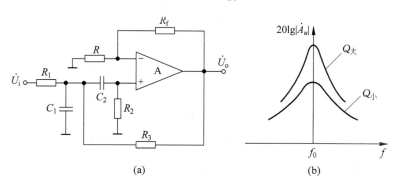

图 8.3.11 压控电压源带通滤波器
(a) 电路 (b) Q 值不同时的幅频特性

带通滤波器的电压放大倍数

$$\dot{A}_u = \frac{\dot{A}_{uf}}{3-\dot{A}_{uf}} \cdot \frac{\dot{A}_{uf}}{1+j\dfrac{1}{3-\dot{A}_{uf}}\left(\dfrac{f}{f_0}-\dfrac{f_0}{f}\right)} = \frac{\dot{A}_{up}}{1+jQ\left(\dfrac{f}{f_0}-\dfrac{f_0}{f}\right)} \tag{8.3.19}$$

式中 f_0 为电路的中心频率,Q 为品质因数,$\dot{A}_{up}$ 为通带放大倍数,它们分别为

$$f_0 = \frac{1}{2\pi RC} \tag{8.3.20}$$

$$Q = \frac{1}{3-\dot{A}_{uf}} \tag{8.3.21}$$

$$\dot{A}_{up} = \frac{\dot{A}_{uf}}{3 - \dot{A}_{uf}} = Q\dot{A}_{uf} \tag{8.3.22}$$

从式(8.3.18)可知,通带电压放大倍数 $\dot{A}_{up}$ 为 $f = f_0$ 时的电压放大倍数。对应不同 Q 值的对数幅频特性如图 8.3.11(b)所示,说明 Q 值越大,通频带越窄,选频特性越好。根据截止频率的定义,下限频率 f_{p1} 和上限频率 f_{p2} 是使增益下降 -3dB,即 $|\dot{A}_u| = |\dot{A}_{up}|/\sqrt{2}$ 时的频率,它们之差称为通带宽度。令式(8.3.18)中分母的虚部系数为 1,即

$$\left| Q\left(\frac{f_p}{f_0} - \frac{f_0}{f_p}\right) \right| = 1 \tag{8.3.23}$$

解方程,取正根,可得截止频率

$$f_{p1} = \frac{f_0}{2}\left(\sqrt{\frac{1}{Q^2} + 4} - \frac{1}{Q}\right) \tag{8.3.24}$$

$$f_{p2} = \frac{f_0}{2}\left(\sqrt{\frac{1}{Q^2} + 4} + \frac{1}{Q}\right) \tag{8.3.25}$$

因此通带宽度

$$B = f_{p2} - f_{p1} = f_0/Q \tag{8.3.26}$$

可见,Q 越大,通带宽度 B 越窄。将式(8.3.21)、式(8.3.24)、式(8.3.25)、式(8.3.18)代入式(8.3.26),可得

$$B = (3 - \dot{A}_{uf})f_0 = \left(2 - \frac{R_f}{R}\right)f_0 \tag{8.3.27}$$

可见,通过改变电阻 R_f 或 R 的阻值,可以改变通带宽度,且中心频率 f_0 不受影响。为了避免 $\dot{A}_u = 3$ 时发生自激振荡,一般取 $R_f < 2R$。

带通滤波器的选频特性广泛用于信号的提取和通信电路之中。

8.3.5 带阻滤波器(BEF)

若将低通滤波器和高通滤波器的输出电压经求和运算电路后输出,且低通滤波器的通带截止频率 f_{p1} 小于高通滤波器的通带截止频率 f_{p2},则构成带阻滤波器,如图 8.3.12 所示。该电路可阻止 $f_{p1} < f < f_{p2}$ 范围内的信号通过,使其余频率的信号均能通过。带阻滤波器又称陷波器,在干扰信号的频率确定的情况下,可通过带阻滤波器阻止其通过,以抗干扰。

实用的带阻滤波器用由 RC 组成的双 T 网络和一个集成运放实现,如图 8.3.13(a)所示,其中 R_1、R_2 和 C_1 组成的 T 型网络为低通滤波电路,C_2、C_3 和 R_3 组成的 T 型网络为高通滤波电路;R_3 接集成运放的输出端引入正反馈,以提高通带截止频率处的电压放大倍

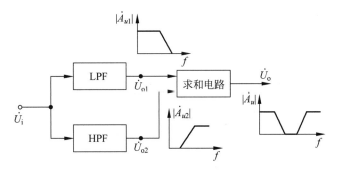

图 8.3.12 带阻滤波器的组成

数,减小阻带宽度,提高选择性。通常选取 $C_1=C_2=C$,$C_3=2C$,$R_1=R_2=R$,$R_3=R/2$。当信号频率趋于零或无穷大时,集成运放的同相输入端电位 $\dot{U}_\mathrm{p}=\dot{U}_\mathrm{i}$,故通带放大倍数就是比例运算电路的比例系数,即

$$\dot{A}_{up}=1+\frac{R_\mathrm{f}}{R_4} \tag{8.3.28}$$

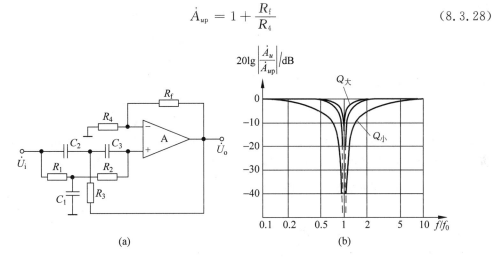

图 8.3.13 常用带阻滤波器
(a) 电路 (b) Q 值不同时的幅频特性

根据 8.3.2 节所述的分析方法可求得,带阻滤波器的电压放大倍数

$$\dot{A}_u=\frac{1-\left(\dfrac{f}{f_0}\right)^2}{1-\left(\dfrac{f}{f_0}\right)^2+\mathrm{j}2(2-\dot{A}_{up})\dfrac{f}{f_0}}\cdot\dot{A}_{up}$$

$$=\frac{\dot{A}_{up}}{1+\mathrm{j}2(2-\dot{A}_{up})\dfrac{ff_0}{f_0^2-f^2}} \tag{8.3.29}$$

式中
$$f_0 = \frac{1}{2\pi RC} \tag{8.3.30}$$

f_0 为带阻滤波器的中心频率。式(8.3.29)表明,当 $f=f_0$ 时,$|\dot{A}_u|=0$,当 $f=0$ 或 $f\to\infty$ 时,$\dot{A}_u$ 趋于 $\dot{A}_{up}$,呈现"带阻"特性。通带截止频率

$$\begin{cases} f_{p1} = \left[\sqrt{(2-\dot{A}_{up})^2+1} - (2-\dot{A}_{up})\right]f_0 & (8.3.31a) \\ f_{p2} = \left[\sqrt{(2-\dot{A}_{up})^2+1} + (2-\dot{A}_{up})\right]f_0 & (8.3.31b) \end{cases}$$

设等效品质因数
$$Q = \frac{1}{2(2-\dot{A}_{up})} \tag{8.3.32}$$

则电压放大倍数
$$\dot{A}_u = \frac{\dot{A}_{up}}{1+j\frac{1}{Q}\cdot\frac{ff_0}{f_0^2-f^2}} \tag{8.3.33}$$

带阻滤波器的阻带宽度为
$$B = f_{p2} - f_{p1} = 2(2-\dot{A}_{up})f_0 = \frac{f_0}{Q} \tag{8.3.34}$$

当 Q 取值不同时,带阻滤波器的对数幅频特性如图 8.3.13(b)所示。由图可知,Q 值越大,阻带宽度越窄,选择特性越好。通过改变 R_f 或 R_1 的值可以改变 Q 的大小。为了防止 $\dot{A}_u=2$ 时产生自激振荡,一般取 $R_f<R_1$。

8.3.6 状态变量有源滤波器

将比例、积分、求和等基本运算电路组合在一起,并能够对所构成的电路在频域内自由设置输出电压和输入电压之间的函数关系,实现各种滤波功能,则称这种电路为状态变量型有源滤波电路。

1. 积分运算电路组成的一阶低通滤波器

在积分运算电路的电容上并联反馈电阻 R_2,就可实现一阶低通滤波电路,如图 8.3.14(a)所示。在未加 R_2 时,电路的电压放大倍数

$$\dot{A}_u = \frac{\dot{U}_o}{\dot{U}_i} = \frac{1}{j\omega R_1 C} \tag{8.3.35}$$

可见,信号频率越低,$|\dot{A}_u|$越大;频率趋于零,$|\dot{A}_u|$趋于无穷大,如图(b)中虚线所示,说明电路具有低通特性。为了限定电路的通带放大倍数和通带截止频率,在电容上并联反馈电阻 R_2。

令信号频率等于零,求出通带放大倍数

$$\dot{A}_{up} = -\frac{R_2}{R_1} \tag{8.3.36}$$

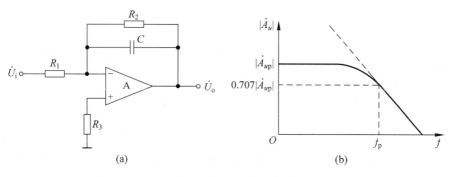

图 8.3.14 反相输入一阶低通滤波器
(a) 电路　(b) 幅频特性

电路的电压放大倍数

$$\dot{A}_u = -\frac{R_2 /\!/ \dfrac{1}{\mathrm{j}\omega C}}{R_1} = -\frac{R_2}{R_1} \cdot \frac{1}{1+\mathrm{j}\omega R_2 C}$$

令 $f_0 = \dfrac{1}{2\pi R_2 C}$,得

$$\dot{A}_u = \frac{\dot{A}_{up}}{1+\mathrm{j}\dfrac{f}{f_0}} \tag{8.3.37}$$

通带截止频率 $f_p = f_0$。$\dot{A}_u$的幅频特性如图(b)中实线所示。

2. 状态变量滤波器的组成

根据 8.1 节中所述,以集成运放作为放大电路,若以积分运算电路作为负反馈通路,则实现微分运算;若以乘法运算电路作为负反馈通路,则实现除法运算……。即当以某种运算电路作为负反馈通路时,电路实现其逆运算。同理,以集成运放作为放大电路,若以低通滤波电路作负反馈通路,则实现高通滤波;反之,若以高通滤波电路作负反馈通路,则实现低通滤波。根据上述思路,可以较容易地理解状态变量滤波器的组成原理。

图 8.3.15 所示电路是能够实现三种滤波功能的状态变量滤波器。以 $\dot{U}_i$ 为输入,按信

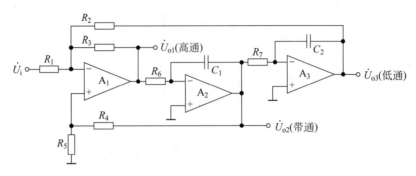

图 8.3.15 状态变量滤波器

号流通方向,经 A_1 组成的比例运算电路、A_2 和 A_3 组成的两级低通电路后输出 $\dot{U}_{o3}$,电阻 R_2 引入的负反馈决定通带放大倍数,实现了低通滤波功能。以 $\dot{U}_i$ 为输入,$\dot{U}_{o1}$ 为输出,因 A_2 和 A_3 组成的两级积分电路作为负反馈通路,故实现了高通滤波功能。以 $\dot{U}_i$ 为输入,$\dot{U}_{o2}$ 为输出,因高通滤波器输出电压 $\dot{U}_{o1}$ 为 A_2 组成的低通电路的输入电压,只要参数选取得当,就可实现带通滤波功能,电阻 R_4 引入的负反馈决定其通带放大倍数。因电路中有串联的两个低通电路,故该电路为二阶滤波器。

根据图 8.3.12 所示带阻滤波器的组成原理,若以 $\dot{U}_{o1}$ 和 $\dot{U}_{o3}$ 作为求和运算电路的输入,则其输出将实现带阻滤波功能。

型号为 AF100 的集成电路为二阶状态变量滤波器,图 8.3.16 所示为其典型接法之一,打"*"的电阻为外接电阻。与图 8.3.15 所示电路比较可得,以 $\dot{U}_{o1}$、$\dot{U}_{o2}$、$\dot{U}_{o3}$ 和 $\dot{U}_{o4}$ 作为输出,分别实现了高通、带通、低通和带阻滤波。具体参数读者可自行分析。

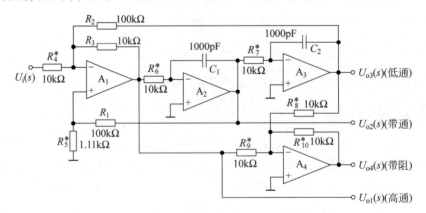

图 8.3.16 AF100 状态变量滤波器的典型接法之一

第8章 信号的运算和滤波

习 题

8.1 现有运算电路如下：

A. 比例　B. 求和　C. 加减　D. 对数　E. 指数　F. 平方　G. 立方

选择一个合适的答案填入空内。

(1) 欲实现将正弦波电压转换成二倍频电压，应选用_____运算电路。

(2) 为求得两个信号 u_{I1} 与 u_{I2} 的乘积，首先可分别利用_____运算电路求得 u_{I1}、u_{I2} 的对数 u_{O1}、u_{O2}，然后利用_____运算电路求得 u_{O1} 与 u_{O2} 之和，最后利用_____运算电路得到 u_{I1} 与 u_{I2} 的乘积。

8.2 图 P8.2 所示电路中，已知 A 为理想集成运放，$u_I>0$。求 u_O 与 u_I 的运算关系。

8.3 在图 P8.3 所示电路中，已知 A_1、A_2 均为理想集成运放，T_1、T_2 是参数完全相同的对管，其集电极电流可表示为 $i_C \approx I_s e^{u_{BE}/U_T}$，$u_{I1}>0$，$u_{I2}>0$。

(1) 分别求出 i_{C1} 与 u_{I1}、i_{C2} 与 u_{I2} 的关系表达式；

(2) 求 u_O 与 u_{BE1}、u_{BE2} 的关系表达式；

(3) 求 u_O 与 u_{I1}、u_{I2} 的运算关系，并说明电路实现何种运算功能。

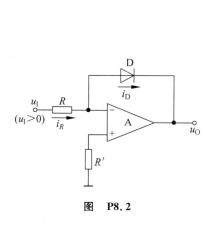

图 P8.2

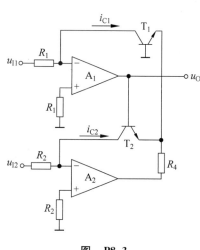

图 P8.3

8.4 在图 P8.4 所示电路中，已知 A_1、A_2 均为理想集成运放，T_1、T_2 是参数完全相同的对管，其集电极电流可表示为 $i_C \approx I_s e^{u_{BE}/U_T}$，基极电流 $i_B \approx 0$，$u_I>0$。

(1) 求出 u_{BE1}、u_{BE2} 与 u_I 之间的关系表达式；

(2) 分别求出 i_{C1} 与 U_{REF}、i_{C2} 与 u_O 的关系表达式；

(3) 求 u_O 与 u_1 的运算关系，并说明电路实现何种运算功能。

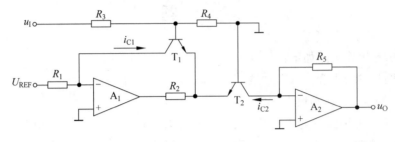

图 P8.4

8.5 在图 P8.5 所示各电路中，已知 A 均为理想集成运放，$k>0$。分别写出各电路输出电压的表达式，并说明电路实现何种运算功能。

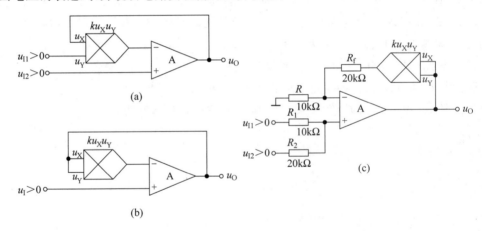

图 P8.5

8.6 图 P8.6 所示电路是一个有效值检测电路，已知集成运放和模拟乘法器均为理想器件，电容 C 上的初始电压为零。试求出 u_O 与 u_1 的关系式。

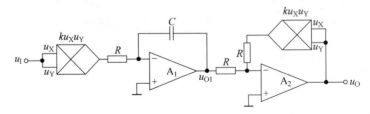

图 P8.6

8.7 现有滤波电路如下,选择正确的答案填空:

A. 低通滤波电路　　B. 高通滤波电路　　C. 带通滤波电路　　D. 带阻滤波电路

(1) 为了抑制 50Hz 交流电源的干扰,应采用_____。

(2) 处理接收的 2.5GHz 的通信信号,应采用_____。

(3) 从输入信号中获得低于 500Hz 的音频信号,应采用_____。

(4) 希望抑制 1Hz 以下的信号,应采用_____。

(5) 通带电压放大倍数等于其输入信号频率 $f=0$ 时的电压放大倍数的滤波电路是_____。

(6) 通带电压放大倍数等于其输入信号频率 f 趋于∞时的电压放大倍数的滤波电路是_____。

(7) 输入信号频率为零和趋于无穷大时电压放大倍数数值最大且相等的滤波电路是_____。

(8) 当输入信号频率 $f=0$ 和 f 趋于∞时,其电压放大倍数等于零的滤波电路是_____。

8.8 有源滤波电路的电压放大倍数如下,分别指出这四种有源滤波电路各实现哪种滤波,是几阶滤波。

(1) $A_u = \dfrac{2}{1+\dfrac{j\omega}{50\pi}+\left(\dfrac{j\omega}{50\pi}\right)^2}$　　(2) $A_u = 1.5 \times \dfrac{1+\left(\dfrac{j\omega}{100\pi}\right)^2}{1+\dfrac{j\omega}{100\pi}+\left(\dfrac{j\omega}{100\pi}\right)^2}$

(3) $A_u = \dfrac{2\left(\dfrac{j\omega}{200\pi}\right)^2}{1+\dfrac{j\omega}{200\pi}+\left(\dfrac{j\omega}{200\pi}\right)^2}$　　(4) $A_u = \dfrac{\dfrac{j\omega}{1000\pi}}{1+\dfrac{j\omega}{2000\pi}+\left(\dfrac{j\omega}{2000\pi}\right)^2}$

8.9 分别推导出图 P8.9 所示各电路的电压放大倍数,并说明它们是哪种类型的滤波电路,是几阶的。

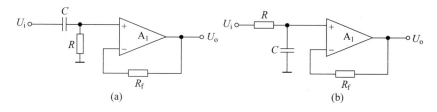

图　**P8.9**

8.10 已知图 P8.9(a) 和图 P8.9(b) 所示电路的通带截止频率分别为 100Hz 和 200kHz。试用它们构成一个带通滤波器,并画出幅频特性。

8.11 图 8.3.6 所示二阶压控电压源低通滤波电路中,已知 $C_1=C_2$,通带截止频率为 $100\,\text{Hz}$,品质因数 $Q=1$,试确定电路中各电阻的阻值和电容的值(要求电阻的阻值不能超过 $100\,\text{k}\Omega$,电容不能超过 $1\,\mu\text{F}$)。

8.12 图 8.3.13(a)所示带阻滤波器中,已知 $C_2=C_3=C$,$C_1=2C$,$R_1=R_2=R$,$R_3=R/2$,中心频率 $f_0=50\,\text{Hz}$,带宽 $B=5\,\text{Hz}$。试确定 R 和 C 以及电路中其它各电阻的阻值(要求电阻不能超过 $100\,\text{k}\Omega$,电容不能超过 $1\,\mu\text{F}$)。

第 9 章 波形的发生与变换电路

> **本章基本内容**
>
> 【基本概念】正弦波振荡,起振条件,选频网络,振荡频率(周期),振荡幅值,压控振荡,精密整流。
>
> 【基本电路】RC 桥式正弦波振荡电路,变压器反馈式、电感反馈式、电容反馈式 LC 正弦波振荡电路,石英晶体正弦波振荡电路;矩形波发生电路,三角波发生电路,锯齿波发生电路,压控振荡电路;精密整流电路。
>
> 【基本方法】电路是否可能产生正弦波振荡的判断方法,RC 桥式正弦波振荡电路振荡频率的计算方法;非正弦波发生电路的波形分析方法和振荡频率(周期)、幅值的估算方法;精密整流电路的分析方法。

9.1 正弦波振荡电路

9.1.1 概述

1. 产生正弦波振荡的条件

正弦波振荡电路是一种信号发生电路,在测量电路和通信电路中得到非常广泛的应用。所谓正弦波振荡,是指在不加任何输入信号的情况下,由电路自身产生一定频率、一定幅度的正弦波电压输出,因而是"自激振荡"。

在负反馈放大电路中,若在电路的高频段存在一个频率 f_0,在 $f=f_0$ 时附加相移为 $-180°$,且 $|\dot{A}\dot{F}|>1$,则在电扰动(如合闸通电)下,电路将产生一个正反馈过程,使输出量的数值从小到大,直至达到动态平衡,最终输出量是频率为 f_0 的一定幅值的正弦波。但是,这种电路不能作为正弦波振荡电路,最主要的原因是其振荡频率的不可控,它的振荡频率除了决定于晶体管的极间电容外,还和分布电容、寄生电容等不可预知的电容有关。

正弦波振荡电路的自激振荡与负反馈放大电路中的自激振荡,从起振到稳幅的过程,没有本质上的区别。因此,正弦波振荡电路中必须引入正反馈;同时,为了实现振荡频率的可控性,电路中还要加入选频网络。正弦波振荡电路的方框图如图 9.1.1 所示,上一方框为放大电路,下一方框为反馈网络;图(a)表明电路引入了正反馈,图(b)表明在无外加信号的情况下反馈量作为放大电路的净输入量。

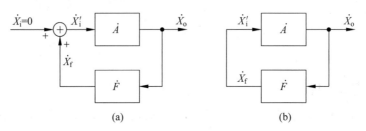

图 9.1.1 正弦波振荡电路的方框图
(a) 电路引入正反馈　(b) 反馈量为放大电路的净输入量

在图(b)中,电路合闸通电,根据频谱分析可知,这种电扰动是由很多种频率的正弦波合成的,其中必然包含由选频网络所确定的频率为 f_0 的正弦波,因而输出必然含有频率为 f_0 的正弦波 $\dot{X}_o$。$\dot{X}_o$ 作用于反馈网络,从而产生反馈量 $\dot{X}_f$,若 $\dot{X}_f$ 作为放大电路的输入 $\dot{X}_i'$ 能够使得 $|\dot{X}_o|$ 增大,则电路将产生正反馈过程;即 $|\dot{X}_o|$ 的增大导致 $|\dot{X}_f|$(即 $|\dot{X}_i'|$)增大,而 $|\dot{X}_i'|$ 的增大使得 $|\dot{X}_o|$ 进一步增大,简述为

$$|\dot{X}_o|\uparrow \to |\dot{X}_f|\uparrow(|\dot{X}_i'|\uparrow) \to |\dot{X}_o|\uparrow\uparrow$$

由于组成放大电路的晶体管和场效应管的非线性特性,也由于电源电压所限,最终达到动态平衡,$|\dot{X}_o|$ 稳幅。此时,输出量 $\dot{X}_o$ 经反馈网络、放大电路后维持着 $\dot{X}_o$,即 $\dot{X}_o = \dot{A}\dot{F}\dot{X}_o$,表明正弦波振荡电路的平衡条件是

$$\boxed{\dot{A}\dot{F} = 1} \tag{9.1.1}$$

写成幅值和相角的形式为

$$\begin{cases} |\dot{A}\dot{F}| = 1 & (9.1.2\text{a}) \\ \varphi_A + \varphi_F = 2n\pi \quad (n \text{ 为整数}) & (9.1.2\text{b}) \end{cases}$$

式(9.1.2a)为幅值平衡条件,式(9.1.2b)为相位平衡条件。

为使在合闸通电时 $|\dot{X}_o|$ 有一个从小到大直至稳幅的过程,电路的起振条件为

$$\boxed{|\dot{A}\dot{F}| > 1} \tag{9.1.3}$$

2. 正弦波振荡电路的组成及各部分的作用

由以上分析可知,正弦波振荡电路必须有以下四个组成部分:

(1) 放大电路：使电路对频率为 f_0 的输出信号有正反馈作用，能够从小到大，直到稳幅；而且通过它将直流电源提供的能量转换成交流功率。

(2) 正反馈网络：使电路满足相位平衡条件，以反馈量作为放大电路的净输入量。

(3) 选频网络：使电路只产生单一频率的振荡，即保证电路产生的是正弦波振荡。

(4) 稳幅环节：稳幅环节是一个非线性环节，使输出信号幅值稳定。

在实际电路中，放大电路多为电压放大电路，且常将选频网络和正反馈网络合二为一。

3. 正弦波振荡电路的分类

正弦波振荡电路常以选频网络所用元件来命名，分为 RC、LC 和石英晶体正弦波振荡电路。RC 正弦波振荡电路的振荡频率较低，最高不超过 1MHz；LC 正弦波振荡电路的振荡频率较高，一般在几百 kHz 以上；石英晶体正弦波振荡电路的振荡频率等于石英晶体的固有频率，非常稳定。

4. 判断电路是否为正弦波振荡电路的方法和步骤

判断电路是否会产生正弦波振荡应按以下步骤。

(1) 观察电路是否存在放大电路、反馈网络、选频网络和稳幅环节等四个重要组成部分。

(2) 检查放大电路是否能正常放大，即是否有合适的静态工作点，同时交流信号是否能正常流通，而没有被短路和断路的情况。

(3) 用瞬时极性法判断电路是否仅在 $f=f_0$ 时引入了正反馈，即是否满足相位平衡条件。若满足相位平衡条件，则说明该电路有可能产生正弦波振荡。

(4) 判断电路能否满足起振的幅值条件。若既满足相位平衡条件，又满足起振条件，则说明该电路一定会产生正弦波振荡。

实用的正弦波振荡电路的输出量和反馈量多为电压量，因而图 9.1.1 所示方框图可变换成如图 9.1.2(a)所示形式。

利用瞬时极性法可以判断电路是否满足正弦波振荡的相位条件，具体做法是：首先断开反馈，在断开处给放大电路输入 $f=f_0$ 的正弦波电压 $\dot{U}_i$，并规定其极性，如图 9.1.2(b)所示；然后以 $\dot{U}_i$ 的极性为依据判断 $\dot{U}_o$ 的极性，从而得到 $\dot{U}_f$。若 $\dot{U}_f$ 与 $\dot{U}_i$ 极性相同，则说明 $\dot{U}_f$ 可以取代 $\dot{U}_i$，电路满足相位条件，有可能产生正弦波振荡；否则，电路不满足相位条件，不可能产生正弦波振荡。

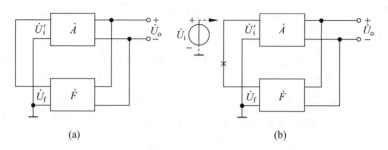

图 9.1.2 实用正弦波振荡电路的方框图
（a）输出量和反馈量均为电压量　（b）瞬时极性法判断电路是否满足相位条件

9.1.2　RC 正弦波振荡电路

RC 选频网络中以 RC 串并联网络为最常用，本节将介绍由 RC 串并联网络作选频网络和正反馈网络的 RC 桥式正弦波振荡电路。

1. RC 串并联网络的频率特性

将电阻 R_1 和电容 C_1 串联、R_2 和 C_2 并联，如图 9.1.3(a)所示，就构成 RC 串并联网络。网络的输入为放大电路的输出电压 $\dot{U}_o$，网络的输出为反馈电压 $\dot{U}_f$。

在信号频率很低时，因电容的容抗很大，使得串联部分中 R_1 的电压可忽略不计，并

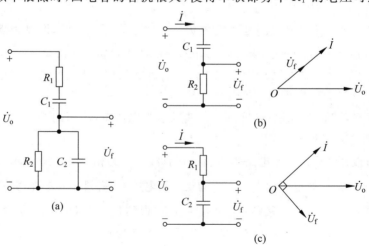

图 9.1.3　RC 串并联网络
（a）网络　（b）低频等效电路及其相量图　（c）高频等效电路及其相量图

联部分中 C_2 的分流可忽略不计,电路可近似等效为高通电路,如图(b)所示;信号频率趋于零,$|\dot{U}_f|$ 趋于零,相移趋于 $+90°$。在信号频率很高时,因电容的容抗很小,使得串联部分中 C_1 的电压可忽略不计,并联部分中 R_2 的分流可忽略不计,电路可近似等效为低通电路,如图(c)所示;信号频率趋于无穷大,$|\dot{U}_f|$ 趋于零,相移趋于 $-90°$。因而,在信号频率为零和无穷大之间必然存在一个频率,相移为零,说明网络具有选频特性。

通常,$R_1=R_2=R$,$C_1=C_2=C$。因此反馈系数

$$\dot{F} = \frac{\dot{U}_f}{\dot{U}_o} = \frac{R \mathbin{/\mkern-5mu/} \dfrac{1}{j\omega C}}{R + \dfrac{1}{j\omega C} + R \mathbin{/\mkern-5mu/} \dfrac{1}{j\omega C}}$$

整理可得

$$\dot{F} = \frac{1}{3 + j\left(\omega RC - \dfrac{1}{\omega RC}\right)}$$

令 $\omega_0 = \dfrac{1}{RC}$,即 $f_0 = \dfrac{\omega_0}{2\pi} = \dfrac{1}{2\pi RC}$,则

$$\dot{F} = \frac{1}{3 + j\left(\dfrac{f}{f_0} - \dfrac{f_0}{f}\right)} \tag{9.1.4}$$

模和相角为

$$\begin{cases} |\dot{F}| = \dfrac{1}{\sqrt{3^2 + \left(\dfrac{f}{f_0} - \dfrac{f_0}{f}\right)^2}} & (9.1.5a) \\ \varphi = -\arctan\dfrac{\dfrac{f}{f_0} - \dfrac{f_0}{f}}{3} & (9.1.5b) \end{cases}$$

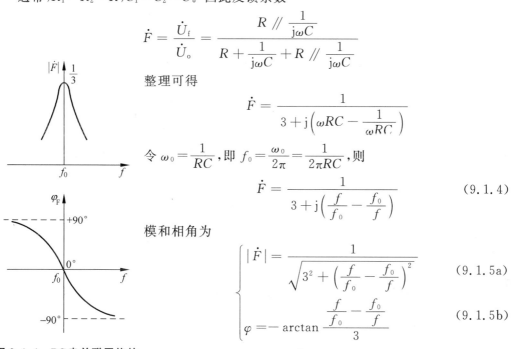

图 9.1.4 RC 串并联网络的频率特性

根据式(9.1.5)画出 $\dot{F}$ 的频率特性如图 9.1.4 所示。当 $f=f_0$ 时,$|\dot{F}|$ 最大,等于 $1/3$,且 $\varphi_F=0°$。

2. RC 桥式正弦波振荡电路

根据正弦波振荡的条件可知,选择一个电压放大倍数的数值略大于 3,且输出电压与输入电压同相的放大电路与 RC 串并联网络相匹配,就可组成正弦波振荡电路,如图 9.1.5(a) 所示。在实际组成电路时,所选放大电路应具备尽可能大的输入电阻和尽可能小的输出电阻,以确保振荡频率几乎仅仅决定于选频网络,而与放大电路几乎无关。为此,RC 桥式正弦波振荡电路中选用同相比例运算电路作放大电路,如图 9.1.5(b) 所示。因同相比例运算电路中引入了深度的电压串联负反馈,集成运放又具有理想的性能,故可近似认为其输入电阻为无穷大,输出电阻为零。

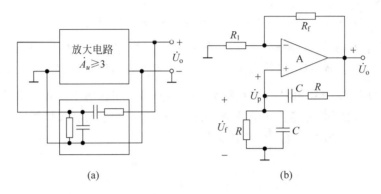

图 9.1.5　利用 RC 串并联网络的正弦波振荡电路
(a) 反馈图　(b) RC 桥式正弦波振荡电路

RC 桥式正弦波振荡电路的特征是以集成运放为中心，以 RC 串并联网络为选频网络和正反馈网络，放大电路引入深度电压串联负反馈，且以选频网络中的 RC 串联支路、RC 并联支路、负反馈网络中的电阻 R_1 和 R_f 各为一臂组成桥路，两个顶点接输出，两个顶点接集成运放的两个输入端。桥式正弦波振荡电路也称为文氏桥振荡电路。

在 RC 桥式正弦波振荡电路中，集成运放同相输入端的电位 $\dot{U}_p$ 等于反馈电压 $\dot{U}_f$，同相比例放大电路的比例系数，即电压放大倍数为

$$\dot{A}_u = \frac{\dot{U}_o}{\dot{U}_p} = 1 + \frac{R_f}{R_1} \tag{9.1.6}$$

由于当 $f = f_0$ 时 $\dot{F} = |\dot{U}_p/\dot{U}_o| = 1/3$，根据正弦波振荡的幅值平衡条件 $|\dot{A}\dot{F}| = 1$，当电路稳定振荡时

$$R_f = 2R_1 \tag{9.1.7}$$

根据正弦波振荡的起振条件 $|\dot{A}\dot{F}| > 1$，实际应选择 R_f 略大于 $2R_1$。

由于 $|\dot{A}|$ 和 $|\dot{F}|$ 均具有很好的线性度，故应在电路中加非线性环节来稳定输出电压的幅值。例如，可采用负温度系数的热敏电阻 R_t 来代替 R_f，当起振时，由于输出电压幅值较小，流过 R_t 的电流也较小，其阻值较大，因而放大电路的电压放大倍数较大，有利于起振；当振幅增大时，流过 R_t 的电流随之增大，电阻的温度升高，阻值下降，从而电压放大倍数减小，温度下降时各物理量向相反方向变化，从而实现了增益的自动调节，使电路输出幅值稳定。当然，还可采用其它措施实现自动稳幅。

由于 RC 桥式正弦波振荡电路的振荡频率就是 RC 串并联电路的谐振频率 f_0，即

$$f_0 = \frac{1}{2\pi RC} \tag{9.1.8}$$

可通过调整 R 和 C 的数值来改变振荡频率。要想提高振荡频率，则要减小 R 和 C。但

是,若 R 太小,则不但加大放大电路的负载电流,而且有可能使放大电路的输出电阻影响振荡频率;若 C 太小,则放大电路的极间电容和寄生电容将影响选频特性。所以,RC 桥式正弦波振荡电路的振荡频率一般不超过 1MHz。如果希望产生更高频率的正弦波,则应考虑采用 LC 正弦波振荡电路。

3. 振荡频率可调的 RC 桥式正弦波振荡电路

为了使 RC 桥式正弦波振荡电路的振荡频率连续可调,常在 RC 串并联选频网络中,用双层波段开关接不同容量来实现振荡频率的粗调,采用同轴电位器来实现振荡频率的微调,如图 9.1.6 所示。这样,振荡频率的可调范围可从几赫到几百千赫。

RC 正弦波振荡电路除上述电路外,还有移相式和双 T 网络式电路等。实际上,只要电路满足正弦振荡的相位平衡条件、幅值平衡条件和起振条件,并有适当的稳幅措施,就能产生正弦波振荡。

例 9.1.1 现用 RC 桥式正弦波振荡电路作为正弦波信号发生器,如图 9.1.7 所示。已知三个档 C_1、C_2、C_3 分别为 $0.1\mu F$、$0.01\mu F$、$0.001\mu F$,固定电阻 $R=5.1k\Omega$,同轴电位器 $R_w=51k\Omega$。试问:

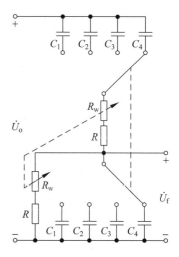

图 9.1.6 振荡频率连续可调的 RC 串并联网络

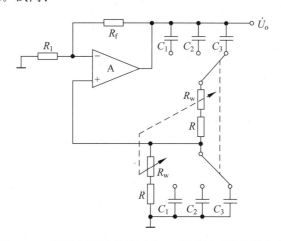

图 9.1.7 振荡频率连续可调的 RC 桥式正弦波振荡电路

(1) 电容在三个档的频率调节范围;
(2) 若 R_1 为热敏电阻 R_t,则其温度系数为正还是为负?简述理由。

解 (1) 当 $C=C_1=0.22\mu\text{F}$ 时,若电位器 R_w 调到最大,则

$$f_0 = \frac{1}{2\pi(R+R_w)C_1} = \frac{1}{2\pi(5.1+51)\times 10^3 \times 0.1 \times 10^{-6}}\text{Hz} \approx 28.4\text{Hz}$$

若 R_w 调到 0,则

$$f_0 = \frac{1}{2\pi R C_1} = \frac{1}{2\pi \times 5.1 \times 10^3 \times 0.1 \times 10^{-6}}\text{Hz} \approx 312\text{Hz}$$

当 $C=C_2=0.01\mu\text{F}$ 时,若电位器 R_w 调到最大,则

$$f_0 = \frac{1}{2\pi(R+R_w)C_2} = \frac{1}{2\pi(5.1+51)\times 10^3 \times 0.01 \times 10^{-6}}\text{Hz} \approx 284\text{Hz}$$

若 R_w 调到 0,则

$$f_0 = \frac{1}{2\pi R C_2} = \frac{1}{2\pi \times 5.1 \times 10^3 \times 0.01 \times 10^{-6}}\text{Hz} \approx 3120\text{Hz}$$

当 $C=C_3=0.001\mu\text{F}$ 时,若电位器 R_w 调到最大,则

$$f_0 = \frac{1}{2\pi(R+R_w)C_2} = \frac{1}{2\pi(5.1+51)\times 10^3 \times 0.01 \times 10^{-6}}\text{Hz}$$
$$\approx 2840\text{Hz} = 2.84\text{kHz}$$

若 R_w 调到 0,则

$$f_0 = \frac{1}{2\pi R C_1} = \frac{1}{2\pi \times 5.1 \times 10^3 \times 0.001 \times 10^{-6}}\text{Hz} \approx 31200\text{Hz} = 31.2\text{kHz}$$

可见,此仪器的三档频率范围分别约为

Ⅰ档:28.4Hz～312Hz; Ⅱ档:284Hz～3120Hz; Ⅲ档:2.84kHz～31.2kHz。

通常,作为仪器,相邻的两档频率的可调范围应互相有覆盖,以达到频率连续可调的目的。

(2) R_1 的温度系数应为正。当 U_o 由于某种原因增大时,R_1 中电流将增大,使之温度升高,阻值增大,根据式(9.1.6),$|\dot{A}_u|$ 减小,U_o 必然减小;U_o 减小时各物理量的变化与上述相反;故 U_o 得到稳定。

9.1.3 LC正弦波振荡电路

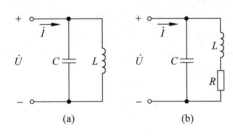

图 9.1.8 *LC* 并联电路
(a) 理想电路 (b) 实际电路

LC 正弦波振荡电路中多用 *LC* 并联电路作为选频网络,常见电路有变压器反馈式、电感反馈式和电容反馈式三种。

1. LC 并联电路的频率响应

LC 并联电路如图 9.1.8 所示。图(a)为理想电路,当信号频率很低时,电容的容抗很大,电路呈感性。当信号频率很高时,电感的感抗很

大,电路呈容性。而在中间某一个频率 f_0(即谐振频率),电路呈纯阻性,且电阻为无穷大。谐振频率决定于电感和电容的取值,为

$$f_0 = \frac{1}{2\pi\sqrt{LC}} \tag{9.1.9}$$

图(b)为实际电路,R 表示电路各种损耗的等效电阻。并联电路的导纳为

$$Y = j\omega C + \frac{1}{R+j\omega L} = \frac{R}{R^2+(\omega L)^2} + j\left[\omega C - \frac{\omega L}{R^2+(\omega L)^2}\right] \tag{9.1.10}$$

当上式虚部系数为 0 时,表明电流 $\dot{I}$ 和电压 $\dot{U}$ 同相,即电路呈纯阻性,发生并联谐振。设并联谐振的角频率为 ω_0,由式(9.1.10)可知

$$\omega_0 C = \frac{\omega_0 L}{R^2+(\omega_0 L)^2} \tag{9.1.11}$$

解得

$$\omega_0 = \frac{1}{\sqrt{1+\left(\frac{R}{\omega_0 L}\right)^2}} \cdot \frac{1}{\sqrt{LC}} = \frac{1}{\sqrt{1+\frac{1}{Q^2}}} \cdot \frac{1}{\sqrt{LC}} \tag{9.1.12}$$

式中 Q 为品质因数

$$Q = \frac{\omega_0 L}{R} \tag{9.1.13}$$

根据式(9.1.12),若 $Q \gg 1$,则

$$\omega_0 \approx \frac{1}{\sqrt{LC}}, \quad f_0 \approx \frac{1}{2\pi\sqrt{LC}} \tag{9.1.14}$$

一般 LC 谐振电路的 Q 值约为几十到几百。

将式(9.1.14)代入式(9.1.13)可得

$$Q \approx \frac{1}{R} \cdot \sqrt{\frac{L}{C}} \tag{9.1.15}$$

表明,电路的损耗越小,且谐振频率相同条件下 L 取值越大、C 取值越小,品质因数越大,即选频特性越好。

在 $f = f_0$ 时,LC 并联电路的阻抗

$$Z_0 = \frac{1}{Y_0} = \frac{R^2+(\omega_0 L)^2}{R} = R + Q^2 R \tag{9.1.16}$$

若 $Q \gg 1$,则 $Z_0 \approx Q^2 R$,将式(9.1.15)代入,整理可得

$$Z_0 \approx QX_C \approx QX_L \tag{9.1.17}$$

式中 X_C 和 X_L 分别为 C 和 L 在 $f = f_0$ 时的电抗。上述分析表明,Q 值越大,LC 并联电路在谐振频率下等效电阻越大。由于电路的电压

$$\dot{U} = \dot{I}Z_0 = \dot{I}_C X_C = \dot{I}_L X_L$$

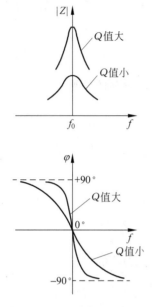

图 9.1.9 LC 并联电路在不同 Q 值下的频率响应

根据式(9.1.17),在 $Q \gg 1$ 的条件下,$f = f_0$ 时 C 和 L 中的电流

$$|\dot{i}_C| = |\dot{i}_L| \approx Q|\dot{i}| \qquad (9.1.18)$$

即 $|\dot{i}_C| = |\dot{i}_L| \gg |\dot{i}|$,说明在谐振时 LC 并联电路的回路电流比输入电流大很多。

不同 Q 值时 LC 并联电路的幅频特性和相频特性,如图 9.1.9 所示。Q 值越大,Z_0 越大,且在 $f = f_0$ 附近随频率变化幅频特性和相频特性曲线的变化率越大,说明选频特性越好。

2. LC 选频放大电路

若利用 LC 并联网络作为共射放大电路的集电极负载,则可构成选频放大电路,如图 9.1.10 所示。设在信号频率范围内晶体管的结电容的容抗趋于无穷大,则该电路的电压放大倍数

$$\dot{A}_u = -\frac{\beta Z}{r_{be}}$$

根据 LC 并联网络的频率特性,在 $f = f_0$ 时,电压放大倍数的数值最大,且集电极动态电位与输入电压反相;而在低于或高于 f_0 频率的信号作用时,电压放大倍数不但数值下降,而且将产生附加相移;电压放大倍数的频率特性与 LC 并联网络的频率特性一致。说明电路具有选频特性,故称之为选频放大电路。

若能通过一定的方式将 c-e 间电压反相后加到放大电路的输入端,取代输入电压,则实现了正弦波振荡的相位条件,电路就有可能产生自激振荡。利用反馈能够达到上述目的。根据引入反馈的方法不同而分为变压器反馈式、电感反馈式和电容反馈式三种电路。

3. 变压器反馈式 LC 正弦波振荡电路

在图 9.1.11 所示电路中,若将 LC 选频网络的电压作为变压器的原边电压,将副边电压作为反馈电压来取代选

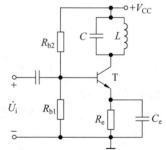

图 9.1.10 LC 选频放大电路

频放大电路的输入电压,则只要变压器原、副边同铭端合适,就可满足正弦波振荡的相位条件,从而构成如图 9.1.11 所示的变压器反馈式正弦波振荡电路。图中 C_1 为耦合电容,C_e 是旁路电容,对于频率为 LC 选频网络谐振频率的信号,它们均可视为短路。

对于图 9.1.11 所示电路,可以用 9.1.1 节所叙述的方法判断电路产生正弦波振荡的

可能性。首先,观察电路,存在放大电路、选频网络、反馈网络以及用晶体管的非线性特性所实现的稳幅环节四个部分。然后,判断放大电路能否正常工作,图中放大电路是共射放大电路,可以设置合适的静态工作点,且交流信号传递过程中无开路或短路现象,电路可以正常放大。最后,采用瞬时极性法判断电路是否满足相位平衡条件,具体做法是:在图9.1.11所示电路中,断开反馈,即P点,在断开处给放大电路加频率为 f_0 的输入电压 $\dot{U}_i$,给定其极性对"地"为"+",因而晶体管基极动态电位对"地"为"+",由于放大电路为共射接法,故集电极动态电位对"地"为"-";对于交流信号,电源相当于"地",所以线圈 N_1 上电压为上"+"下"-";根据同铭端,N_2 上电压

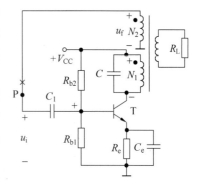

图 9.1.11 变压器反馈式 LC 正弦波振荡电路

也为上"+"下"-",即反馈电压 $\dot{U}_f$ 对"地"为"+",与输入电压假设极性相同,满足正弦波振荡的相位条件。因为只有在 $\dot{U}_i$ 的频率为谐振频率 f_0 时,电路才满足相位平衡条件,所以电路的正弦波振荡频率就是 f_0,即

$$f_0 \approx \frac{1}{2\pi\sqrt{L'C}} \tag{9.1.19}$$

式中 L' 是考虑了原、副边线圈 N_1 和 N_2 的电感以及它们之间的互感等因素的总电感。电路起振的幅值条件是 $|\dot{U}_f| > |\dot{U}_i|$。只要变压器的变比恰当,电路参数选择合适,一般都可以满足幅值平衡条件,电路很容易起振。当振幅大到一定程度时,放大电路的电压放大倍数的数值将因晶体管的非线性特性而下降,使振幅达到稳定。虽然晶体管集电极电流的波形会出现失真,但由于 LC 并联谐振回路良好的选频特性,输出电压波形一般失真很小。

变压器反馈式正弦波振荡电路易于产生振荡,波形较好,应用范围广泛。但是由于输出电压与反馈电压靠磁路耦合,因而耦合不紧密,损耗较大,并且振荡频率的稳定性不高。

4. 电感反馈式正弦波振荡电路

为了克服变压器反馈式正弦波振荡电路因耦合不紧密而损耗较大的缺点,可在图9.1.11所示电路中,将变压器原边线圈 N_1 接电源一端和副边线圈 N_2 接地一端相连,使 N_1 和 N_2 成为一个线圈,这样就组成了电感反馈式正弦波振荡电路,如图9.1.12(a)所示,通常将电容并联在整个线圈上。图中 C_1 和 C_e 对于谐振频率的信号可视为短路,故其交流通路如图(b)所示,由于线圈的三个抽头分别接晶体管的三个极,故称之为电感三点式正弦波振荡电路,又称哈特利(Hartley)振荡电路。

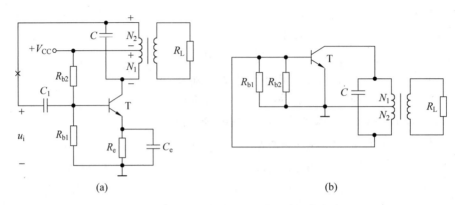

图 9.1.12　电感反馈式 LC 正弦波振荡电路
(a) 电路　(b) 交流通路

利用判断电路能否产生正弦波振荡的方法来分析图 9.1.12(a) 所示电路。首先观察电路，它包含了放大电路、选频网络、反馈网络和非线性元件——晶体管四个部分，而且放大电路能够正常工作。然后用瞬时极性法判断电路是否满足正弦波振荡的相位条件：断开反馈，加频率为 f_0 的输入电压，给定其极性，判断出从 N_2 上获得的反馈电压极性与输入电压相同，故电路满足正弦波振荡的相位条件，各点瞬时极性如图中所标注。只要电路参数选择得当，电路就可满足幅值条件，而产生正弦波振荡。

当谐振回路的 Q 值很高时，振荡频率基本上等于 LC 回路的谐振频率，即

$$f_0 \approx \frac{1}{2\pi\sqrt{LC}} = \frac{1}{2\pi\sqrt{(L_1+L_2+2M)C}} \tag{9.1.20}$$

式中 L_1、L_2 分别为线圈 N_1、N_2 的电感，M 为它们之间的互感。

在电感三点式振荡电路中，由于 L_1 和 L_2 之间的耦合紧密，所以极易起振。根据经验，反馈线圈 N_2 与整个线圈的匝数比为 1/8 到 1/4 比较合适。如采用可变电容，则振荡频率可在较宽的范围内调节，因而在无线接收机、信号发生器、感应加热等方面得到广泛的应用。但由于反馈电压取自电感 L_2，它对高次谐波的电抗较大，因而输出波形中往往含有高次谐波，使得波形较差。

5. 电容三点式正弦波振荡电路

在图 9.1.12(a) 所示电路中，将电感 L_1 和 L_2 换成电容 C_1 和 C_2，电容 C 换成电感 L，并增加电阻 R_c，就构成了电容反馈式正弦波振荡电路，如图 9.1.13(a) 所示。图中 C_3 为耦合电容，C_e 为旁路电容，它们对频率为 f_0 的信号均可视为短路，因而交流通路如图(b)所示。由于 C_1 和 C_2 的三个接头分别接晶体管的三个极，故称之为电容三点式正弦波振荡电路，又称为考毕兹 (Colpitts) 电路。

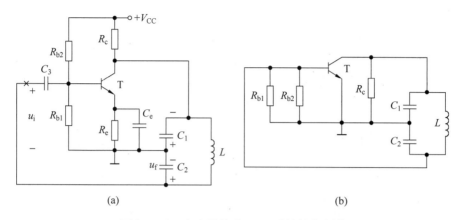

图 9.1.13 电容反馈式 LC 正弦波振荡电路

根据正弦波振荡电路的判断方法,观察图 9.1.13 所示电路,包含了放大电路、选频网络、反馈网络和非线性元件——晶体管四个部分,而且放大电路能够正常工作。断开反馈,加频率为 f_0 的输入电压,给定其极性,判断出从 C_2 上所获得的反馈电压的极性与输入电压相同,故电路满足正弦波振荡的相位条件,各点瞬时极性如图中所标注。只要电路参数选择得当,电路就可满足幅值条件,而产生正弦波振荡。振荡频率基本上等于 LC 并联电路的谐振频率,即

$$f_0 \approx \frac{1}{2\pi\sqrt{LC}} = \frac{1}{2\pi\sqrt{L \cdot \dfrac{C_1 C_2}{C_1 + C_2}}} \tag{9.1.21}$$

由于反馈电压取自电容 C_2,而电容对高次谐波阻抗很小,因而反馈电压中的高次谐波分量很小,所以电容三点式正弦波振荡电路的输出波形较好,振荡频率可高达 100MHz 以上。通常选择两个电容之比 $C_1/C_2 \leqslant 1$。虽然通过调整 C_1、C_2 可以调节振荡频率,但这样会影响起振条件,因此,电容三点式电路适于产生固定频率的振荡。

根据式(9.1.21),若要提高振荡频率,就要减小选频网络中电感和电容的数值。而当 C_1、C_2 取值减小到一定程度,晶体管的极间电容和电路中的杂散电容将影响振荡频率。这些电容等效为放大电路的输入电容 C_i 和输出电容 C_o,如图 9.1.14 所标注。由于极间电容受温度的影响,杂散电容又难于确定,为了稳定振荡频率,在

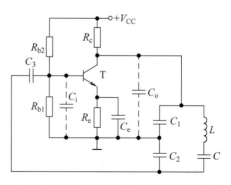

图 9.1.14 改进的电容反馈式振荡电路

设计电路时,必须能够使 C_i 和 C_o 对选频特性的影响忽略不计。试想,如果 C_1 和 C_2 远大于极间电容和杂散电容,只起分压作用,以便获得合适的反馈电压,而几乎对振荡频率无影响,那么电路的振荡频率就可能很稳定。具体方法是在电感所在支路串联一个小容量电容 C,而且 $C \ll C_1$,$C \ll C_2$,这样

$$\frac{1}{C_1} + \frac{1}{C_2} + \frac{1}{C} \approx \frac{1}{C}$$

总电容约为 C,因而电路的振荡频率

$$f_0 \approx \frac{1}{2\pi\sqrt{LC}} \tag{9.1.22}$$

几乎与 C_1 和 C_2 无关,当然也就几乎与极间电容和杂散电容无关。在振荡频率很高时,可考虑放大电路采用共基接法。

各种 LC 正弦波振荡电路的比较见表 9.1.1 所示。

表 9.1.1 各种 LC 正弦波振荡电路比较

电路名称	变压器反馈式	电感三点式	电容三点式	改进型电容三点式
选频网络				
振荡频率	$f_0 \approx \dfrac{1}{2\pi\sqrt{LC}}$	$f_0 \approx \dfrac{1}{2\pi\sqrt{(L_1+L_2+2M)C}}$	$f_0 \approx \dfrac{1}{2\pi\sqrt{L \cdot \dfrac{C_1 C_2}{C_1+C_2}}}$	$f_0 \approx \dfrac{1}{2\pi\sqrt{LC}}$
振荡波形	一般	高次谐波分量大波形差	高次谐波分量小波形好	同左
谐振频率可调选频网络及其可调范围	将 C 换成可调电容,频率可调范围宽	同左	增加可调电容 C,频率可调范围小	将 C 换成可调电容频率,可调范围小
频率稳定度	可达 10^{-4}	同左	可达 $10^{-4} \sim 10^{-5}$	可达 10^{-5}
适用频率	几 kHz~几十 MHz	同右	几 MHz~100 MHz 以上	同左

例 9.1.2 试标出图 9.1.15(a)所示电路变压器原、副边的同铭端,使之满足正弦波振荡的相位条件。

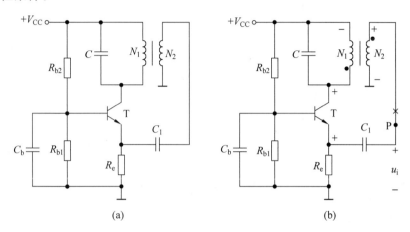

图 9.1.15 例 9.1.2 电路图
(a) 已知电路图   (b) 答案电路图

解 观察图 9.1.15(a)所示电路可知,其包含正弦波振荡电路的四个组成部分:共基放大电路、选频网络、反馈网络和非线性环节(晶体管);而且,N_2 线圈上的电压为反馈电压。

为了判断变压器原、副边的同铭端,可以用瞬时极性法判断外加输入电压时 N_1 上电压的极性,具体做法是:断开反馈,在断开处给放大电路加频率为 LC 选频网络谐振频率的输入电压 $\dot{U}_\mathrm{i}$,并给定其极性对"地"为"+",因而晶体管发射极动态电位对"地"为"+";因为放大电路为共基接法,所以集电极动态电位对"地"也为"+",由此可得 N_1 上电压的极性为上"−"下"+";在满足正弦波振荡的相位条件时,N_2 上的电压应能取代 $\dot{U}_\mathrm{i}$,故 N_2 上的电压应为上"+"下"−"。因此,各点动态电位、线圈电压和变压器原副边同铭端如图(b)所示。

在变压器反馈式正弦波振荡电路中,变压器原、副边线圈的绕向必须与放大电路输出和输入的相位关系相匹配,才能满足正弦波振荡的相位条件。

例 9.1.3 改正图 9.1.16(a)所示电路中的错误,使之满足正弦波振荡的相位条件。要求不能改变放大电路的基本接法和反馈的基本形式。

解 观察已知电路,虽然存在共射放大电路、L 与 C_1 和 C_2 组成的选频网络、从 C_1 上获得反馈电压、晶体管非线性特性作为稳幅环节等正弦波振荡电路的四个主要组成部分,但是,放大电路的直流通路中晶体管的基极和集电极短路,交流通路中晶体管的集电极和发射极短路,因而不但静态工作点不合适,而且输出交流信号恒为零。所以电路不可能产

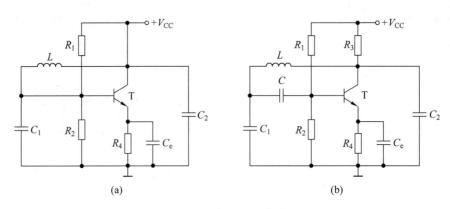

图 9.1.16 例 9.1.3 电路图
(a) 已知电路图 (b) 答案电路图

生正弦波振荡。

在放大电路输入端加耦合电容,使选频网络与放大电路之间没有直流通路,从而设置合适的静态工作点;在集电极加电阻 R_3,将集电极的交流电流转化为电压的变化,如图 9.1.16(b) 所示,电路就可能产生正弦波振荡。

9.1.4 石英晶体正弦波振荡电路

LC 并联网络的品质因数为 $Q \approx \dfrac{1}{R} \cdot \sqrt{\dfrac{L}{C}}$,因而为了提高 Q 值,应尽量减小回路等效损耗电阻值 R,并增大 L 与 C 的比值。但增大 L 必将使线圈电阻增大,损耗增大,导致 Q 值减小。另外,电容太小,将增加分布电容及杂散电容对 LC 谐振回路的影响。所以,LC 回路的 Q 值不可能无限制增加,通常最高也只能达到几百。如果想进一步增加 Q 值以提高频率稳定度,应考虑采用石英晶体正弦波振荡电路。

1. 石英晶体简介

将 SiO_2 的结晶体(石英晶体)按一定方向切成矩形或圆形的薄片(称为晶片),在晶片两个对应的表面上涂敷银层作为两个电极,并将其接到引脚,再加上金属或玻璃外壳封装,就构成石英晶体谐振器,简称石英晶体。

若在石英晶体两电极加电场,则晶片将产生机械变形;相反,若在晶片上施加机械压力,则在晶体相应方向上会产生一定的电场,这种物理现象称为压电效应。若在石英晶体两极加交变电压,则晶片将会产生机械振动,同时晶片的机械振动又会产生交变电场。当外加交变电压的频率为石英晶体的固有频率时,振幅将会突然增加,这种现象称为压电谐振,该频率也称为石英晶体的谐振频率。

石英晶体的符号如图 9.1.17(a)所示,等效电路如图(b)所示。图(b)中,C_0 表示晶体不振动时的等效静电电容,它的大小与晶片的几何尺寸、电极面积有关,一般约为几 pF~几十 pF;当晶体振动时,机械振动的惯性用电感 L 来等效,L 一般为几十 mH 到几百 mH;晶片的弹性用电容 C 等效,C 的值很小,一般只有 $0.0002\sim0.1$ pF;因摩擦而造成的损耗则用电阻 R 来等效,R 约为 100Ω。由于石英晶片的等效电感 L 较大,而 C 和 R 均很小,所以回路的品质因数 Q 值很大,可达 $10^4\sim10^6$。又由于晶体本身的固有频率只与晶片的切割方式、几何形状和尺寸有关,因而石英晶体的振荡频率既稳定又精确,其频率稳定度可达 $10^{-6}\sim10^{-8}$,甚至达到 $10^{-10}\sim10^{-11}$ 数量级。从石英晶体的等效电路可知,它有两个谐振频率,当 L、C、R 支路串联谐振时,其串联谐振频率 f_s 为

$$f_s \approx \frac{1}{2\pi\sqrt{LC}} \tag{9.1.23}$$

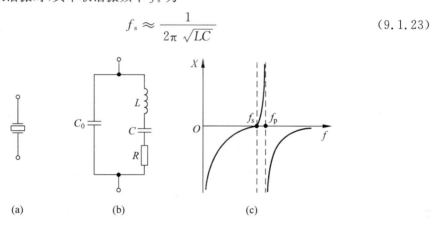

图 9.1.17 石英晶体
(a) 符号 (b) 等效电路 (c) 频率特性

由于 C_0 很小,其容抗比 R 大得多,因此,串联谐振的等效阻抗近似为 R,呈纯阻性,是一个很小的电阻。当频率低于 f_s 时,L、C、R 支路呈容性,当频率高于 f_s 时 L、C、R 支路呈感性,可与电容 C_0 产生并联谐振,其并联谐振频率 f_p 为

$$f_p \approx \frac{1}{2\pi\sqrt{L\dfrac{CC_0}{C+C_0}}} \tag{9.1.24}$$

因为 $C\ll C_0$,所以

$$\boxed{f_p \approx \frac{1}{2\pi\sqrt{LC}} \approx f_s} \tag{9.1.25}$$

f_p 和 f_s 两个频率非常接近。当频率高于 f_p 时,电路又呈容性。在忽略电路的损耗时,石英晶体的频率特性如图 9.1.17(c)所示。由图可知,频率在 f_s 和 f_p 之间,石英晶体呈

感性；频率等于 f_s 和 f_p 时，呈纯阻性；其余频率下均呈容性。

石英晶体产品外壳上所标的频率一般是指并联负载电容（例如 $C_L = 30\text{pF}$）时的并联谐振频率。

2. 石英晶体正弦波振荡电路

利用石英晶体的电感区，将其等效为电感，采用电容反馈式电路，就构成石英晶体并联型晶体振荡电路，如图 9.1.18 所示。由于外接电容 C_1 和 C_2 并联在石英晶体的 C_0 上，总电容

$$C_0' = C_0 + \frac{C_1 C_2}{C_1 + C_2}$$

振荡频率

$$f_0 \approx \frac{1}{2\pi\sqrt{L\dfrac{CC_0'}{C+C_0'}}} \qquad (9.1.26)$$

与式(9.1.23)和式(9.1.24)相比较可知，振荡频率在石英晶体的串联谐振频率 f_s 和并联谐振频率 f_p 之间。由于 $C_0' \gg C$，可以认为 $f_0 \approx f_p \approx f_s$。

利用石英晶体作为选频网络和正反馈网络，就可构成串联型正弦波振荡电路，如图 9.1.19 所示。图中 C_1 为旁路电容，对交流信号可视为短路。电路的第一级为共基放大电路，第二级为共集放大电路。若断开反馈，给放大电路加输入电压，极性上"＋"下"－"，则 T_1 管集电极动态电位为"＋"，T_2 管的发射极动态电位也为"＋"。只有在石英晶体呈纯阻性，即产生串联谐振时，反馈电压才与输入电压同相，电路才满足正弦波振荡的相位平衡条件。所以电路的振荡频率为石英晶体的串联谐振频率 f_s。调整 R_f 的阻值，可使电路满足正弦波振荡的幅值平衡条件。

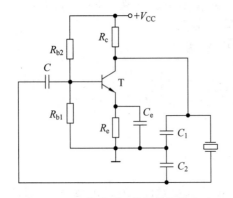

图 9.1.18　并联型石英晶体振荡电路

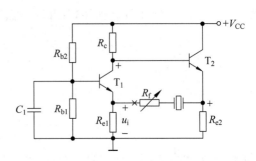

图 9.1.19　串联型石英晶体振荡电路

石英晶体的固有频率与温度有关，在频率稳定度要求高于 $10^{-6} \sim 10^{-7}$ 或工作环境温度变化范围很宽的场合，应该选用高精度和高稳定度的晶体，并把它们放在恒温槽中。

9.2 非正弦波发生电路

在实用的模拟电路中，除了常见的正弦波外，还有矩形波、三角波、锯齿波等。本节主要讲述它们的电路组成、工作原理、波形分析和主要参数。

9.2.1 矩形波发生电路

矩形波发生电路常作为数字电路的信号源或模拟电子开关的控制信号，它也是其它非正弦波发生电路的基础。

矩形波发生电路只有两个暂态，即输出不是高电平就是低电平，而且两个暂态自动地相互转换，从而产生自激振荡。因此，电压比较器就成为矩形波发生电路的重要组成部分。为了使输出的高、低电平产生周期性变化，电路中用延迟环节来确定暂态的维持时间，并引入反馈来实现"自控"。

1. 方波发生电路

图 9.2.1 所示为方波发生电路，它由反相输入的滞回比较器和 RC 电路组成。RC 回路既作为延迟环节，又作为反馈网络，通过 RC 充放电实现输出状态的自动转换。

图中滞回比较器的输出电压 $u_O = \pm U_Z$，阈值电压

$$\pm U_T = \pm \frac{R_1}{R_1 + R_2} \cdot U_Z \tag{9.2.1}$$

因而电压传输特性如图 9.2.2 所示。

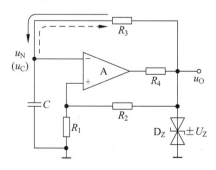

图 9.2.1　方波发生电路

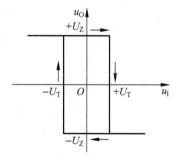

图 9.2.2　反相输入滞回比较器的电压传输特性

设某一时刻输出电压 $u_O = +U_Z$,则同相输入端电位 $u_P = +U_T$。u_O 通过 R_3 对电容 C 正向充电,如图中实线箭头所示。反相输入端电位 u_N 随时间 t 增长而逐渐升高,当 t 趋近于无穷时,u_N 趋于 $+U_Z$;但是,一旦 u_N 过 $+U_T$,u_O 就从 $+U_Z$ 跃变为 $-U_Z$,与此同时 u_P 从 $+U_T$ 跃变为 $-U_T$。随后,u_O 又通过 R_3 对电容 C 反向充电,或者说放电,如图中虚线箭头所示。反相输入端电位 u_N 随时间 t 增长而逐渐降低,当 t 趋近于无穷时,u_N 趋于 $-U_Z$;但是,一旦 u_N 过 $-U_T$,u_O 就从 $-U_Z$ 跃变为 $+U_Z$,与此同时 u_P 从 $-U_T$ 跃变为 $+U_T$,电容又开始正向充电。上述过程周而复始,电路产生了自激振荡。

由于图 9.2.1 所示电路中电容正向充电与反向充电的时间常数均为 R_3C,而且充电的总幅值也相等,因而在一个周期内 $u_O = +U_Z$ 的时间与 $u_O = -U_Z$ 的时间相等,u_O 为方波。电容上电压 u_C(即集成运放反相输入端电位 u_N)和电路输出电压 u_O 波形如图 9.2.3 所示。**矩形波的宽度 T_k 与周期 T 之比称为占空比**,方波的占空比为 50%。

根据电容上电压波形可知,在二分之一周期内,电容充电的起始值为 $-U_T$,终了值为 $+U_T$,时间常数为 R_3C;时间 t 趋于无穷时,u_C 趋于 $+U_Z$,利用一阶 RC 电路的三要素法可列出方程

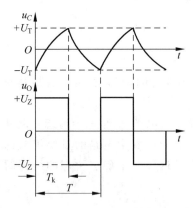

图 9.2.3 方波发生电路的波形图

$$+U_T = (U_Z + U_T)\left(1 - e^{\frac{-T/2}{R_3C}}\right) + (-U_T)$$

将式(9.2.1)代入上式,即可求出振荡周期

$$\boxed{T = 2R_3C\ln\left(1 + \frac{2R_1}{R_2}\right)} \tag{9.2.2}$$

振荡频率 $f = 1/T$。

通过以上分析可知,调整电压比较器的电路参数 R_1、R_2 和 U_Z 可以改变方波发生电路的振荡幅值,调整电阻 R_1、R_2、R_3 和电容 C 的数值可以改变电路的振荡频率。

2. 矩形波发生电路

在方波发生电路中,若能采取措施改变输出波形的占空比,使之小于或大于 50%,则电路就变成矩形波发生电路。可以想象,利用二极管的单向导电性使电容正向和反向充电的通路不同,从而使它们时间常数不同,即可改变输出电压的占空比,如图 9.2.4(a) 所示。

在图(a)中,电位器 R_w 的滑动端将 R_w 分成 R_{w1} 和 R_{w2} 两部分,若忽略二极管 D_1 和 D_2 的导通电阻,则电容 C 充电回路的电阻为 $(R+R_{w1})$,而放电回路的电阻则为 $(R+R_{w2})$。

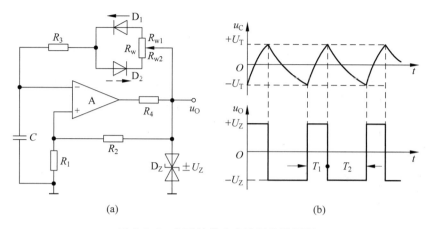

图 9.2.4 矩形波发生电路及其波形图
(a) 电路 (b) 波形图

如果 $R_{w1} < R_{w2}$，则充电快而放电慢；即电容 C 充电时间 T_1 小于放电时间 T_2，如图 9.2.4(b)所示。如果反向调节 R_w 的滑动端，则情况正好相反。利用一阶 RC 电路的三要素法可以解出

$$\begin{cases} T_1 = (R_3 + R_{w1})C \cdot \ln\left(1 + \dfrac{2R_1}{R_2}\right) & (9.2.3a) \\ T_2 = (R_3 + R_{w2})C \cdot \ln\left(1 + \dfrac{2R_1}{R_2}\right) & (9.2.3b) \end{cases}$$

因而振荡周期

$$\boxed{T = T_1 + T_2 = (2R_3 + R_w)C \cdot \ln\left(1 + \dfrac{2R_1}{R_2}\right)} \quad (9.2.4)$$

矩形波的占空比

$$\boxed{\delta = \dfrac{T_1}{T} = \dfrac{R_3 + R_{w1}}{2R_3 + R_w}} \quad (9.2.5)$$

由式(9.2.5)、式(9.2.4)可知，改变电位器 R_w 滑动端位置可以调节矩形波的占空比，但振荡周期始终不变。

例 9.2.1 在图 9.2.4(a)所示电路中，已知 $R_1=10\text{k}\Omega$，$R_2=50\text{k}\Omega$，$R_3=5\text{k}\Omega$，$R_w=100\text{k}\Omega$，$C=0.01\mu\text{F}$，$\pm U_Z=\pm 6\text{V}$。试求：

(1) 输出电压的幅值和振荡频率约为多少；

(2) 占空比的调节范围约为多少。

解 (1) 输出电压 $u_O = \pm 6\text{V}$。

振荡周期

$$T \approx (R_W + 2R_3)C \cdot \ln\left(1 + \frac{2R_1}{R_2}\right)$$

$$= \left[(100+10) \times 10^3 \times 0.01 \times 10^{-6} \times \ln\left(1 + \frac{2 \times 10 \times 10^3}{50 \times 10^3}\right)\right]s$$

$$\approx 0.37 \times 10^{-3} \text{ s}$$

$$= 0.37 \text{ ms}$$

振荡频率 $f = 1/T \approx 2.7 \text{kHz}$

(2) 将 $R_{W1} = 0 \sim 100 \text{k}\Omega$ 代入式(7.2.5)，可得矩形波占空比的最小值和最大值分别为

$$D_{\min} = \frac{T_1}{T} = \frac{R_3}{2R_3 + R_W} = \frac{5}{2 \times 10 + 100} \approx 4.17\%$$

$$D_{\max} = \frac{T_1}{T} = \frac{R_3 + R_W}{2R_3 + R_W} = \frac{5 + 100}{2 \times 10 + 100} = 87.5\%$$

9.2.2 三角波发生电路

1. 电路的组成

若将方波发生电路的输出作为积分运算电路的输入，则积分运算电路的输出就是三角波。实用三角波发生电路如图 9.2.5 所示，其中积分运算电路一方面进行波形变换，另一方面取代方波发生电路的 RC 回路，起延迟作用。

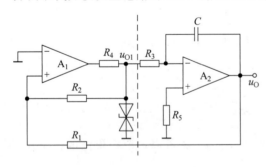

图 9.2.5 三角波发生电路

分析集成运放的应用电路时，应按"化整为零，分析功能，统观总体，性能估算"的步骤进行。即首先将电路分解为若干所熟悉的基本电路；进而分析每一部分电路的功能，并用合适的方法来表述；然后弄清各部分电路的关系和工作原理；最后在必要的情况下定量计算性能指标。

在图 9.2.5 所示电路中，虚线左边为同相输入的滞回比较器，右边为积分运算电路。同相滞回比较器的输出高、低电平分别为

$$U_{OH} = +U_Z, \quad U_{OL} = -U_Z \tag{9.2.6}$$

积分运算电路的输出电压 u_O 作为输入电压，A_1 同相输入端的电位

$$u_{P1} = \frac{R_1}{R_1+R_2} \cdot u_{O1} + \frac{R_2}{R_1+R_2} \cdot u_O \qquad (9.2.7)$$

令 $u_{P1} = u_{N1} = 0$，并将 $u_{O1} = \pm U_Z$ 代入，可得阈值电压

$$\pm U_T = \pm \frac{R_1}{R_2} \cdot U_Z \qquad (9.2.8)$$

因而电压传输特性如图 9.2.6 所示。

以滞回比较器的输出电压 u_{O1} 作为输入，积分电路的输出电压表达式为

$$u_O = -\frac{1}{R_3 C} \int u_{O1} \, dt \qquad (9.2.9)$$

若 t_0 至 t_1, $u_{O1} = +U_Z$，则式(9.2.9)变换为

$$u_O = -\frac{1}{R_3 C} \cdot U_Z \cdot (t_1 - t_0) + u_O(t_0) \qquad (9.2.10)$$

若在 t_1 时刻 u_{O1} 跃变为 $-U_Z$，且保持至 t_2，则式(9.2.9)变换为

$$u_O = \frac{1}{R_3 C} \cdot U_Z \cdot (t_2 - t_1) + u_O(t_1) \qquad (9.2.11)$$

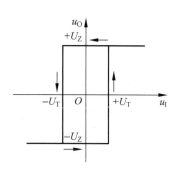

图 9.2.6 同相滞回比较器的电压传输特性

2. 工作原理

图 9.2.6 所示电压传输特性和式(9.2.10)、式(9.2.11)准确地描述了图 9.2.5 中两部分电路的关系，以此为依据可得电路的振荡原理。

设滞回比较器输出电压 u_{O1} 在 t_0 时刻由 $-U_Z$ 跃变为 $+U_Z$（称为第一暂态），根据式(9.2.10)，积分电路反向积分，输出电压 u_O 按线性规律下降，当 u_O 下降到滞回比较器的阈值电压 $-U_T$ 时(t_1)，滞回比较器的输出电压 u_{O1} 从 $+U_Z$ 跃变到 $-U_Z$（称为第二暂态）。此后，积分电路正向积分，根据式(9.2.11)，u_O 按线性规律上升，当 u_O 上升到滞回比较器的阈值电压 $+U_T$ 时(t_2)，u_{O1} 从 $-U_Z$ 又跃变回到 $+U_Z$，即返回第一暂态，电路又开始反向积分。如此周而复始，产生振荡。

由于积分电路反向积分和正向积分的电流大小均为 u_{O1}/R_3，使得 u_O 在一个周期内的下降时间和上升时间相等，且斜率的绝对值也相等，因而 u_O 是三角波，u_{O1} 是方波，波形如图 9.2.7 所示。故也称图 9.2.5 所示电路为三角波—方波发生电路。

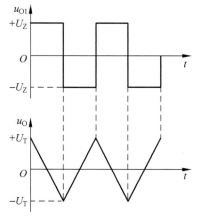

图 9.2.7 三角波发生电路的波形图

3. 主要参数的估算

(1) 振荡幅值

在图 9.2.5 所示三角波—方波发生电路中,因为积分电路的输出电压 u_O 就是同相滞回比较器的输入电压,所以三角波的正、负幅值为

$$\pm U_{OM} = \pm U_T = \pm \frac{R_1}{R_2} \cdot U_Z \qquad (9.2.12)$$

因为方波的幅值决定于由稳压管组成的限幅电路,所以其高、低电平分别为

$$U_{OH} = +U_Z, \quad U_{OL} = +U_Z \qquad (9.2.13)$$

(2) 振荡周期

在图 9.2.5 所示三角波中,在振荡的二分之一周期内,起始值为 $-U_T$,终了值为 $+U_T$,将它们代入式(9.2.11)

$$U_T = \frac{1}{R_3 C} \cdot U_Z \cdot \frac{T}{2} + (-U_T)$$

将 $U_T = \frac{R_1}{R_2} \cdot U_Z$ 代入上式,整理可得振荡周期

$$T = \frac{4R_1 R_3 C}{R_2} \qquad (9.2.14)$$

根据式(9.2.12)和式(9.2.14),在调试电路时,应先调整电阻 R_1 和 R_2 使输出幅度达到设计值,再调整 R_3 和 C 使振荡周期满足要求。

例 9.2.2 在图 9.2.5 所示电路中,已知 $R_1 = 10\text{k}\Omega$,$\pm U_Z = \pm 6\text{V}$,$C = 0.1\mu\text{F}$;输出三角波电压 u_O 的幅值为 $\pm 6\text{V}$,频率为 500Hz。试求解 R_2 和 R_3。

解 输出电压 u_O 为三角波,根据式(9.2.12),其幅值

$$\pm U_{OM} = \pm \frac{R_1}{R_2} \cdot U_Z = \pm \left(\frac{10}{R_2} \times 6\right) \text{V} = \pm 6\text{V}$$

因而电阻 $R_2 = R_1 = 10\text{k}\Omega$。

u_O 的周期 $T = 1/f = 2\text{ms}$,根据式(9.2.14)

$$T = \frac{4R_1 R_3 C}{R_2} = \frac{4 \times 10 \times 10^3 \times R_3 \times 0.1 \times 10^{-6}}{10 \times 10^3} \text{s}$$

$$= 0.4 \times R_3 \times 10^{-6} \text{s} = 2 \times 10^{-3} \text{s}$$

所以电阻 $R_3 = 5\text{k}\Omega$。

9.2.3 锯齿波发生电路

若能使图 9.2.5 所示三角波发生电路中积分电路反向积分速度远大于正向积分速度,或者正向积分速度远大于反向积分速度,则输出电压 u_O 就成为锯齿波。利用二极管

的单向导电性可使积分电路两个方向的积分通路不同,并使两个通路的积分电流相差悬殊,就可得到锯齿波发生电路,如图 9.2.8(a)所示,通常 R_3 远小于 R_w。

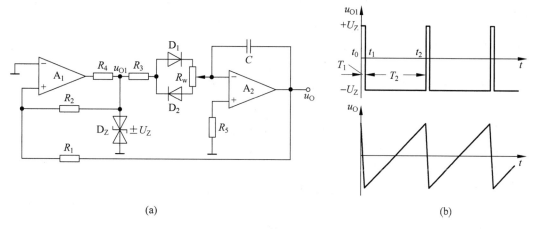

图 9.2.8 锯齿波发生电路
(a) 电路　(b) 波形图

设二极管导通时的等效电阻可忽略不计,电位器的滑动端移到最上端。当 $u_{O1} = +U_Z$ 时,D_1 导通,D_2 截止,输出电压的表达式为

$$u_O = -\frac{1}{R_3 C} U_Z(t_1 - t_0) + u_O(t_0) \quad (9.2.15)$$

u_O 随时间线性下降。当 $u_{O1} = -U_Z$ 时,D_2 导通,D_1 截止,输出电压的表达式为

$$u_O = \frac{1}{(R_3 + R_w)C} U_Z(t_2 - t_1) + u_O(t_1) \quad (9.2.16)$$

u_O 随时间线性上升。由于 $R_w \gg R_3$,u_{O1} 和 u_O 的波形如图(b)所示。

由于锯齿波的幅值如式(9.2.12),代入式(9.2.15)和式(9.2.16),可得下降时间

$$T_1 = t_1 - t_0 \approx 2 \cdot \frac{R_1}{R_2} \cdot R_3 C \quad (9.2.17)$$

上升时间

$$T_2 = t_3 - t_1 \approx 2 \cdot \frac{R_1}{R_2} \cdot (R_3 + R_w)C \quad (9.2.18)$$

因而振荡周期

$$\boxed{T = T_1 + T_2 = \frac{2R_1(2R_3 + R_w)C}{R_2}} \quad (9.2.19)$$

因为 R_3 的阻值远小于 R_w,所以可以认为 $T \approx T_2$。

根据 T_1 和 T 的表达式,可得 u_{O1} 的占空比

$$\delta = \frac{T_1}{T} = \frac{R_3}{2R_3 + R_w} \tag{9.2.20}$$

调整 R_1 和 R_2 的阻值可以改变锯齿波的幅值；调整 R_1、R_2 和 R_w 的阻值以及 C 的容量，可以改变振荡周期；调整电位器滑动端的位置，可以改变 u_{O1} 的占空比，以及锯齿波上升和下降的斜率。

9.2.4 压控振荡器

在图 9.2.8(a)所示锯齿波发生电路中，若锯齿波在一个周期内的上升时间 T_2 决定于外加的直流电压信号，则实现了电压—频率转换，称具有这种功能的电路为电压—频率转换器，也称为压控振荡器。

由于压控振荡器中电压比较器的输出为脉冲信号，可以用来驱动数字电路，因而完成了模拟信号到数字信号的转换，故压控振荡器是一种模数(A/D)转换器。

由锯齿波发生电路构思出的压控振荡器如图 9.2.9(a)所示，习惯画法如图(b)所示。在图(b)中，R_6 取代图(a)的 R_w，去掉 D_2，且应取 R_6 远远大于 R_3。当输出电压 $u_O = +U_Z$ 时，二极管导通，在忽略其等效电阻的情况下，积分运算电路的积分电流

$$i_C = \frac{u_I}{R_6} - \frac{U_Z}{R_3} \approx -\frac{U_Z}{R_3} \tag{9.2.21}$$

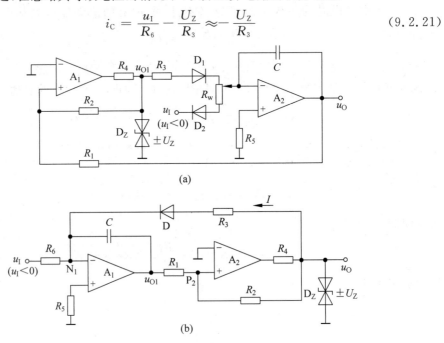

图 9.2.9 压控振荡器
(a) 由锯齿波发生电路变化而来 (b) 习惯画法

当输出电压 $u_O = -U_Z$ 时,二极管截止,积分电流

$$i_C = \frac{u_1}{R_6} \qquad (9.2.22)$$

反向积分电流远远大于正向积分电流,即反向积分的速度远远大于正向积分速度,因此,u_{O1} 为锯齿波,u_O 为窄脉冲,如图 9.2.10 所示。

电路的振荡周期 $T \approx T_2$,在 T_2 中,积分的起始值为 $-U_T$,终了值为 $+U_T$,积分电流如式(9.2.22)所示,因而

$$U_T \approx \frac{u_1}{R_6 C} \cdot T + (-U_T)$$

$\pm U_T$ 如式(9.2.8)所示,代入上式,整理可得振荡周期和频率

$$T \approx \frac{2R_1 R_6 C}{R_2} \cdot \frac{U_Z}{u_1} \qquad (9.2.23)$$

$$f \approx \frac{R_2}{2R_1 R_6 C} \cdot \frac{u_1}{U_Z} \qquad (9.2.24)$$

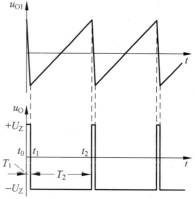

图 9.2.10 压控振荡器的波形图

振荡频率正比于输入电压 u_I。

例 9.2.3 在图 9.2.9(b)所示电路中,已知 $R_1 = 5\text{k}\Omega$,$R_2 = 10\text{k}\Omega$,$R_3 = 1\text{k}\Omega$,$R_6 = 50\text{k}\Omega$,$\pm U_Z = \pm 6\text{V}$,$C = 0.1\mu\text{F}$;输入电压 u_I 为 $0 \sim -6\text{V}$ 的直流信号。试问:

(1) u_{O1} 的幅值为多少?

(2) 当 $u_I = -6\text{V}$ 时振荡频率约为多少?

(3) 若要 $u_I = -6\text{V}$ 时振荡频率约为 600Hz,则 R_6 应调整成约为多少?设其余参数不变。

解 (1) u_{O1} 的幅值等于图 9.2.9(b)中滞回比较器的阈值电压,根据式(9.2.8)可得

$$\pm U_{OM} = \pm U_T = \pm \frac{R_1}{R_2} \cdot U_Z = \pm \left(\frac{5}{10} \times 6\right)\text{V} = \pm 3\text{V}$$

(2) 根据式(9.2.24)可得

$$f \approx \frac{R_2}{2R_1 R_6 C} \cdot \frac{u_1}{U_Z} = \left(\frac{10 \times 10^3}{2 \times 5 \times 10^3 \times 50 \times 10^3 \times 0.1 \times 10^{-6}} \cdot \frac{6}{6}\right)\text{Hz} = 200\text{Hz}$$

(3) 根据式(9.2.24)可得

$$f \approx \frac{R_2}{2R_1 R_6 C} \cdot \frac{u_1}{U_Z} = \left(\frac{10 \times 10^3}{2 \times 5 \times 10^3 \times R_6 \times 0.1 \times 10^{-6}} \cdot \frac{6}{6}\right)\text{Hz} = 600\text{Hz}$$

求解出 $R_6 \approx 16.7\text{k}\Omega$。

9.3 波形变换电路

虽然在电子电路中常需要各种各样的周期性信号,但不是在所有情况下都需要用波形发生电路来实现。通常,利用集成运放所组成的基本应用电路可以将已有的周期性电压信号进行波形变换,以满足不同场合的需要。例如,用积分运算电路将方波变为三角波,用微分运算电路将三角波变为方波,用乘方运算电路将正弦波变为二倍频,用过零比较器将正弦波变为方波,用窗口比较器将正弦波、三角波变为二倍频的矩形波,等等。本节将介绍三角波变锯齿波、三角波变正弦波、精密整流等几种特殊的波形变换方法。

9.3.1 三角波-锯齿波变换电路

若将三角波电压作为比例系数可控的比例运算电路的输入信号 u_I,且在三角波上升的半个周期内比例系数为 1,使输出电压 u_O 与 u_I 同相,即 $u_O = u_I$;在三角波下降的半个周期内比例系数为 -1,使 u_O 与 u_I 反相,即 $u_O = -u_I$;则 u_O 就变成锯齿波,且频率是三角波的二倍,如图 9.3.1 所示。

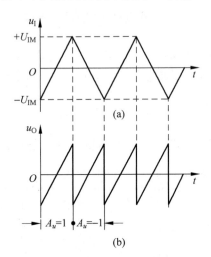

图 9.3.1 三角波变锯齿波的波形图

为了改变比例系数,需在比例运算电路中加电子开关,并用控制电压 u_C 的高、低电平控制开关的状态,输入电压和控制电压的关系和三角波变锯齿波电路如图 9.3.2 所示。控制电压为低电平时开关断开,因而

$$u_N = u_P = \frac{R_5}{R_3 + R_4 + R_5} \cdot u_I = \frac{u_I}{2}$$

反馈电阻 R_f 中的电流

$$i_f = i_{R_1} + i_{R_2} = \frac{-u_N}{R_1} + \frac{u_I - u_N}{R_2}$$
$$= -\frac{u_I/2}{R/2} + \frac{u_I - u_I/2}{R} = -\frac{u_I}{2R}$$

输出电压

$$u_O = -i_F R_f + u_N = \frac{u_I}{2R} \cdot R + \frac{u_I}{2} = u_I \tag{9.3.1}$$

控制电压为低电平时闭合,因而 $u_N = u_P = 0$,为虚地。R_1 中电流为零,电路为反相比例运算电路,输出电压

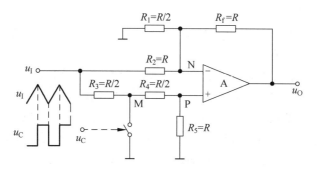

图 9.3.2 三角波变锯齿波电路

$$u_O = -\frac{R_f}{R_2} \cdot u_I = -u_I \tag{9.3.2}$$

式(9.3.1)、式(9.3.2)正好满足图 9.3.1 所示波形变换的要求。

在实用电路中,可利用场效应管或晶体管作电子开关,且为了使 u_I 和 u_C 相互配合,可用三角波 u_I 经微分运算电路变为方波作为 u_C。

9.3.2 三角波-正弦波变换电路

在电子仪器中,常用三角波电压变换为正弦波电压。这种变换多采用滤波法和折线近似法来实现。下面分别加以介绍。

1. 滤波法

按傅里叶级数可将三角波 $u(\omega t)$ 展开成

$$u(\omega t) = \frac{8}{\pi^2} U_M \left(\sin\omega t - \frac{1}{9}\sin 3\omega t + \frac{1}{25}\sin 5\omega t - \cdots \right)$$

其中 U_M 是三角波的峰值。上式表明三角波的基波频率就是其原频率,所含谐波的最低频率是三次波。因此,若输入三角波电压 u_I 的最低频率为 f_{min},则只要其最高频率 f_{max} 小于 $3f_{min}$,就可利用低通滤波器或带通滤波器将三角波变换为正弦波,称之为滤波法。

为什么使用滤波法的前提条件是 u_I 的频率 $f_{max} < 3f_{min}$ 呢?可以想象,若输入三角波电压 u_I 的频率范围为 100Hz~400Hz,则所用低通滤波器的通带截止频率应略大于 400Hz。这样,在 u_I 频率为 100Hz 时,电路的输出电压 u_O 不仅含有 100Hz 的基波,还含有三次谐波,即 300Hz 的正弦波,因而 u_O 不是频率 100Hz 的正弦波。如果 u_I 的频率 $f_{max} > 3f_{min}$ 则可用折线法进行变换。

2. 折线近似法

比较三角波和正弦波的波形,越接近峰值差别越明显,而在零附近相差不多。将三角波的幅度分为若干段,并按照正弦规律逐段衰减,即可获得近似的正弦波。图 9.3.3 中,将 1/4 周期内的三角波 u_I 变换成由 0-a、a-b、b-c、c-d 四段折线所组成的近似正弦波 u_O。图中 U_{Imax} 是三角波的峰值。

利用折线近似法将三角波变为正弦波的电路如图 9.3.4 所示。整个电路是反相比例运算电路,负反馈网络除了电阻 R_f 以外,还并联了两组由二极管和电阻组成的网络。输出电压 u_O 和正、负电源通过电阻网络的分压在各二极管右端分别得到电压 U_1、U_2、U_3、U'_1、U'_2、U'_3。当输入的三角波信号由 0 线性下降使 u_O 线性上升时,U_1、U_2 和 U_3 将依次上升到大于 0,使二极管 D_1、D_2 和 D_3 随之依次由截止变导通,进而使得电路的电压放大倍数逐次下降,所以输出电压 u_O 的斜率依次逐渐减小,接近于正弦波的变化规律。通过类似的分析可知,当 u_I 由 0 逐渐上升时,u_O 将由 0 逐渐下降,使二极管 D'_1、D'_2 和 D'_3 依次由截止变导通,使 u_O 下降的斜率依次逐渐减小,接近于正弦波的变化规律。只要图中各电阻值选择合适,便可将三角波变换成符合要求的正弦波。

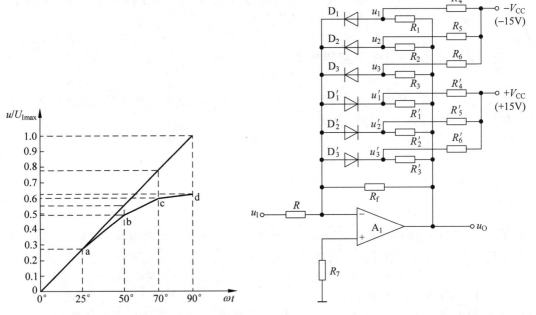

图 9.3.3 折线近似法三角波变正弦波示意图   图 9.3.4 折线近似法三角波变正弦波电路

9.3.3 精密整流电路

将交流电压转换成脉动的直流电压,称为整流。当输入电压为正弦波时,半波整流电路的输出如图 9.3.5 中 u_{O1} 所示,全波整流电路的输出如 u_{O2} 所示。

在图 9.3.6(a)所示一般半波整流电路中,由于二极管的伏安特性如图(b)所示,当输入电压 u_I 幅值小于二极管的开启电压 U_{on} 时,二极管在信号的整个周期均处于截止状态,输出电压始终为零。即使 u_I 幅值足够大,输出电压也只反映 u_I 大于 U_{on} 的那部分电压的大小。因此,该电路不能对微弱信号整流。精密整流电路能够对微弱信号整流。

图 9.3.7(a)所示为半波精密整流电路。当 $u_I > 0$ 时,必然使集成运放的输出 $u'_O < 0$,从而导致二极管 D_2 导通,D_1 截止,电路实现反相比例运算,输出电压

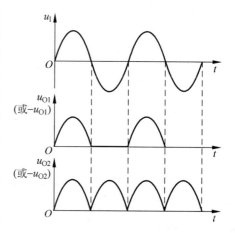

图 9.3.5 整流电路的波形

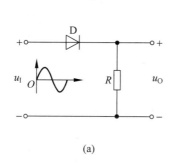

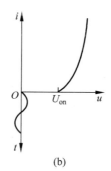

图 9.3.6 一般半波整流电路
(a) 半波整流电路 (b) 二极管的伏安特性

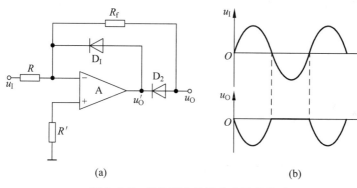

图 9.3.7 半波精密整流电路及其波形
(a) 电路 (b) 波形分析

$$u_O = -\frac{R_f}{R} \cdot u_I \tag{9.3.3}$$

当 $u_I < 0$ 时，必然使集成运放的输出 $u'_O > 0$，从而导致二极管 D_1 导通，D_2 截止，R_f 中电流为零，因此输出电压 $u_O = 0$。u_I 和 u_O 的波形如图 9.3.7(b) 所示。

如果设二极管的导通电压为 0.7V，集成运放的开环差模放大倍数为 50 万倍，那么为使二极管 D_1 导通，集成运放的净输入电压

$$u_P - u_N = \left(\frac{0.7}{5 \times 10^5}\right)V = 0.14 \times 10^{-5} V = 1.4\mu V$$

同理可估算出为使 D_2 导通集成运放所需的净输入电压，也是同数量级。可见，只要输入电压 u_I 使集成运放的净输入电压产生非常微小的变化，就可以改变 D_1 和 D_2 工作状态，从而达到精密整流的目的。

图 9.3.7(b) 所示波形说明当 $u_I > 0$ 时 $u_O = -Ku_I(K>0)$，当 $u_I < 0$ 时 $u_O = 0$。可以想象，若利用反相求和电路将 $-Ku_I$ 与 u_I 负半周波形相加，就可实现全波整流，电路如图 9.3.8(a) 所示。

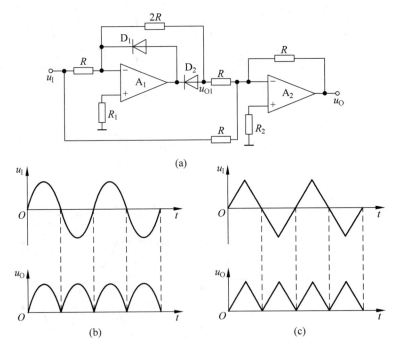

图 9.3.8 全波精密整流电路及其波形
(a) 电路 (b) 输入正弦波时的输出波形 (c) 输入三角波时的输出波形

分析由 A_2 所组成的反相求和运算电路可知,输出电压
$$u_O = -u_{O1} - u_I$$
当 $u_I > 0$ 时,$u_{O1} = -2u_I$,$u_O = 2u_I - u_I = u_I$;当 $u_I < 0$ 时,$u_{O1} = 0$,$u_O = -u_I$。所以
$$u_O = |u_I| \tag{9.3.4}$$

故图 9.3.8(a)所示电路也称为绝对值电路。当输入电压为正弦波和三角波时,电路输出波形分别如图(b)和图(c)所示。

例 9.3.1 已知方框图如图 9.3.9 所示,输入信号为正弦波。试定性画出每个方框输出的波形。

图 9.3.9 例 9.3.1 方框图

解 正弦波电压经同相输入的过零比较器变成方波,再经反向输入的积分运算电路变为三角波,最后经精密整流电路变为二倍频的三角波,如图 9.3.10 所示。

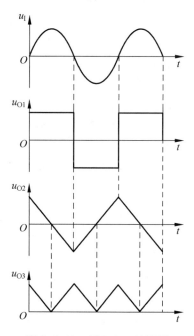

图 9.3.10 例 9.3.1 波形图

习 题

9.1 判断下列说法的正、误,在括号内画"√"表示正确,画"×"表示错误。

(1) 只要满足正弦波振荡的相位条件,电路就一定能振荡。(   )

(2) 正弦波振荡电路维持振荡的幅值条件是$|\dot{A}\dot{F}|=1$。(   )

(3) 只要引入正反馈,电路就一定能产生正弦波振荡。(   )

(4) 只要引入了负反馈,电路就一定不能产生正弦波振荡。(   )

(5) 正弦波振荡电路需要非线性环节的原因是要稳定振荡幅值。(   )

(6) LC正弦波振荡电路不采用通用型集成运放作为放大电路的原因是因其上限截止频率太低。(   )

(7) LC正弦波振荡电路一般采用分立元件组成放大电路,既作为基本放大电路又作为稳幅环节。(   )

9.2 现有放大电路和选频网络如下,选择正确的答案填空。

A. 共射放大电路　　　　B. 共集放大电路　　　　C. 共基放大电路

D. 同相比例运算电路　　E. RC串并联网络　　　　F. LC并联网络

G. 石英晶体

(1) 制作频率为20Hz~20kHz的音频信号发生电路,应选用_____作为选频网络,选用_____作为放大电路。

(2) 制作频率为2MHz~20MHz的接收机的本机振荡器,应选用_____作为选频网络,选用_____作为放大电路。

(3) 产生频率为800MHz~900MHz的高频载波信号,应选用_____作为选频网络,选用_____作为放大电路。

(4) 制作频率为20MHz且非常稳定的测试用信号源,应选用_____作为选频网络,选用_____作为放大电路。

9.3 填空:

(1) 设放大倍数为$\dot{A}$,反馈系数为$\dot{F}$。正弦波振荡电路产生自激振荡的条件是_____,负反馈放大电路产生自激振荡的条件是_____。

(2) 正弦波振荡电路的主要组成部分是_____、_____、_____和_____。

9.4 判断图P9.4所示电路是否可能产生正弦波振荡,简述理由。

9.5 正弦波振荡电路如图P9.5所示,已知A为理想集成运放。

(1) 已知电路能够产生正弦波振荡,为使输出波形频率增大应如何调节电路参数?

(2) 已知$R_1=10\text{k}\Omega$,若产生稳定振荡,则R_f约为多少?

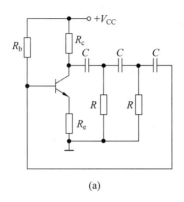
(a)

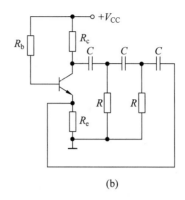
(b)

图 P9.4

(3) 已知 $R_1=10\text{k}\Omega, R_\text{f}=12\text{k}\Omega$。问电路产生什么现象？简述理由。

9.6 正弦波振荡电路如图 P9.6(a)所示，已知 A 为理想集成运放。

(1) 为使电路产生正弦波振荡，请标出集成运放的同相端和反相端。

(2) 求解振荡频率的调节范围。

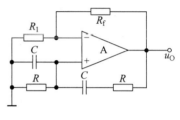

图 P9.5

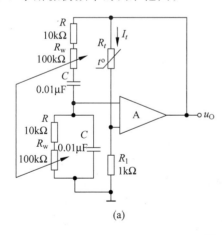
(a)

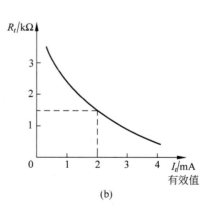
(b)

图 P9.6

(3) 已知 R_t 为热敏电阻，试问其温度系数是正还是负？

(4) 已知热敏电阻 R_t 的特性如图 9.6(b)所示，求稳定振荡时 R_t 的阻值和电流 I_t 的有效值。

(5) 求稳定振荡时输出电压的峰值。

9.7 分别判断图 P9.7 所示电路是否可能产生正弦波振荡,简述理由。若能振荡,试分别说明它们为何种形式的正弦波振荡电路(变压器反馈式、电感反馈式、电容反馈式)。已知 C_g、C_b、C_e、C_s 为耦合电容或旁路电容。

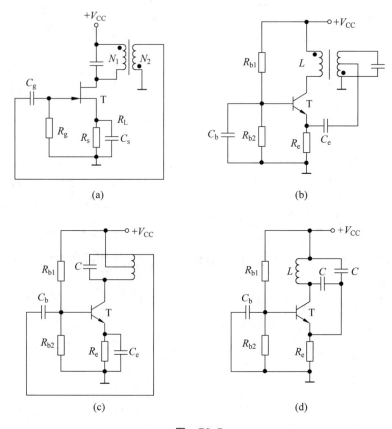

图 P9.7

9.8 分别改正图 P9.8 所示各电路的错误,使之可能产生正弦波振荡,要求不改变放大电路的基本接法;改正后分别说明它们是何种形式的正弦波振荡电路(变压器反馈式、电感反馈式、电容反馈式)。已知 C_g、C_b、C_e、C_s 为耦合电容或旁路电容。

9.9 在图 P9.9 所示正弦波振荡电路中,已知电容 C_1、C_2 为耦合电容。回答下列问题:

(1) 分别指出电路中的正反馈网络和选频网络,并分析电路是否满足正弦波振荡的相位条件。

(2) 若电路没有起振,则应增大还是减小电阻 R_w。

(3) 若电容 C_1 开路,电路能否产生正弦波振荡?为什么?

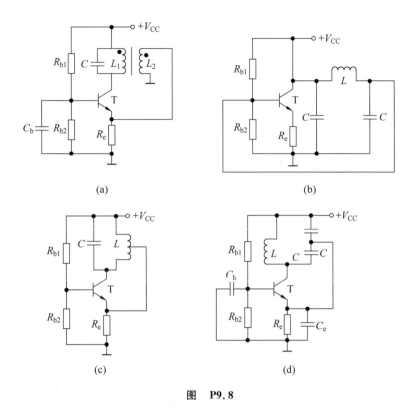

图 P9.8

(4) 若电容 C_2 开路,电路能否振荡? 为什么?

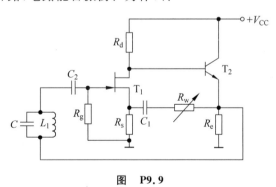

图 P9.9

9.10 已知电路如图 P9.10 所示,电容 C_1 为耦合电容,C_2、C_3 为旁路电容。分别判断各电路是否可能产生正弦波振荡;如可能产生正弦波振荡,则说明石英晶体在电路中呈容性、感性还是纯阻性,电路的振荡频率等于石英晶体的串联谐振频率 f_s、等于并联谐振频率 f_p、还是介于 f_s 和 f_p 之间。

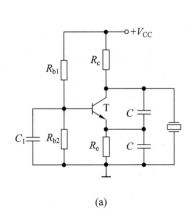
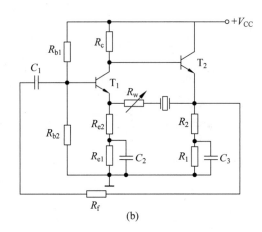

(a)　　　　　　　　　　　　　　(b)

图　P9.10

9.11　图 P9.11 所示电路中,已知 $R_1=10\mathrm{k}\Omega, R_2=20\mathrm{k}\Omega, R=10\mathrm{k}\Omega, C=0.01\mu\mathrm{F}$,稳压管的稳压值为 $6\mathrm{V}, U_{\mathrm{REF}}=0$。

(1) 分别求输出电压 u_O 和电容两端电压 u_C 的最大值和最小值。

(2) 计算输出电压 u_O 的周期,对应画出 u_O 和 u_C 的波形,标明幅值和周期。

(3) 若分别单独增大 R_1、R 和 U_Z,则 u_O 的幅值和周期有无变化? 如何变化?

(4) 若 U_{REF} 变为 3V,则 u_O 的幅值和周期有无变化? 如何变化?

9.12　在图 P9.12 所示电路中,已知 $R_1=10\mathrm{k}\Omega, R_2=20\mathrm{k}\Omega, R=10\mathrm{k}\Omega, C=0.1\mu\mathrm{F}$。稳压管稳定电压为 6V,正向导通电压可忽略不计。计算 u_O 的周期,并画出 u_O 和 u_C 的波形。

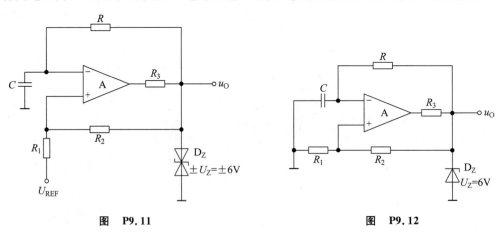

图　P9.11　　　　　　　　　　　　图　P9.12

9.13　图 P9.13 所示电路中,已知 $R_{\mathrm{w}1}$、$R_{\mathrm{w}2}$ 的滑动端均位于中点,$R_1=50\mathrm{k}\Omega, C=0.01\mu\mathrm{F}$,稳压管的稳压值为 6V。

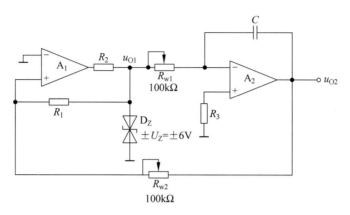

图 P9.13

(1) 画出 u_{O1} 和 u_{O2} 的波形，标明幅值和周期。

(2) 当 R_{w1} 的滑动端向右移时，u_{O1} 和 u_{O2} 的幅值和周期分别如何变化。

(3) 当 R_{w2} 的滑动端向右移时，u_{O1} 和 u_{O2} 的幅值和周期分别如何变化。

(4) 为了仅使 u_{O2} 的幅值增大，应如何调节电位器？为了仅使 u_{O2} 的周期增大，应如何调节电位器？为了使 u_{O2} 的幅值和周期同时增大，应如何调节电位器？为了使 u_{O2} 的幅值增大而使周期减小，应如何调节电位器？

9.14 图 P9.14 所示电路中，已知 R_w 的滑动端位于中点。选择填空：

A. 增大　　　　B. 不变　　　　C. 减小

当 R_1 增大时，u_{O1} 的占空比将 _____，振荡频率将 _____，u_{O2} 的幅值将 _____；当 R_2 增大时，u_{O1} 的占空比将 _____，振荡频率将 _____，u_{O2} 的幅值将 _____；当 U_Z 增大时，u_{O1} 的占空比将 _____，振荡频率将 _____，u_{O2} 的幅值将 _____；若 R_w 的滑动端向上移动，则 u_{O1} 的占空比将 _____，振荡频率将 _____，u_{O2} 的幅值将 _____。

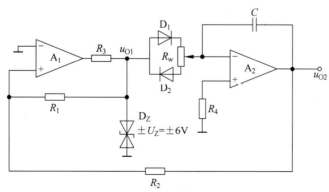

图 P9.14

9.15 电路如图 P9.15 所示。

(1) 定性画出 u_{O1} 和 u_O 的波形；

(2) 估算振荡频率与 u_I 的关系式；

(3) 若 $u_I<0$，则电路能否产生振荡？

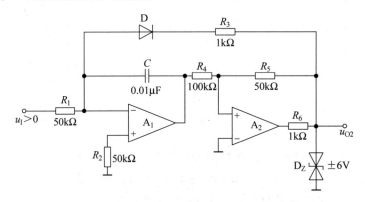

图 P9.15

9.16 压控振荡器电路如图 P9.15 所示。设计一个锯齿波发生电路，并将锯齿波发生电路的输出电压作为该压控振荡器的输入电压 u_I（要求锯齿波输出电压值大于 0），用仿真软件观察压控振荡器输出电压 u_O 波形，说明波形的变化规律。

第 10 章

直流电源

本章基本内容

【基本概念】整流,滤波,稳压,稳压系数,输出电阻,输出电压和输出电流平均值,脉宽调制。

【基本电路】单相桥式整流电路,电容滤波电路,稳压管稳压电路,串联型稳压电路,集成稳压器的基本应用电路,串联开关型、并联开关型稳压电路。

【基本方法】整流电路的波形分析方法及输出电压、输出电流平均值的估算方法,整流二极管的选择方法;电容滤波电路电容的选择方法;稳压管稳压电路中限流电阻的选择方法;串联型稳压电路和集成稳压器应用电路的分析方法;电子电路稳压电源的选择方法。

10.1 直流稳压电源的组成及各部分的作用

大多数电子设备的直流电源是由电网电压转换而来的。直流稳压电源是能量转换电路,它将交流电转换成直流电。电路的输入是交流电网提供的 50Hz、220V(单相)或 380V(三相)正弦电压,输出是稳定的直流电压。通常由图 10.1.1 所示的四个部分组成,各部分电路的输出波形如图中所示。

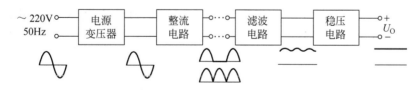

图 10.1.1　直流稳压电源方框图

电源变压器将 220V 或 380V 的电网电压变换成所需的幅值,通常情况下副边电压小于原边电压。小功率电源以单相交流电作为输入,大功率电源以三相交流电作为输入。

整流电路中利用二极管的单向导电性将电源变压器副边交流电压变换成脉动的直流

电压,有半波整流电路和全波整流电路之分。从波形可以看出,这种电压含有很大的交流分量。

滤波电路将整流电路输出的单向脉动电压中的交流成分滤掉,输出比较平滑的直流电压。负载电流较小的多采用电容滤波电路,负载电流较大的多采用电感滤波电路,对滤波效果要求高的多采用电容、电感和电阻组成复杂滤波电路。

按照国家标准,电网电压的波动范围为±10%。滤波电路的输出电压在电网电压波动和负载电流变化时都将随之改变,因而它的输出电压不稳定。

稳压电路利用自动调整的原理,使得输出在电网电压波动和负载电流变化时保持稳定,即输出直流电压几乎不变。

本章将介绍常用的稳压管稳压电路、线性稳压电路和开关型稳压电路。在开关型稳压电路中,有些不用电源变压器而直接对电网电压整流。

10.2 单相整流电路

利用半导体二极管的单向导电性可以组成各种整流电路。本节主要介绍小功率直流电源中的单相半波和桥式整流电路。对于整流电路,应分析清楚三个问题,即工作原理和主要波形、输出电压和电流的平均值、整流二极管的选择。

10.2.1 半波整流电路

1. 工作原理

图 10.2.1(a)所示为单相半波整流电路,负载为电阻 R_L。

在变压器副边电压 u_2 的正半周,二极管 D 导通,电流经二极管流向负载 R_L,在 R_L 上就得到一个上正下负的电压;在 u_2 的负半周,二极管 D 因承受反向电压而截止,电流近似为 0,因而 R_L 上电压为 0。所以,在负载两端得到的输出电压 u_O 是单方向的,且近似为半个周期的正弦波,如图 10.2.1(b)所示。

2. 输出电压及输出直流的平均值

半波整流输出直流脉动电压 u_O 在一个周期内的平均值 $U_{O(AV)}$ 为

$$U_{O(AV)} = \frac{1}{2\pi}\int_0^{2\pi} u_O \mathrm{d}(\omega t) \tag{10.2.1}$$

若整流二极管 D 为理想二极管,正向导通电阻为 0,反向电阻为无穷大,并忽略变压器的内阻,则由图 10.2.1(b)可知

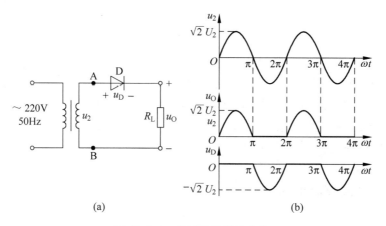

图 10.2.1 单相半波整流电路
(a) 电路 (b) 波形

$$u_O = \begin{cases} \sqrt{2}U_2\sin\omega t & (0 \leqslant \omega t \leqslant \pi) \\ 0 & (\pi \leqslant \omega t \leqslant 2\pi) \end{cases}$$

其中 U_2 为变压器副边电压有效值,代入式(10.2.1)即可求得

$$U_{O(AV)} = \frac{1}{2\pi}\int_0^\pi \sqrt{2}U_2\sin\omega t\, d(\omega t) = \frac{\sqrt{2}}{\pi}U_2 \approx 0.45U_2 \qquad (10.2.2)$$

因而若 U_2 为 20V,则 $U_{O(AV)}$ 仅约为 9V。

输出平均电流 $I_{O(AV)}$,即负载上电流平均值为

$$I_{O(AV)} = \frac{U_{O(AV)}}{R_L} \approx 0.45 \times \frac{U_2}{R_L} \qquad (10.2.3)$$

3. 整流二极管的选择

在整流电路中,应根据极限参数最大整流平均电流 I_F 和最高反向工作电压 U_R 来选择二极管。

从图 10.2.1(a) 所示电路可知,二极管的电流等于负载电阻的电流,故

$$I_{D(AV)} = I_{O(AV)} = \frac{U_{O(AV)}}{R_L} \approx 0.45 \times \frac{U_2}{R_L} \qquad (10.2.4)$$

从图 10.2.1(b) 所示波形可知,二极管承受的最高反向电压是变压器副边电压的峰值,即

$$U_{RM} = \sqrt{2}U_2 \qquad (10.2.5)$$

根据式(10.2.4)和式(10.2.5),若变压器副边电压额定值为 U_2,则考虑到电网电压的波动范围为 $\pm 10\%$,应选择整流二极管的两个极限参数为

$$\begin{cases} I_F > 0.45 \times \dfrac{1.1 U_2}{R_L} & (10.2.6a) \\ U_R > 1.1 \times \sqrt{2} U_2 & (10.2.6b) \end{cases}$$

由以上分析可知,虽然单相半波整流电路结构简单,所用元件少,但输出电压平均值低且波形脉动大,变压器有半个周期电流为零,利用率低,且因含有直流成分而使铁心易于饱和。所以使用的局限性很大,只适用于输出电流较小且允许交流分量较大的场合。

上述求解过程阐明了整流电路的一般分析方法和分析步骤。

10.2.2 桥式整流电路

为了提高变压器的利用率,减小输出电压的脉动,在小功率电源中,应用最多的是单相桥式整流电路。

1. 工作原理

桥式整流电路,如图 10.2.2(a)所示。图中的整流二极管 $D_1 \sim D_4$ 接成桥路,故而得名。图(b)所示为简化画法。

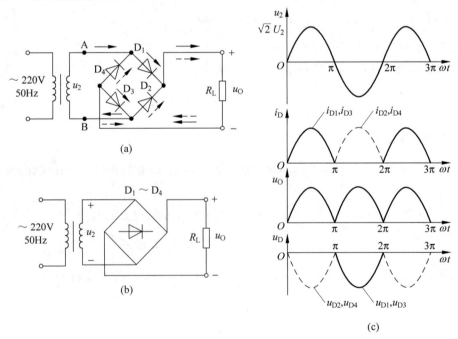

图 10.2.2 桥式整流电路
(a) 一般画法 (b) 简化画法 (c) 波形分析

设图(a)中所有二极管均为理想二极管,正向导通电压为0,反向电流为0。

若电源变压器副边电压 u_2 为正半周,即 A 为"+"、B 为"−",则从 A,经 D_1、R_L、D_3 至 B,形成电流通路,如图(a)中实线所示,D_1、D_3 导通;负载 R_L 上电压 $u_O = u_2$;D_2、D_4 截止,承受的反向电压为 u_2。

若 u_2 为负半周,即 B 为"+"、A 为"−",则从 B,经 D_2、R_L、D_4 至 A,形成电流通路,如图(a)中虚线所示,D_2、D_4 导通;负载 R_L 上电压 $u_O = -u_2$;D_1、D_3 截止,承受的反向电压为 u_2。

这样,在 u_2 的整个周期,四只整流二极管两两交替导通,负载 R_L 上得到脉动的直流电压,为全波整流波形。u_2、二极管电流 i_D、u_O、二极管电压 u_D 的波形如图(c)所示。

2. 输出电压及输出电流的平均值

桥式整流电路输出电压平均值 $U_{O(AV)}$ 和输出电流平均值 $I_{O(AV)}$ 为

$$\boxed{U_{O(AV)} = \frac{2\sqrt{2}}{\pi} U_2 \approx 0.9 U_2} \tag{10.2.7}$$

$$\boxed{I_{O(AV)} = \frac{U_{O(AV)}}{R_L} \approx 0.9 \times \frac{U_2}{R_L}} \tag{10.2.8}$$

3. 二极管的选择

由于桥式整流电路的每只二极管只在半个周期导通,因而流过的平均电流仅为输出平均电流的一半,即

$$\boxed{I_{D(AV)} = \frac{I_{O(AV)}}{2} = \frac{U_{O(AV)}}{2R_L} \approx 0.45 \times \frac{U_2}{R_L}} \tag{10.2.9}$$

从波形图可知,桥式整流电路中截止的二极管所承受的最大反向电压是变压器副边电压的峰值,即

$$\boxed{U_{RM} = \sqrt{2}\, U_2} \tag{10.2.10}$$

根据式(10.2.9)和式(10.2.10),若变压器副边电压额定值为 U_2,则考虑到电网电压的波动范围为 $\pm 10\%$,应选择整流二极管的最大整流平均电流 I_F 和最高反向工作电压 U_R 应满足

$$\begin{cases} I_F > 0.45 \times \dfrac{1.1 U_2}{R_L} & (10.2.11a) \\ U_R > 1.1\sqrt{2}\, U_2 & (10.2.11b) \end{cases}$$

与式(10.2.6)完全相同。可见,在桥式整流电路中,二极管极限参数的选定原则与半波整流电路相同;而且,虽然所用二极管数量多,但是在 u_2 相同的情况下,其输出电压和输出

电流的平均值均为半波整流电路的两倍,交流分量减小。目前市场上有集成桥式整流电路,称为"整流堆"。

例 10.2.1 已知电网电压为 220V 时,某电子设备要求 12V 直流电压,负载电阻 $R_L=100\Omega$。若选用单相桥式整流电路,试问:

(1) 电源变压器副边电压有效值 U_2 应为多少?

(2) 整流二极管正向平均电流 $I_{D(AV)}$ 和最大反向电压 U_{RM} 各为多少?

(3) 若电网电压的波动范围为 ±10%,则最大整流平均电流 I_F 和最高反向工作电压 U_R 分别至少选取多少?

(4) 若图 10.2.2(a) 中 D_1 因故开路,则输出电压平均值将变为多少?

解 (1) 由式(10.2.7)可得

$$U_2 \approx \frac{U_{O(AV)}}{0.9} = \frac{12}{0.9}\text{V} \approx 13.3\text{V}$$

输出平均电流为

$$I_{O(AV)} = \frac{U_{O(AV)}}{R_L} = \frac{12}{100}\text{A} = 0.12\text{A} = 120\text{mA}$$

(2) 根据式(10.2.9)和式(10.2.10)可得

$$I_{D(AV)} = I_{O(AV)}/2 = (0.120/2)\text{A} = 0.06\text{A} = 60\text{mA}$$

$$U_{RM} = \sqrt{2}\,U_2 \approx \sqrt{2} \times 13.3\text{V} \approx 18.8\text{V}$$

(3) 根据式(10.2.11)和上面求解结果可得

$$I_{Fmin} = 1.1 I_{D(AV)} = 66\text{mA}$$

$$U_{Rmin} = 1.1 U_{RM} \approx 20.7\text{V}$$

(4) 若图 10.2.2(a)所示电路中 D_1 因故开路,则在 u_2 的正半周另外三只二极管均截止,即负载电阻上仅获得半周电压,电路成为半波整流电路。因此,输出电压仅为正常时的一半,即 6V。

10.3 滤波电路

整流电路虽然将交流电压变为直流电压,但输出电压含有较大的交流分量,不能直接用做电子电路的直流电源。利用电容和电感对直流分量和交流分量呈现不同电抗的特点,可滤除整流电路输出电压中的交流成分,保留其直流成分,使之波形变得平滑,接近理想的直流电压。

10.3.1 电容滤波电路

1. 工作原理

在整流电路的输出端,即负载电阻 R_L 两端并联滤波电容 C,就构成电容滤波电路。图 10.3.1(a)所示为桥式整流电容滤波电路;当电路已进入稳态工作时,输出电压近似波形如图(b)中实线所示,虚线是未加滤波电路时输出电压的波形。

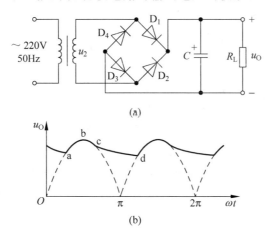

图 10.3.1 桥式整流电容滤波电路
(a) 电路 (b) 波形

由图(a)可知,只有当电容上电压(即输出电压 u_O)小于变压器副边电压时,才有一对二极管导通,给电容充电。

若变压器副边电压 u_2 在正半周,且电容上的电压在 a 点,a 点对应的时间为 t_1,则当时间 $t > t_1$ 时,D_1 和 D_3 因加正向电压而导通,u_2 一方面提供负载电流,另一方面对 C 充电;若变压器副边内阻、二极管导通电阻均可忽略不计,则 u_O 将按 u_2 的变化规律充电至峰值电压,见图中 b 点。此后 u_2 的下降使得 $u_2 < u_C$,所有二极管均截止,滤波电容 C 向负载电阻 R_L 放电,时间常数为 $R_L C$。在放电的 b~c 段,u_O 基本按 u_2 的变化规律下降;但到 c 点后,u_O 按指数规律下降,而 u_2 按正弦规律下降,u_O 比 u_2 变得缓慢,见曲线的 c~d 段。电容 C 放电到图中的 d 点后,又重复前述 a 点以后的过程,但在 u_2 的负半周电容充电时是 D_2、D_4 导通,如此周而复始,形成了滤波电容周期性的充、放电过程。

从图(b)所示波形图可以看出,电容滤波电路不但使输出电压的交流分量减小,而且使得输出电压平均值增大。从电容对交、直流分量容抗的差别可以理解,正是由于滤波电

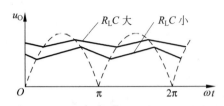

图 10.3.2 滤波电路放电回路时间常数对滤波效果的影响

容对交流分量的容抗很小,将其分流,而使得负载电阻上交流电流变小,输出电压脉动减小;正是由于滤波电容对直流分量的容抗无穷大及其储能作用,使得输出电压平均值增大。放电回路时间常数 R_LC 越大,输出电压的脉动越小,平均值越大,考虑到整流电路的内阻,波形如图 10.3.2 所示。

2. 整流二极管的导通角

在未加电容滤波时,不管在哪种整流电路中,整流二极管均在变压器副边电压的半周导通,称为导通角为 π。在采用电容滤波后,整流二极管的导通角小于 π。值得注意的是,R_LC 越大,在一个周期内充电时间越短,即二极管的导通角越小。由于电容上电压不能突变,所以在二极管导通时,会因整流电路内阻很小而流过很大的冲击电流,而且导通角越小,冲击电流越大,越影响二极管的寿命。因此在选择整流二极管时,最大整流平均电流 I_F 要留有充分的余地,通常要大于无电容滤波时的 2~3 倍。当负载电阻很小,负载电流很大时,如 2A 以上,整流二极管的选取就比较困难,因而应考虑采用电感滤波电路。

综上所述,电容滤波电路适用于负载电流较小且变化范围不大的场合。

3. 滤波电容的选择

从理论上讲,滤波电容越大,放电过程越慢,输出电压越平滑,平均值也越高。但实际上,电容的容量越大,不但体积越大,而且会使整流二极管流过的冲击电流更大。因此,对于全波整流电路,通常滤波电容的容量满足

$$R_LC = (3 \sim 5)\frac{T}{2} \qquad (10.3.1)$$

式中 T 为电网交流电压的周期。此时,可认为输出电压平均值

$$U_{O(AV)} \approx 1.2U_2 \qquad (10.3.2)$$

一般选择几十至几千微法的电解电容。考虑到电网电压的波动范围为 ±10%,其耐压值应大于 $1.1\sqrt{2}U_2$,且应按电容的正、负极性将其接入电路。

10.3.2 其它滤波电路

1. 电感滤波电路

电感对于直流分量的电抗近似为 0,交流分量的电抗 ωL 可以很大。因此,将其串联在整流电路与负载电阻之间,构成图 10.3.3 所示的电感滤波电路,能够获得很好的滤波

效果。而且,由于电感上感生电动势的方向总是阻止回路电流的变化,即每当整流二极管的电流变小而趋于截止时,感生电动势将延长这种变化,从而延长每只二极管在一个周期内的导通时间,即增大二极管的导通角,这样有利于整流二极管的选择。

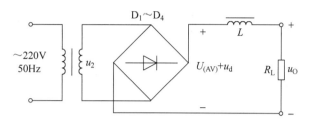

图 10.3.3　单相桥式整流电感滤波电路

整流电路的输出可以分成为直流分量 $U_{D(AV)}$ 和交流分量 u_d 两部分,图 10.3.3 所示电路输出电压的直流分量为

$$U_{O(AV)} = \frac{R_L}{R+R_L} \cdot U_D \approx \frac{R_L}{R+R_L} \cdot 0.9 U_2 \qquad (10.3.3)$$

式中 R 为电感线圈电阻。输出电压的交流分量为

$$u_o = \frac{R_L}{\sqrt{(\omega L)^2 + R_L^2}} \cdot u_d \approx \frac{R_L}{\omega L} \cdot u_d \qquad (10.3.4)$$

以上两式表明,在忽略电感线圈电阻的情况下,电感滤波电路输出电压平均值近似整流电路的输出电压,即 $U_{D(AV)} \approx 0.9 U_2$。只有在 ωL 远远大于 R_L 时,才能获得较好的滤波效果。而且 R_L 越小,输出电压的交流分量越小,滤波效果越好。可见,电感滤波电路适用于大负载电流的场合。

2. 复式滤波电路

若电容滤波、电感滤波不能满足要求,还可采用多个元件组成的复式滤波电路,如图 10.3.4 所示。由于图(b)、(c)所示电路形似希腊字母Ⅱ,故称为Ⅱ型滤波电路。利用上述方法可分析它们的工作原理,这里不再赘述。

3. 各种滤波电路的比较

不同的滤波电路具有不同的特点和应用场合,各种滤波电路在负载为纯阻性时的性能比较见表 10.3.1 所示。

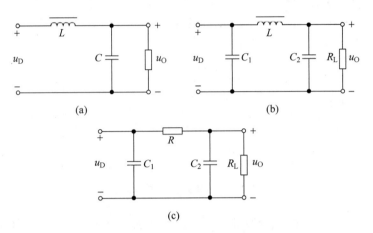

图 10.3.4 复式滤波电路

表 10.3.1 各种滤波电路性能比较

性能 类型	$U_{O(AV)}/U_2$	适用场合	整流管的冲击电流
电容滤波	1.2	小电流	大
电感滤波	0.9	大电流	小
LC 滤波	0.9	大、小电流	小
Ⅱ 型滤波	1.2	小电流	大

10.4 稳压管稳压电路

一个稳压管 D_Z 和一个与之相匹配的限流电阻 R 就可构成最简单的稳压电路,如图 10.4.1(a)虚线框内所示。其输入电压 U_I 为桥式整流电容滤波电路的输出,稳压管的端电压为输出电压 U_O,负载电阻 R_L 与稳压管并联。设稳压管的电流为 I_{D_Z},电压为 U_Z;R 的电流为 I_R,电压为 U_R;R_L 的电流为 I_O,如图中所标注。则在节点 A 上有

$$I_R = I_{D_Z} + I_O \tag{10.4.1}$$

且

$$U_I = U_R + U_O \tag{10.4.2}$$

$$U_O = U_Z \tag{10.4.3}$$

说明只要稳压管端电压稳定,负载电阻上的电压就稳定。

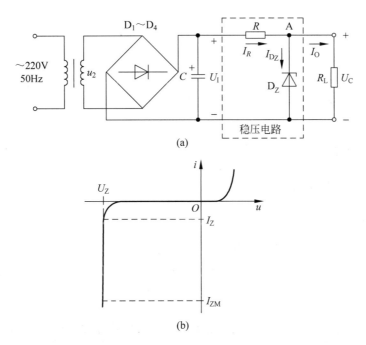

图 10.4.1 稳压管稳压电路及稳压管的伏安特性
（a）稳压管稳压电路　（b）稳压管的伏安特性

10.4.1 稳压原理

通常，需从两个方面考察稳压电路是否稳压，即在其输入电压变化和负载电流变化两种情况下输出电压均基本不变，则说明其稳压。而且，在上述两种情况下输出电压的变化越小，电路的稳压性能越好。

在图 10.4.1(a)所示电路中，设负载电阻 R_L 不变，当电网电压升高使输入电压 U_I 增大时，因电路有内阻，输出电压 U_O 将随之增大，即稳压管端电压 U_Z 增大。根据图(b)所示稳压管的伏安特性可知，稳压管端电压的微小增大，使流过稳压管的电流 I_{D_Z} 急剧增大，根据式(10.4.1)，I_R 随之增大，致使电阻 R 上的压降 U_R 随之增大，从而抵消 U_I 的升高，使输出电压 U_O 基本不变。当电网电压降低时，U_I、I_{D_Z}、I_R 及 U_R 的变化与上述过程相反，U_O 也基本不变。以上分析表明，在 U_I 变化时，根据式(10.4.2)，只要 $\Delta U_R \approx \Delta U_I$，$U_O$ 就基本稳定。

设输入电压 U_I 保持不变，当负载电阻 R_L 变小，即负载电流 I_O 增大时，根据式(10.4.1)，电阻 R 的电流 I_R 随之增大，R 上压降 U_R 必然增大，从而使输出电压 U_O 减小。但 U_O(即 U_Z)的微小减小将使稳压管的电流 I_{D_Z} 急剧减小，补偿 I_O 的增大，从而使 I_R

基本不变，R 上压降也就基本不变，最终使输出电压 U_O 基本不变。当 I_O 减小时，I_{D_Z} 和 I_R、U_R 的变化与上述过程相反，U_O 也基本不变。以上分析表明，在 I_O 变化时，根据式(10.4.1)，只要 $\Delta I_{D_Z} \approx -\Delta I_O$，$I_R$ 就基本不变，U_R 也就基本不变，从而使得 U_O 基本稳定。而且，要使稳压管稳压电路正常工作，所选用的稳压管最大稳定电流和稳定电流之差（即稳压管电流的变化范围）应大于负载电流的变化范围。

10.4.2 主要性能指标

稳压电路的主要性能指标有两项，稳压系数 S_r 和内阻 R_o。

1. 稳压系数 S_r

稳压系数 S_r 是用来描述稳压电路在输入电压变化时输出电压稳定性的参数。它是在负载电阻 R_L 不变的情况下，稳压电路输出电压 U_O 与输入电压 U_I 相对变化量之比，即

$$S_r = \frac{\Delta U_O/U_O}{\Delta U_I/U_I}\bigg|_{R_L=常量} = \frac{\Delta U_O}{\Delta U_I} \cdot \frac{U_I}{U_O}\bigg|_{R_L=常量} \quad (10.4.4)$$

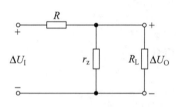

图 10.4.2 稳压管稳压电路的交流等效电路

根据稳压管工作在稳压状态时的特性，对于动态电压可等效成一个电阻 r_z；因而图 10.4.1 所示稳压管稳压电路对于输入电压的变化量 ΔU_I 的等效电路如图 10.4.2 所示，称为稳压管稳压电路的交流等效电路。由图可知，式(10.4.4)中

$$\frac{\Delta U_O}{\Delta U_I} = \frac{r_z \mathbin{/\mkern-5mu/} R_L}{R + r_z \mathbin{/\mkern-5mu/} R_L}$$

通常 $r_z \ll R_L$ 且 $r_z \ll R$，因而上式可简化为

$$\frac{\Delta U_O}{\Delta U_I} \approx \frac{r_z}{R}$$

代入式(10.4.4)可得

$$S_r \approx \frac{r_z}{R} \cdot \frac{U_I}{U_O} \quad (10.4.5)$$

由上式可知，r_z 越小，R 越大，则 S_r 越小，在输入电压变化时的稳压性能越好；但是，实际上 R 越大，U_I 取值越大，S_r 将越大；因此只有在 R 和 U_I 相互匹配时，稳压性能才能做到最好。

2. 内阻 R_o

在直流输入电压 U_I 不变的情况下，输出电压 U_O 的变化量和输出电流 I_O 的变化量之比称为稳压电路的内阻 R_o，即

$$R_\text{o} = \left.\frac{\Delta U_\text{O}}{\Delta I_\text{O}}\right|_{U_\text{I}=\text{常量}} \tag{10.4.6}$$

在图 10.4.2 所示交流等效电路中，令 $\Delta U_\text{I}=0$（即表明 U_I 不变），从输出端看进去的等效电阻即为内阻。因而

$$R_\text{o} = \frac{\Delta U_\text{O}}{\Delta I_\text{O}} = r_z \mathbin{/\mkern-5mu/} R \tag{10.4.7}$$

当 $r_z \ll R$ 时，式(10.4.7)近似为

$$R_\text{o} = r_z \tag{10.4.8}$$

10.4.3 限流电阻的选择

由以上分析可知，在图 10.4.1 所示的稳压管稳压电路中，限流电阻 R 在稳压过程中起着重要作用。而且，其阻值太大，稳压管会因电流过小而不工作在稳压状态；阻值太小，稳压管会因电流过大而损坏。换言之，只有合理地选择限流电阻的阻值范围，稳压管稳压电路才能正常工作。

根据图 10.4.1 和式(10.4.1)可知，稳压管的电流

$$I_{D_Z} = I_R - I_\text{O} = \frac{U_\text{I} - U_\text{O}}{R} - I_\text{O} \tag{10.4.9}$$

当输入电压 U_I 最高且负载电流 I_O 最小的时候稳压管的电流 I_{D_Z} 最大，此时若 I_{D_Z} 小于稳压管的最大稳定电流 I_{ZM}，则稳压管在 U_I 和 I_O 变化的其它情况下都不会损坏。因此，R 的取值应满足

$$I_{D_Z\max} = \frac{U_{\text{I}\max} - U_Z}{R} - I_{\text{O}\min} < I_{ZM}$$

整理可得

$$R > \frac{U_{\text{I}\max} - U_Z}{I_{ZM} + I_{\text{O}\min}} \tag{10.4.10}$$

当输入电压 U_I 最低且负载电流 I_O 最大的时候稳压管的电流 I_{D_Z} 最小，此时若 I_{D_Z} 大于稳压管的稳定电流 I_Z，则稳压管在 U_I 和 I_O 变化的其它情况下都始终工作在稳压状态。因此，R 的取值应满足

$$I_{D_Z\min} = \frac{U_{\text{I}\min} - U_Z}{R} - I_{\text{O}\max} > I_Z$$

整理可得

$$R < \frac{U_{\text{I}\min} - U_Z}{I_Z + I_{\text{O}\max}} \tag{10.4.11}$$

综上所述

$$\frac{U_{\text{Imax}} - U_Z}{I_{ZM} + I_{\text{Omin}}} < R < \frac{U_{\text{Imin}} - U_Z}{I_Z + I_{\text{Omax}}} \tag{10.4.12}$$

根据式(10.4.5),当输入电压 U_I 确定时,R 的阻值应尽可能取大些,以减小稳压系数。

例 10.4.1 在图 10.4.1 所示的硅稳压管稳压电路中,设稳压管的稳定电压 $U_Z = 5\text{V}$,稳定电流 $I_Z = 5\text{mA}$,最大耗散功率 $P_{ZM} = 200\text{mW}$;输入电压 U_I 为 12V,波动范围为 $\pm 10\%$,负载电阻 R_L 为 $200\Omega \sim 500\Omega$。

(1) 试选择限流电阻 R 的取值范围;

(2) 若稳压管的动态电阻为 12Ω,R 为 180Ω,则该电路的稳压系数和内阻各为多少?

解 (1) 由给定条件可知稳压管的最大稳定电流 I_{ZM}、输入电压的最大值 U_{Imax} 和最小值 U_{Imin}、负载电流的最大值 I_{Omax} 和最小值 I_{Omin},如下:

$$I_{ZM} = P_{ZM}/U_Z = (0.2/5)\text{A} = 0.04\text{A} = 40\text{mA}$$

$$U_{\text{Imax}} = (1+10\%) \times 12\text{V} = 13.2\text{V}$$

$$U_{\text{Imin}} = (1-10\%) \times 12\text{V} = 10.8\text{V}$$

$$I_{\text{Omin}} = U_Z/R_{\text{Lmax}} = (5/500)\text{A} = 0.010\text{A} = 10\text{mA}$$

$$I_{\text{Omax}} = U_Z/R_{\text{Lmin}} = (5/200)\text{A} = 0.025\text{A} = 25\text{mA}$$

将上述参数代入式(10.4.12)

$$\frac{U_{\text{Imax}} - U_Z}{I_{ZM} + I_{\text{Omin}}} < R < \frac{U_{\text{Imin}} - U_Z}{I_Z + I_{\text{Omax}}}$$

$$\frac{13.2 - 5}{0.04 + 0.01}\Omega < R < \frac{10.8 - 5}{0.005 + 0.025}\Omega$$

可得,R 的取值范围约为

$$164\Omega < R < 193\Omega$$

若取 R 为 180Ω,则电阻 R 上消耗的功率 P_R 为

$$P_R = \frac{(U_{\text{Imax}} - U_Z)^2}{R} = \frac{(13.2-5)^2}{180}\text{W} \approx 0.374\text{W}$$

最后可选取 180Ω、0.5W 的碳膜电阻。

(2) 由于限流电阻 R 远远大于稳压管的动态电阻,根据式(10.4.5),可得

$$S_r \approx \frac{r_z}{R} \cdot \frac{U_I}{U_O} = \frac{10}{180} \cdot \frac{12}{5} \approx 0.133 = 13.3\%$$

根据式(10.4.8),可得稳压电路内阻

$$R_o \approx r_z = 12\Omega$$

由于稳压管的功率较小,且最大稳定电流和稳定电流的差值较小,所以稳压管稳定电路仅适用于电压固定不变、负载电流较小且变化范围不大的场合。

10.5 线性稳压电路

稳压管稳压电路不适用于负载电流较大且输出电压可调的场合,但是在它的基础上利用晶体管的电流放大作用就可获得较强的带负载能力,引入电压负反馈就可使输出电压稳定,采用放大倍数可调的放大环节就可使得输出电压可调。本节将介绍根据上述思路构成的串联型稳压电路。

10.5.1 串联型稳压电路的工作原理

1. 基本调整管稳压电路

把稳压管稳压电路的输出经晶体管电流放大,用发射极驱动负载,就得到如图10.5.1(a)所示的基本调整管稳压电路,因而负载电流是稳压管稳压电路的$(1+\beta)$倍。图(a)所示电路的习惯画法如图(b)所示。

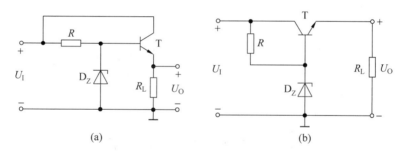

图 10.5.1 基本调整管稳压电路
(a) 加晶体管扩大负载电流变化范围 (b) 习惯画法

由图可知,以 U_I 作为晶体管 T 的工作电源,负载电阻 R_L 为发射极电阻,T 和 R_L 构成射极输出器。其输入电压为稳压管的端电压 U_Z,基本不变,而且电路引入了电压负反馈,故输出电压 U_O 稳定。设 U_O 因某种原因升高,则由于晶体管基极电位基本不变(等于稳压管端电压),致使 b-e 间电压减小,基极电流、发射极电流随之减小,管压降 U_{CE} 必然增大,因此 U_O 减小。当 U_O 因某种原因降低时,与上述变化过程相反。可见,由于管压降 U_{CE} 的变化总是与输出电压 U_O 的变化方向相反,从而使输出电压稳定,晶体管起调节作用,故称之为调整管;由于调整管与负载电阻串联,故称这类电路为串联型稳压电路;又由于调整管工作在放大区,即线性区,又称这类电路为线性稳压电路。

图 10.5.1 所示电路的输出电压

$$U_O = U_Z - U_{BE} \tag{10.5.1}$$

上式表明 U_O 与 U_{BE} 有密切关系,而 U_{BE} 不但随负载电流的变化而变,而且受温度的影响。怎么解决 U_O 的稳定性呢?

既然基本调整管稳压电路是由于引入电压负反馈来稳定输出电压的,那么反馈的深度将影响着输出电压稳定程度。若将输出电压的变化量通过放大电路放大后再影响 U_{CE} 的变化,则输出电压在产生很小的变化量时就能得到很强的调节效果,输出电压的稳定性就可大大提高,即加大反馈深度是提高串联型稳压电路输出电压稳定性最有效的方法。

2. 带有放大环节的串联型稳压电路

图 10.5.2(a)所示为带放大环节的串联型稳压电路,图(b)为常见画法。它由调整管、基准电压电路、取样电路和比较放大电路四部分组成。

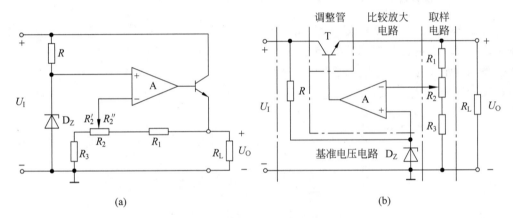

图 10.5.2 带放大环节的串联型稳压电路
(a) 原理电路 (b) 常见画法

图(b)表明,采样电路由电阻 R_1、R_3 和电位器 R_2 组成,R_2 滑动端的电位变化反映输出电压 U_O 的变化量,并将这种变化输入到放大电路的反相输入端。放大电路的同相输入端接稳压管的稳定电压 U_Z,提供基准电压,基本不变。采样电压 U_N 与 U_Z 比较放大,放大电路的输出电压与 U_N 反相。设 U_I 升高或 I_O 减小而导致输出电压 U_O 升高,则 U_N 升高,从而使放大电路的输出电位(即调整管的基极电位 U_B)降低;输出电压 U_O(即调整管的发射极电位)必将随之减小,而调整管的管压降必将随之增大,使 U_O 保持基本不变。这个稳压过程可以简化为

$$U_I \uparrow \text{ 或 } I_O \downarrow \rightarrow U_O \uparrow \rightarrow U_N \uparrow (U_P \text{ 基本不变}) \rightarrow U_B \downarrow \rightarrow U_E \downarrow \rightarrow U_{CE} \uparrow$$
$$U_O \downarrow \leftarrow$$

当 U_O 减小时,各物理量与上述过程相反。可见,调整管的管压降总是与输出电压的

变化方向相反,起着调整作用;而放大环节使电压负反馈加深,故调整的结果使 U_O 的变化很小。从理论上讲,放大电路的放大倍数越大,负反馈越深,输出电压的稳定性越好。但是,当负反馈太强时,电路有可能产生自激振荡,需消振才能正常工作。

图(a)表明,电路是一个以稳压管稳定电压 U_Z 为输入电压的同相比例运算电路,故输出电压为

$$U_O = \left(1 + \frac{R_1 + R_2''}{R_2' + R_3}\right)U_Z \tag{10.5.2}$$

改变电位器 R_2 滑动端的位置可调节输出电压 U_O 的大小。当 R_2 滑动端调到最右端时 $R_2''=0, R_2'=R_2$,此时的 U_O 最小,即

$$\boxed{U_{Omin} = \frac{R_1 + R_2 + R_3}{R_2 + R_3} \cdot U_Z} \tag{10.5.3}$$

当滑动端调到最左端时,$R_2'=0, R_2''=R_2$,此时的 U_O 最大,即

$$\boxed{U_{Omax} = \frac{R_1 + R_2 + R_3}{R_3} \cdot U_Z} \tag{10.5.4}$$

若 $U_Z=6V, R_1=R_2=R_3=10k\Omega$,则输出电压 U_O 的变化范围是 9~18V。可见,选择合适的采样电阻和稳压管,即可得到所需的输出电压调节范围。

由于串联型稳压电路具有能够输出大电流和输出电压连续可调的特点,使其得到非常广泛的应用。

3. 串联型稳压电路中调整管的极限参数

由于调整管与负载串联,在忽略采样电路电流的情况下,流过它的电流近似等于负载电流。因而调整管的最大集电极电流应大于最大负载电流,即

$$I_{CM} > I_{Lmax} \tag{10.5.5}$$

由于电网电压的波动会使稳压电路的输入电压产生相应的变化,输出电压又有一定的调节范围,故调整管在稳压电路输入电压最高且输出电压最低时管压降最大,其值应小于调整管 c-e 间的击穿电压,即

$$U_{CEmax} = U_{Imax} - U_{Omin} < U_{CE(BR)} \tag{10.5.6}$$

当调整管管压降最大且负载电流也最大时,调整管的功耗最大,其值应小于最大集电极功耗,即

$$P_{Cmax} \approx I_{Lmax}(U_{Imax} - U_{Omin}) < P_{CM} \tag{10.5.7}$$

在任何时刻都满足式(10.5.5)、式(10.5.6)、式(10.5.7),调整管才能安全工作。

在实用的稳压电源中,为使调整管安全工作,至少加过流保护电路。限流型保护电路如图 10.5.3 所示。图中,T_1 是需要保护的调整管,T_2 是起保护作用的三极管,R_0 是电流采样电阻,它串接在调整管发射极回路中,其阻值大小视额定负载电流值而定。通常很小,如 1Ω。

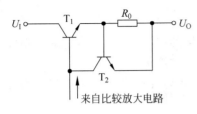

图 10.5.3 限流型保护电路

在未过流时,电流采样电阻 R_0 上的电压 U_{R_0} 不足以使保护管 T_2 导通,保护电路不起作用。当负载电流过大时,U_{R_0} 足够大使 T_2 导通,将 T_1 的基极电流分流,于是限制了 T_1 中电流的增长,保护了调整管。当过流保护电路起作用时,调整管的发射极电流被限制在

$$I_{Emax} \approx \frac{U_{BE2}}{R_0} \tag{10.5.8}$$

故称图示电路为限流型保护电路。式(10.5.8)表明,图 10.5.3 所示保护电路动作以后虽然限制了过大的输出电流,但仍然有较大的电流流过调整管;若此时管压降较大,则调整管功耗将很大。因此,还有一种截流型保护电路,当其起作用时稳压电路的输出电压和输出电流同时下降,均趋于零。此类电路多种多样,这里不详述。

例 10.5.1 串联型稳压电源如图 10.5.4 所示。已知:输入电压 U_I 的波动范围为 $\pm 10\%$;调整管 T_1 的饱和管压降 $U_{CES}=3V$,$\beta_1=30$,$\beta_2=50$;T_3 导通时 U_{BE3} 约为 $0.7V$;$R_1=1k\Omega$,$R_3=500\Omega$;要求输出电压的调节范围为 $5\sim 15V$。回答下列问题:

(1) 标出集成运放的同相输入端(+)和反相输入端(-);
(2) 电位器的阻值和稳压管的稳定电压各约为多少?
(3) 输入电压 U_I 至少取多少伏?
(4) 若额定负载电流为 1A,则集成运放输出电流约为多少?电流采样电阻 R_0 约为多少?

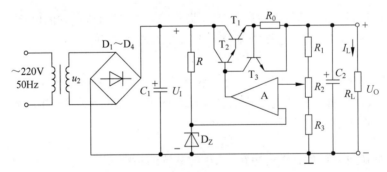

图 10.5.4 例 10.5.1 电路图

解 (1) 串联型稳压电源应引入电压负反馈,故集成运放的两个输入端上为"-"下为"+"。

(2) 根据电路可知,输出电压应满足

$$\frac{R_1+R_2+R_3}{R_2+R_3} \cdot U_Z \leqslant U_O \leqslant \frac{R_1+R_2+R_3}{R_3} \cdot U_Z$$

将已知数据代入计算,可得 U_Z 约为 3V,R_2 约为 1kΩ。

(3) 串联型稳压电路是电压负反馈电路,因而只有调整管始终工作在放大区,负反馈才可能起作用,输出电压也才会稳定。

为了保证输入电压 U_I 的波动范围内输出电压 U_O 的可调范围均为 5～15V,则应在 U_I 最低且 U_O 最大时调整管不饱和,即

$$0.9U_I > U_{Omax} + U_{CES} = (15+3)\text{V} = 18\text{V}$$

得出 $U_I > 20\text{V}$。

(4) 由于调整管为复合管,其电流放大系数约为 T_1、T_2 电流放大系数之积,即 $\beta \approx \beta_1 \beta_2$;当负载电流为 1A 时,集成运放的输出电流

$$I'_O \approx \frac{I_{Lmax}}{\beta_1 \beta_2} = \left(\frac{1}{30 \times 50}\right)\text{A} \approx 0.67\text{mA}$$

当负载电流超出额定值时,采样电阻 R_0 上的电压应使过流保护电路中的晶体管 T_3 导通,故

$$R_0 \approx \frac{U_{BE3}}{I_{Lmax}} = 0.7\text{Ω}$$

10.5.2 集成线性稳压电路

随着半导体集成技术的发展,集成稳压器应运而生。它具有体积小,可靠性高,使用灵活,价格低廉以及温度特性好等优点,广泛应用于仪器仪表及各种电子设备中。集成稳压电路按输出电压情况可分为固定输出和可调输出两大类。最简单的集成稳压电路只有三个端,故简称为三端稳压器。

1. 固定输出的三端稳压器

(1) 种类、外形和符号

W7800 系列三端稳压器为正电压输出,W7900 系列三端稳压器为负电压输出。它们的电压输出值可分为 ±5V、±6V、±8V、±9V、±12V、±15V、±18V 和 ±24V 七个等级。输出电流分为 1.5A(W7800 及 W7900 系列)、500mA(78M00 及 W79M00 系列)和 100mA(W78L00 及 W79L00 系列)三个等级。W7800 的外形与符号如图 10.5.5 所示,W7900 与之类似。

(2) W7800 原理框图

W7800 是一个串联型直流稳压电路,原理框图如图 10.5.6 所示。

三端稳压器的调整管采用复合管结构,具有很大的电流放大系数。放大电路为共射接法,以复合管作放大管,并采用有源负载,从而获得较高的电压放大倍数。

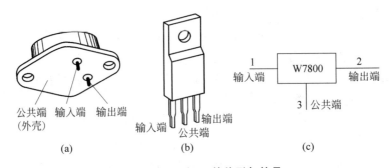

图 10.5.5　W7800 的外形与符号

(a) 金属封装外形图　(b) 塑料封装外形图　(c) 符号

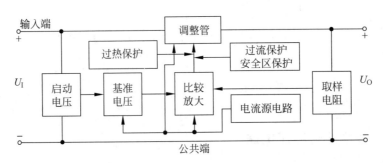

图 10.5.6　W7800 系列集成稳压器的组成

基准电压采用一种零温漂的能带间隙式基准源,它不仅克服了稳压管基准源的温漂,而且避免了齐纳热噪声的影响,其温度稳定性远高于前面所述串联型稳压电路中的基准电压。

采样电路由两个分压电阻组成,它将输出电压变化量的一部分送到放大电路的输入端。

启动电路在接通直流输入电压 U_I 时,使调整管、放大电路和基准电源等建立起各自的工作电流,在稳压电路正常工作以后与稳压电路自动断开,因而它不影响稳压电路的性能。

W7800 系列三端稳压器内有过流、安全区和过热三种保护电路。过流保护采用限流型保护电路。安全区保护是在额定输出电流时,避免调整管因管压降过大而使功耗越过安全区而损坏;在过压时,为调整管基极分流使输出电流下降从而保证调整管在安全区。过热保护在调整管芯片温度达到 +125℃ 时动作,为调整管分流使芯片温度下降。

(3) W7800 的主要参数

W7800 系列七种三端稳压器的主要参数如表 10.5.1 所示。在使用三端稳压器时,需从产品手册中查到该型号对应的有关参数、性能指标、外形尺寸,并配上合适的散热片。

表 10.5.1 W7800 系列三端集成稳压器主要参数

参数名称	符号单位	参数值 型号	7805	7806	7808	7812	7815	7818	7824
输入电压	U_I	V	10	11	14	19	23	27	33
输出电压	U_O	V	5	6	8	12	15	18	24
电压调整率	S_U	%/V	0.0076	0.0086	0.01	0.008	0.0066	0.01	0.011
电流调整率 (5mA≤I_O≤1.5A)	S_I	mV	40	43	45	52	52	55	60
最小压差	U_I-U_O	V	2	2	2	2	2	2	2
输出噪声	U_N	μV	10	10	10	10	10	10	10
峰值电流	I_{OM}	A	2.2	2.2	2.2	2.2	2.2	2.2	2.2
输出温漂	S_T	mV/℃	1.0	1.0	1.2	1.2	1.5	1.8	2.4

表中的电压调整率是在额定负载电流且输入电压产生最大变化时,输出电压所产生的变化量 ΔU_O;电流调整率是在输入电压一定且负载电流产生最大变化时,输出电压所产生的变化量 ΔU_O。

由表可知,只有在其输入端和输出端间的电压大于 2V 时,稳压器才能正常工作。即只有调整管的管压降大于饱和管压降,稳压器才能正常工作。

(4) W7800 稳压器的基本应用

① 基本应用电路

三端稳压器的基本应用电路如图 10.5.7 所示。经整流滤波后的直流电压 U_I 接在输入端,在输出端便可得到稳定的输出电压 U_O。电容 C_i 用于抵消因

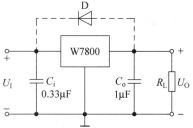

图 10.5.7 三端稳压器基本应用电路

长线传输引起的电感效应,其容量可选 $1\mu F$ 以下;电容 C_o 可改善负载的瞬态响应,其容量可选 1~几 μF。但若 C_o 较大,则在稳压器输入端断开时,C_o 会通过稳压器放电,易造成稳压器损坏;为此,可接一只二极管,如图中虚线所示,起保护作用。

② 扩大输出电流

W7800 系列产品最大输出电流为 1.5A,若要求更大的电流输出,可以在基本应用电路的基础上接大功率晶体管 T 以扩大输出电流,如图 10.5.8 所示。三端稳压器的输出电流为 T 的基极电流,负载所需大电流 I_L 由大功率管 T 提供,为发射极电流,因而最大

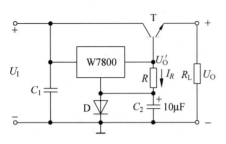

图 10.5.8 扩大三端稳压器的输出电流

负载电流

$$I_{Lmax} = I_{Emax} \approx (1+\beta)I_O$$

式中 β 为 T 的电流放大系数,I_O 为三端稳压器的额定输出电流。

由于输出电压 $U_O = U'_O + U_D - U_{BE}$,若 $U_D = U_{BE}$,则 $U_O = U'_O$;故电路中所接二极管 D 补偿了三极管 U_{BE} 对 U_O 的影响,可用调整电阻 R 改变流过 D 电流的方法来调整 U_D,使之与 U_{BE} 相等。

③ 扩展输出电压

W7800 系列是固定输出电压稳压器,在需要时可通过外接电阻使输出电压可调,如图 10.5.9(a)所示。设三端稳压器公共端电流为 I_W,则输出电压为

$$U_O = \left(1 + \frac{R_2}{R_1}\right)U'_O + I_W R_2 \tag{10.5.9}$$

通常,I_W 为几毫安。由于 I_W 是稳压器自身的参数,当其变化时将影响输出电压,实用电路中可用电压跟随器将稳压器与取样电阻隔离,如图(b)所示。此时稳压器的输出电压 U'_O 作为基准电压,等于 R_1 与 R_2 滑动端以上部分电压之和;如图中所标注,所以输出电压

$$\frac{R_1 + R_2 + R_3}{R_1 + R_2} \cdot U'_O \leqslant U_O \leqslant \frac{R_1 + R_2 + R_3}{R_1} \cdot U'_O \tag{10.5.10}$$

若图 10.5.9(a)中的稳压器为 W7812,$R_1 = R_2 = R_3 = 1\text{k}\Omega$,则根据式(10.5.10),输出电压的调节范围是 18~36V。

2. 可调式三端稳压器

W117 为可调式三端稳压器。

(1) 特点

W117 系列三端稳压器的输出端与调整端之间的电压为 1.25V,称为基准电压。与 W7800 系列产品相同,W117、W117M、W117L 的最大输出电流分别为 1.5A、500mA 和 100mA。W117、W217 和 W317 具有相同的引出端、相同的基准电压和相似的内部电路,它们的工作温度范围依次为(−55~150)℃、(−25~150)℃、(0~125)℃。它们的外形与符号如图 10.5.10

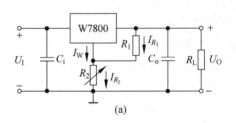

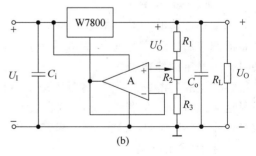

图 10.5.9 三端稳压器输出电压的扩展
(a) 输出电压可调稳压电路
(b) 用电压跟随器隔离稳压器与取样电阻

所示,25℃时主要参数如表 10.5.2 所示。

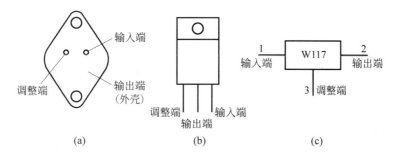

图 10.5.10　W117 三端稳压器
（a）金属封装外形图　（b）塑料封装外形图　（c）符号

表 10.5.2　W117/ W217/ W317 的主要参数

参数名称	符号	测试条件	单位	W117/W217			W317		
				最小值	典型值	最大值	最小值	典型值	最大值
输出电压	U_O	$I_O=1.5A$	V	1.2～37					
电压调整率	S_U	$I_O=500mA$ $3V \leqslant U_I - U_O \leqslant 40V$	%/V		0.01	0.02		0.01	0.04
电流调整率	S_I	$10mA \leqslant I_O \leqslant 1.5A$	%		0.1	0.3		0.1	0.5
调整端电流	I_{Adj}		μA		50	100		50	100
调整端电流变化	ΔI_{Adj}	$3V \leqslant U_I - U_O \leqslant 40V$ $10mA \leqslant I_O \leqslant 1.5A$	μA		0.2	5		0.2	5
基准电压	U_R	$I_O=500mA$ $25V \leqslant U_I - U_O \leqslant 40V$	V	1.2	1.25	1.30	1.2	1.25	1.30
最小负载电流	I_{Omin}	$U_I - U_O=40V$	mA		3.5	5		3.5	10

对表 10.5.2 作以下说明：

① 对于特定的稳压器,基准电压 U_R 是 1.2～1.3V 中的某一个值,在一般分析计算时可取典型值 1.25V。

② W117、W217 和 W317 的输出端和输入端电压之差为 3～40V,过低时不能保证调整管工作在放大区,不能稳压；过高时调整管可能因管压降过大而击穿。

③ 有最小输出电流 I_{Omin} 限制,在空载时必须有合适的电流回路。

④ 调整端电流很小,且变化也很小。

⑤ 与 W7800 系列产品一样,W117、W217 和 W317 在电网电压波动和负载电阻变化时,输出电压非常稳定。

(2) W117 的应用

① 基准电压源电路

图 10.5.11 所示是由 W117 组成的基准电压源电路,输出端和调整端之间的电压是非常稳定的电压,其值为 1.25V。输出电流可达 1.5A。图中 R 为泄放电阻,根据表 10.5.2 中的最小负载电流(如 10mA)可以计算出 R 的最大值,$R_{max}=(1.25/0.01)\Omega=125\Omega$。

② 典型应用电路

可调式三端稳压器的主要应用是要实现输出电压可调的稳压电路,其典型电路如图 10.5.12 所示。由于调整端的电流非常小,可忽略不计,故输出电压为

$$U_O = \left(1 + \frac{R_2}{R_1}\right) \times 1.25\text{V} \tag{10.5.11}$$

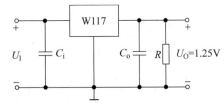
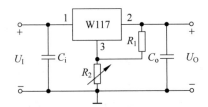

图 10.5.11 基准电压源电路　　　　图 10.5.12 W117 的典型应用电路

例 10.5.2 电路如图 10.5.12 所示。已知输入电压 U_I 的波动范围为 $\pm 10\%$;W117 正常工作时输入端与输出端之间电压 U_{12} 为 3~40V,最小输出电流 $I_{Omin}=5\text{mA}$,输出端与调整端之间电压 $U_{23}=1.25\text{V}$;输出电压的最大值 $U_{Omax}=28\text{V}$。

(1) 输出电压的最小值 $U_{Omin}=?$

(2) R_1 的最大值 $R_{1max}=?$

(3) 若 $R_1=200\Omega$,则 R_2 应取多少?

(4) 为使电路能够正常工作,U_I 的取值范围为多少?

解 (1) $R_2=0$ 时,$U_O=U_{Omin}=U_{23}=1.25\text{V}$。

(2) 为保证空载时 W117 的输出电流大于 5mA,R_1 的最大值

$$R_{1max} = \frac{U_{23}}{I_{Omin}} = \left(\frac{1.25}{5 \times 10^{-3}}\right)\Omega = 250\Omega$$

(3) 若 $R_1=200\Omega$,根据式(10.5.10),为使 $U_{Omax}=28\text{V}$,则

$$28 = \left(1 + \frac{R_2}{200}\right) \times 1.25\text{V}, \quad R_2 = 4.28\text{k}\Omega$$

(4) 要使电路正常工作,就应保证 W117 在 U_I 波动时 U_{12} 在 3~40V。

当 U_O 最小且 U_I 波动+10%时,U_{12} 最大,应小于 40V,即

$$U_{12max} = 1.1U_I - U_{Omin} = 1.1U_I - 1.25 < 40\text{V}$$

得到 U_I 的上限值为 37.5V。

当 U_O 最大且 U_I 波动 -10% 时，U_{12} 最小，应大于 3V，即
$$U_{12min} = 0.9U_I - U_{Omax} = 0.9U_I - 28 > 3V$$
得到 U_I 的下限值约为 34.4V。U_I 的取值范围是 34.4V～37.5V。

10.6 开关型稳压电路

串联型稳压电源具有结构简单、调节方便、输出电压稳定性强、纹波电压小等优点。但是，由于调整管始终工作在放大状态，功耗很大，因而电路效率仅为 $30\%\sim40\%$，甚至更低。串联型稳压电路因调整管工作在线性区而称为线性稳压电路。

可以设想，如果调整管工作在开关状态，那么当其截止时，因穿透电流很小使管耗很小；当其饱和时，因管压降很小使管耗也很小，这将大大提高电路的效率。开关型稳压电路中的调整管正是工作在开关状态，并因此而得名，其效率可达 $70\%\sim95\%$。

10.6.1 串联开关型稳压电路

1. 换能电路的基本原理

开关型稳压电路的换能电路将输入的直流电压转换成脉冲电压，再将脉冲电压经 LC 滤波转换成直流电压，图 10.6.1(a) 所示为基本原理图。输入电压 U_I 是未经稳压的直流电压；晶体管 T 为调整管，即开关管；u_B 为矩形波，控制开关管的工作状态；电感 L 和电容 C 组成滤波电路，D 为续流二极管。

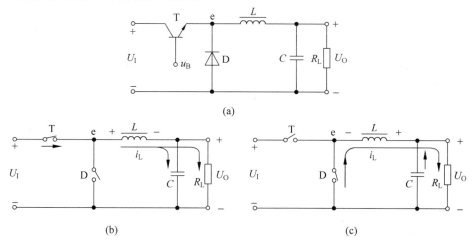

图 10.6.1 换能电路的基本原理图及其等效电路
(a) 基本原理图 (b) T 饱和导通时的等效电路 (c) T 饱和截止时的等效电路

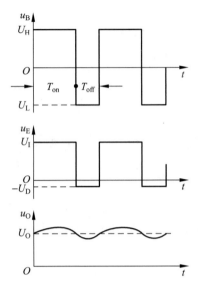

图 10.6.2 换能电路的波形分析

当 u_B 为高电平时，T 饱和导通，D 因承受反压而截止，等效电路如图(b)所示，电流如图中所标注；电感 L 存储能量，电容 C 充电；发射极电位 $u_E = U_I - U_{CES} \approx U_I$。当 u_B 为低电平时，T 截止，此时虽然发射极电流为零，但是 L 释放能量，其感生电动势使 D 导通，等效电路如图(c)所示；与此同时，C 放电，负载电流方向不变，$u_E = -U_D \approx 0$。

根据上述分析，可以画出 u_B、u_E 和 u_O 的波形，如图 10.6.2 所示。在 u_B 的一个周期 T 内，T_{on} 为调整管导通时间，T_{off} 为调整管截止时间，占空比 $q = T_{on}/T$。

虽然 u_E 为脉冲波形，但是只要 L 和 C 足够大，输出电压 u_O 就是连续的；而且 L 和 C 愈大，u_O 的波形愈平滑。若将 u_E 视为直流分量和交流分量之和，则输出电压的平均值等于 u_E 的直流分量，即

$$U_O = \frac{T_{on}}{T}(U_I - U_{CES}) + \frac{T_{off}}{T}(-U_D) \approx \frac{T_{on}}{T}U_I$$

设占空比为 q，则

$$\boxed{U_O \approx qU_I} \tag{10.6.1}$$

改变占空比 q，即可改变输出电压的大小。

2. 串联开关型稳压电路的组成及工作原理

在图 10.6.1 所示的换能电路中，当输入电压波动或负载变化时，输出电压将随之增大或减小。可以想象，如果能在 U_O 增大时自动减小占空比，而在 U_O 减小时自动增大占空比，那么输出电压就可获得稳定。

在保持调整管开关周期 T 不变的情况下，通过改变其导通时间 t_{on} 来调节脉冲占空比，称为脉宽调制；由此实现稳压目的的开关电源，称为脉宽调制型开关型电源。目前有多种脉宽调制控制器芯片，有的还将开关管也集成于芯片之中，且含有各种保护电路。

图 10.6.3 所示为脉宽调制型开关型电路，PWM[①] 为脉宽调制控制器，R_1 和 R_2 为采样电阻，R_L 为负载电阻。

当 U_O 升高时，采样电压 U_A 会同时增大，并作用于 PWM，使 u_B 的占空比变小，因此

---

① 英文 Pulse-width modulation 的缩写。

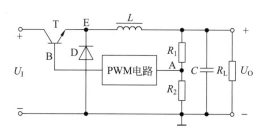

图 10.6.3 脉宽调制型串联开关型稳压电源

U_O 随之降低,调节结果使 U_O 基本不变。上述变化过程可简述如下:

$$U_O \uparrow \to U_A \uparrow \to u_B \text{ 的 } q \downarrow$$
$$U_O \downarrow \longleftarrow \qquad \qquad \qquad$$

当 U_O 因某种原因减小时,与上述变化相反,即

$$U_O \downarrow \to U_A \downarrow \to u_B \text{ 的 } q \uparrow$$
$$U_O \uparrow \longleftarrow \qquad \qquad \qquad$$

应当指出,由于负载电阻变化时影响 LC 滤波电路的滤波效果,因而开关型稳压电路不适用于负载变化较大的场合。

调节脉冲占空比的方式还有两种,一种是固定开关调整管的导通时间 T_{on},通过改变振荡频率 f(即周期 T)调节开关管的截止时间 T_{off} 以实现稳压的方式,称为频率调制型开关电路;另一种是同时调整导通时间 t_{on} 和截止时间 t_{off} 来稳定输出电压的方式,称为混合调制型开关电路。

10.6.2 并联开关型稳压电路

串联开关型稳压电路调整管与负载串联,输出电压总是小于输入电压,故称为降压型稳压电路。在实际应用中,还需要将输入直流电压经稳压电路转换成大于输入电压的输出电压,称为升压型稳压电路。常见电路中开关管与负载并联,故称之为并联开关型稳压电路;它通过电感的储能作用,将感生电动势与输入电压相叠加后作用于负载,因而 $U_O > U_I$。

图 10.6.4(a)所示为并联开关型稳压电路中的换能电路,输入电压 U_I 为直流供电电压,晶体管 T 为开关管,u_B 为矩形波,电感 L 和电容 C 组成滤波电路,D 为续流二极管。

T 管的工作状态受 u_B 的控制。当 u_B 为高电平时,T 饱和导通,U_I 通过 T 给电感 L 充电储能,充电电流几乎线性增大;D 因承受反压而截止;滤波电容 C 对负载电阻放电,等效电路如图(b)所示,各部分电流如图中所标注。当 u_B 为低电平时,T 截止,L 产生感

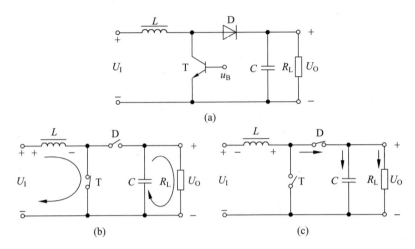

图 10.6.4 换能电路的基本原理图及其等效电路

(a) 基本原理图　(b) T 饱和导通时的等效电路　(c) T 饱和截止时的等效电路

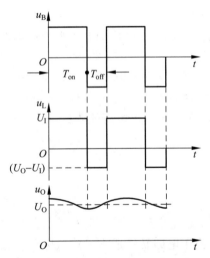

图 10.6.5 换能电路的波形分析

生电动势,其方向阻止电流的变化,因而与 U_I 同方向,两个电压相加后通过二极管 D 对 C 充电,等效电路如图(c)所示。因此,无论 T 和 D 的状态如何,负载电流方向始终不变。

根据上述分析,可以画出控制信号 u_B、电感上的电压 u_L 和输出电压 u_O 的波形,如图 10.6.5 所示。从波形分析可知,只有当 L 足够大时,才能升压;并且只有当 C 足够大时,输出电压的脉动才可能足够小;当 u_B 的周期不变时,其占空比愈大,输出电压将愈高。

在图 10.6.4(a)所示换能电路中加上脉宽调制电路后,便可得到并联开关型稳压电路,如图 10.6.6 所示,其稳压原理与图 10.6.3 所示电路相同,读者可自行分析。

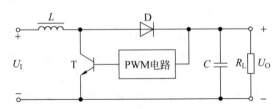

图 10.6.6 并联型开关稳压电路的原理图

习　　题

10.1 判断下列说法的正、误,在括号内画"√"表示正确,画"×"表示错误。

(1) 在变压器副边电压和负载电阻相同的情况下,单向桥式整流电路的输出电压平均值是半波整流电路的 2 倍(　　),负载电流平均值是半波整流电路的 2 倍(　　),二极管承受的最大反向电压是半波整流电路的 2 倍(　　),二极管的正向平均电流是半波整流电路的 2 倍(　　)。

(2) 电容滤波适用于大电流负载,而电感滤波适用于小电流负载(　　);在变压器副边电压相同的情况下,电容滤波电路的输出电压平均值比电感滤波电路的高(　　)。

(3) 当输入电压 U_I 和负载电流 I_L 变化时,稳压电路的输出电压是绝对不变的。(　　)

(4) 在稳压管稳压电路中,稳压管的最大稳定电流与稳定电流之差应大于负载电流的变化范围。(　　)

(5) 在稳压管稳压电路中,稳压管动态电阻 r_z 越大,稳压性能越好。(　　)

(6) 开关型稳压电源中的调整管工作在开关状态。(　　)

(7) 开关型稳压电源比线性稳压电源效率低。(　　)

(8) 开关型稳压电源适用于输出电压调节范围小、负载电流变化不大的场合。(　　)

10.2 在图 10.2.2(a)所示单向桥式整流电路中。选择正确的答案填空:

(1) 若二极管 D_1 接反,则＿＿＿＿＿。

(2) 若二极管 D_1 短路,则＿＿＿＿＿。

(3) 若二极管 D_1 开路,则＿＿＿＿＿。

A. 变为半波整流　　　B. 可能会烧坏变压器和二极管　　　C. 输出电压有效值不变

10.3 在图 10.2.1(a)所示电路中,已知输出电压平均值 $U_{O(AV)}=9V$,负载 $R_L=100\Omega$。

(1) 变压器副边电压有效值 $U_2 \approx$?

(2) 设电网电压波动范围为 ±10%。在选择二极管的参数时,其最大整流平均电流 I_F 和最高反向电压 U_R 的下限值约为多少?

10.4 在图 10.2.2(a)所示电路中,已知变压器副边电压有效值 $U_2=20V$,负载 $R_L=100\Omega$。

(1) 输出电压平均值 $U_{O(AV)} \approx$?

(2) 设电网电压波动范围为 ±10%。在选择二极管的参数时,其最大整流平均电流 I_F 和最高反向电压 U_R 的下限值约为多少?

10.5 整流电路如图 P10.5 所示,变压器副边中心抽头接地,二极管导通压降可忽略不计。$u_{21}=u_{22}=\sqrt{2}U_2\sin\omega t$。解答下列各题:

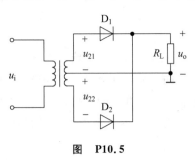

图 P10.5

(1) 该电路是全波整流电路吗？为什么？若二极管 D_1 开路呢？

(2) 画出 u_{21}、二极管 D_1 两端电压 u_{D1} 和输出电压 u_O 的波形；

(3) 求解输出电压平均值 $U_{O(AV)}$ 和输出电流平均值 $I_{L(AV)}$；

(4) 求解二极管的平均电流 $I_{D(AV)}$ 和所承受的最大反向电压 U_{Rmax}。

10.6 在图 10.3.1(a)所示电路中,设变压器副边电压有效值 $U_2=10$V。选择正确答案填入空内:

(1) 电压 U_I 的平均值约为_____;若电容 C 开路,则电压 U_I 的平均值约为_____。

A. 4.5V   B. 9V   C. 12V   D. 14V

(2) 二极管的导通角 θ _____;若电容 C 开路,则二极管的导通角 θ _____。

A. $<\pi$ B. $=\pi$ C. $>\pi$

10.7 电路如图 P10.7 所示,稳压管稳压值 $U_Z=6$V。针对下列各题选择正确答案填空:

(1) 设电路正常工作,当电网电压波动而使 U_2 增大时(负载不变),则 I_R 将_____,I_Z 将_____;当负载电流增大时(电网电压不变),则 I_R 将_____,I_Z 将_____。

A. 增大   B. 减小   C. 基本不变

(2) 若负载电阻的变化范围为 200Ω~600Ω,则稳压管最大稳定电流与稳定电流之差应大于_____。

A. 10mA   B. 20mA   C. 30mA

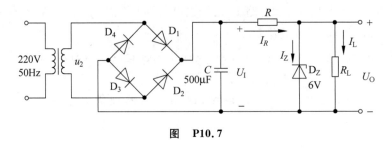

图 P10.7

10.8 在图 P10.7 所示电路中,已知 $U_I=20$V,波动范围为±10%。限流电阻 $R=200$Ω。稳压管的稳定电压 $U_Z=6$V,稳定电流 $I_Z=6$mA,最大耗散功率 $P_{ZM}=300$mW,动

态电阻 $r_z=10\Omega$。

(1) 求负载电阻的变化范围。

(2) 求稳压系数 S_r。

10.9 在图 P10.9 所示电路中,已知稳压管的稳定电压 $U_Z=6V$,$R_1=R_2=R_3=1k\Omega$。

(1) 集成运放 A、晶体管 T 和电阻 R_1、R_2、R_3 一起组成何种电路?

(2) 求输出电压 U_O 的可调范围。

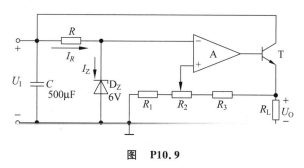

图 P10.9

10.10 串联型稳压电路如图 P10.10 所示,已知稳压管的稳定电压 $U_Z=6V$,$R_1=R_2=1k\Omega$;晶体管的管压降 $U_{CE}>3V$ 时才能正常工作,回答下列各题:

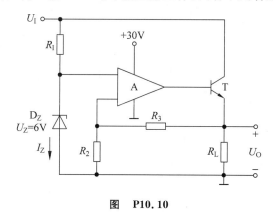

图 P10.10

(1) 标出集成运放的同相端和反相端。

(2) 为使输出电压 U_O 的最大值达到 24V,R_3 的值至少应为多少?

(3) U_I 至少应为多少伏?

10.11 由三端稳压器构成的稳压电路如图 P10.11 所示,已知输入电压 $U_I=18V$,$I_W=6mA$,晶体管的 $\beta=150$,$U_{BE}=0.7V$。电阻 R_1 为可变电阻,其可调范围为 $500\Omega\sim 2k\Omega$。求输出电压 U_O 的可调范围。

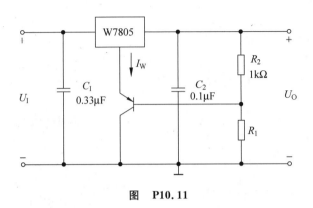

图 P10.11

10.12 稳压电路如图 P10.12 所示。已知输入电压 $U_I=35\text{V}$,波动范围为 $\pm 10\%$;W117 调整端电流可忽略不计,输出电压为 1.25V,要求输出电流大于 5mA、输入端与输出端之间的电压 U_{12} 的范围为 $3\sim 40\text{V}$。

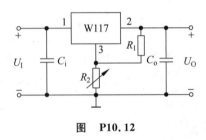

图 P10.12

(1) 根据 U_I 确定作为该电路性能指标的输出电压的最大值;
(2) 求解 R_1 的最大值;
(3) 若 $R_1=200\Omega$,输出电压最大值为 25V,则 R_2 的取值为多少?
(4) 该电路中 W117 输入端与输出端之间承受的最大电压为多少?